Durchführung des Kolloquiums
und Drucklegung der Referate
erfolgt mit Unterstützung der
Beiersdorf AG Hamburg

Überreicht
mit freundlicher Empfehlung!

BDF ●●●●
Beiersdorf AG Hamburg

Risikofaktoren - Medizin

Fortschritt oder Irrweg?

Ein interdisziplinäres Gespräch

4. Essener Hypertonie-Kolloquium
Schloß Hugenpoet
14./15. November 1980

Herausgegeben von
K. D. Bock
unter Mitarbeit von
L. Hofmann

Mit Beiträgen von
M. Anlauf
H. Baier
K. D. Bock
F. H. Epstein
D. Ganten
F. A. Gries
W.-W. Höpker
H. J. Jesdinsky
W. Kruse
P. Lippert
H. Losse
I. Metze
E. Nüssel
E. Passarge
K. H. Rahn
B.-P. Robra
G. Schlierf
F. W. Schmahl

Springer Fachmedien Wiesbaden GmbH

CIP-Kurztitelaufnahme der Deutschen Bibliothek

Risikofaktoren-Medizin: Fortschritt oder Irrweg?;
Ein interdisziplinäres Gespräch /
4. Essener Hypertonie-Kolloquium, Schloß Hugenpoet,
14./15. November 1980.
Hrsg. von K. D. Bock unter Mitarb. von
L. Hofmann. Mit Beitr. von: M. Anlauf ... –
Braunschweig; Wiesbaden: Vieweg, 1982.
ISBN 978-3-528-07909-3

NE: Bock, Klaus D. [Hrsg.]; Anlauf, Manfred [Mitverf.];
Essener Hypertonie-Kolloquium ‹04, 1980›

Ursprünglich erschienen bei Friedr. Vieweg & Sohn Verlagsgesellschaft mbH, Braunschweig in 1982

Gesamtherstellung: Mohndruck Graphische Betriebe GmbH, Gütersloh

ISBN 978-3-528-07909-3 ISBN 978-3-663-13950-8 (eBook)
DOI 10.1007/978-3-663-13950-8

Verzeichnis der Referenten und Teilnehmer

Anlauf, M., Priv.-Doz. Dr. med., Abteilung für Nieren- und Hochdruckkranke, Medizinische Klinik und Poliklinik der Universität Essen (GHS), Hufelandstraße 55, 4300 Essen 1

Baier, H., Prof. Dr. med., Ordinarius der Soziologie, Sozialwissenschaftliche Fakultät, Universität Konstanz, Am Gießberg, 7750 Konstanz

Bock, K. D., Prof. Dr. med., Abteilung für Nieren- und Hochdruckkranke, Medizinische Klinik und Poliklinik der Universität Essen (GHS), Hufelandstraße 55, 4300 Essen 1

Epstein, F. H., Prof. Dr. med., Institut für Sozial- und Präventivmedizin der Universität Zürich, Gloriastraße 32 B, CH-8006 Zürich (Schweiz)

Fülgraff, G., Prof. Dr. med., Präsident des Bundesgesundheitsamtes, Thielallee 88—92, 1000 Berlin 33

Ganten, D., Prof. Dr. med., Deutsches Institut zur Bekämpfung des hohen Blutdruckes Heidelberg, Im Neuenheimer Feld 366, 6900 Heidelberg 1

Gries, F. A., Prof. Dr. med., Klinische Abteilung, Diabetes-Forschungsinstitut an der Universität Düsseldorf, Auf'm Hennekamp 65, 4000 Düsseldorf 1

Höpker, W.-W., Prof. Dr. med., Pathologisches Institut der Universität Heidelberg, Im Neuenheimer Feld 220—221, 6900 Heidelberg 1

Hofmann, L., Dr. rer. nat., Institut für Kommunikation in der Wissenschaft, Angermunder Weg 50, 4030 Ratingen 1

Jesdinsky, H. J., Prof. Dr. med., Institut für Medizinische Statistik und Biomathematik, Universität Düsseldorf, Universitätsstraße 1, 4000 Düsseldorf 1

Keil, U., Dr. med., Ph. D., M.P.H., Arbeitsgruppe Epidemiologie, Medis-Institut der GSF, Ingolstädter Landstr. 1, 8000 München-Neuherberg

Kruse, W., Dr. med., Ärztin für Allgemeinmedizin — Psychotherapie, Lehrbeauftragte für Allgemeinmedizin der Medizinischen Fakultät der RWTH Aachen, Kirchberg 4, 5100 Aachen-Walheim

Lippert, P., Dr. med., Institut für Sozialmedizin und Epidemiologie des Bundesgesundheitsamtes, Thielallee 88—92, 1000 Berlin 33

Losse, H., Prof. Dr. med., Medizinische Poliklinik der Westfälischen Wilhelms-Universität, Westring 3, 4400 Münster

Metze, I., Prof. Dr. sc. pol., Institut für Finanzwissenschaft der Universität Münster, Wilmergasse 6—8, 4400 Münster

Nüssel, E., Prof. Dr. med., Klinikum der Universität Heidelberg, Abteilung Klinische Sozialmedizin, Bergheimer Straße 58, 6900 Heidelberg 1

Passarge, E., Prof. Dr. med., Institut für Humangenetik der Universität Essen (GHS), Hufelandstraße 55, 4300 Essen 1

Rahn, K. H., Prof. Dr. med., St. Annadal Krankenhaus, NL-6201 BX Maastricht (Niederlande)

Robra, B.-P., M. P. H. (Univ. Jerusalem), Institut für Epidemiologie und Sozialmedizin, Medizinische Hochschule Hannover, Karl-Wiechert-Allee 9, 3000 Hannover 61

Schlierf, G., Prof. Dr. med., Klinisches Institut für Herzinfarktforschung an der Medizinischen Universitätsklinik Heidelberg, Bergheimer Straße 58, 6900 Heidelberg 1

Schmahl, F. W., Prof. Dr. med., Abteilung für Sozialmedizin, Institut für Arbeits- und Sozialmedizin der Universität Tübingen, Wilhelmstraße 27, 7400 Tübingen 1

Schmitz, H., Dr. med., Beiersdorf AG, Pharma-Abteilung, Unnastraße 48, 2000 Hamburg 20

Thiess, A. M., Prof. Dr. med., Abteilung für Arbeitsmedizin und Gesundheitsschutz, BASF AG, 6700 Ludwigshafen a. Rhein

Inhaltsverzeichnis

K. D. Bock
Einführung 7

F. H. Epstein
Was ist ein Risikofaktor? 11

H. Losse
Ausgewählte Beispiele: Risikofaktor Hochdruck 26

G. Schlierf
Ausgewählte Beispiele: Risikofaktor Fettstoffwechselstörungen 36

F. A. Gries
Ausgewählte Beispiele: Risikofaktor Diabetes mellitus 45

K. H. Rahn
Identifizierung von Risikofaktoren: Klinische Beobachtungen 53

D. Ganten
Identifizierung von Risikofaktoren: Pathophysiologische Beobachtungen 60

W.-W. Höpker
Identifizierung von Risikofaktoren: Pathologisch-anatomische Beobachtungen 72

F. W. Schmahl
Identifizierung von Risikofaktoren: Epidemiologische Befunde 86

E. Passarge
Identifizierung von Risikofaktoren: Genetische Aspekte 99

H. J. Jesdinsky
Identifizierung von Risikofaktoren: Mathematische Modelle — Sieben Thesen 111

M. Anlauf
Methoden zur Erfassung von Risikoträgern — Meßtechnische Fragen: Hochdruck 114

G. Schlierf
Methoden zur Erfassung von Risikoträgern — Meßtechnische Fragen: Fettstoffwechselstörungen 124

F. A. Gries
Methoden zur Erfassung von Risikoträgern — Meßtechnische Fragen: Diabetes mellitus 133

B.-P. Robra
Methoden zur Erfassung von Risikoträgern — Organisationsmodelle 143

W. Kruse
Individuelle Intervention 158

P. Lippert
Kollektive Intervention 170

E. Nüssel
Intervention — Das Modell Eberbach-Wiesloch 180

I. Metze
Intervention — Ökonomische Perspektiven 195

H. Baier
Pflicht zur Gesundheit? 208

Schlußdiskussion 226

Sachverzeichnis 239

Einführung

von K. D. Bock

Gestatten Sie, daß ich einleitend Sinn und Zweck dieses Kolloquiums kurz umreiße. Risikofaktoren sind, vorbehaltlich einer genaueren, vielleicht auch etwas abweichenden Definition, die Herr *Epstein* in seinem einführenden Referat geben wird, Haupt- oder Teilursachen von Krankheiten oder Krankheitskomplikationen. Sie zeichnen sich durch einige Besonderheiten aus, die es rechtfertigen, sie von der kurativen Medizin abzugrenzen und sie auch als Spezialfall der Präventivmedizin zu betrachten.

Man kann zwei Arten von Risikofaktoren unterscheiden. Zum einen sind Risikofaktoren angeborene oder erworbene biologische Normabweichungen oder exogene Einwirkungen, die bei (noch) *gesunden Individuen* auftreten. Die Eigenschaft, noch nicht krank zu sein, hat der Risikofaktorenträger gemeinsam mit Personen, die z.B. einer Schutzimpfung unterzogen werden. Jedoch unterscheidet er sich von diesen dadurch, daß ihn das Risiko erstens permanent und zweitens immer auch persönlich bedroht, während z.B. bei einer Massenschutzimpfung der einzelne vielleicht überhaupt nicht oder nur zeitweise dem Risiko einer Infektion ausgesetzt ist. Zum anderen wird aber auch eine bereits manifeste *Krankheit als Risikofaktor* bezeichnet, wenn sie bestimmte Komplikationen allein- oder mitverursacht, z.B. die arterielle Hypertonie die Hirnblutung.

Der Risikofaktorenträger *erkrankt trotzdem nicht in jedem Falle* und auch dann meist nach unterschiedlich langer Dauer der Einwirkung des Risikos. Insofern enthält das Risikofaktorenkonzept ein prognostisches Element, das nur in statistischer Form (mehr oder weniger genau) erfaßbar ist, *für den konkreten Einzelfall aber keine Aussage zuläßt.* Diese wichtige Tatsache wird in der praktischen Anwendung oft nicht berücksichtigt.

Das experimentum crucis, das den Beweis erbringt, daß ein Risikofaktor eine Krankheit oder Komplikation (mit-)verursacht, ist die erfolgreiche Intervention: Die Eliminierung des Risikofaktors beseitigt oder vermindert das Risiko. Interventionsmaßnahmen dieser Art werden als *Primärprävention* (bei noch Gesunden) oder als *Sekundärprävention* (bei Kranken zur Verminderung von Komplikationen) bezeichnet.

Sowohl die Identifizierung von Risikoträgern als auch Interventionsmaßnahmen haben nicht immer etwas mit kurativer Medizin zu tun.

Überträgt man diese Aufgaben dem niedergelassenen *Allgemeinarzt*, bedeutet dies eine Veränderung seines Rollenverständnisses, das ohnehin schon durch seine Einbeziehung in andere Bereiche der Präventivmedizin über die rein kurativen Aufgaben hinaus erweitert worden ist. Manche präventivmedizinischen Maßnahmen könnten aber nicht nur von einem Allgemeinarzt, sondern auch von speziell ausgebildeten *Nichtärzten* vorgenommen werden, etwa die Ernährungsberatung, die Schwangeren- und Säuglingsberatung, die Raucherentwöhnung, arbeitshygienische Maßnahmen, die Erfassung von Risikoträgern und vieles andere mehr. Es wäre sogar denkbar, daß nichtärztliches, jeweils auf eine bestimmte Aufgabe spezialisiertes Personal in manchen Bereichen der Präventialmedizin effektiver arbeitet als ein überlasteter Allgemeinarzt, bei dem die kurative Medizin immer Priorität haben wird. Daher könnte der Gedanke zumindest erwogen werden, den Allgemeinarzt als Träger unserer medizinischen Basisversorgung von den Aufgaben der Primärprävention zu entlasten und ihn auf die kurative Medizin und die Sekundärprävention zu beschränken. Möglicherweise trete ich hier in ein standespolitisches Fettnäpfchen, aber ich meine, daß man auf die Dauer an einer Entscheidung dieser wichtigen Frage nicht vorbeikommt. Wie die Antwort auch sein wird, sie hätte erhebliche Auswirkungen auf die Aus- und Weiterbildung zum Arzt, auf die Kostenstruktur im Gesundheitswesen und vermutlich auch darauf, wie erfolgreich präventivmedizinische Konzepte letztlich sein werden. Die Antwort könnte bei uns auch anders lauten als in Entwicklungsländern mit abweichenden gesundheitspolitischen Prioritäten.

Schließlich stellt sich auch die Frage nach der *Rolle des Staates* im Zusammenhang mit dem, was man vereinfachend unter dem Begriff „Risikofaktoren-Medizin“ zusammenfassen kann. Soll der Staat in der Rolle des Vaters seine unmündigen Kinder mit öffentlichen Programmen, womöglich noch mit Hilfe von Bestrafungs- oder Belohnungsmechanismen, zu ihrem besten zwingen, oder soll er nur ein Angebot machen, das jeder wahrnehmen kann oder nicht, oder soll er überhaupt nur aufklären, oder sollte er vielleicht gar nichts tun? Ich erinnere daran, daß 1977 das *McGovern*-Komitee des amerikanischen Senats die »Dietary Goals for the United States« verabschiedet hat. In 7 Punkten sind darin sehr detaillierte Empfehlungen zur Ernährung zusammengestellt, die die Kalorienzufuhr, den Gehalt der Nahrung an Polysacchariden und Raffineriezucker, den Fettkonsum insgesamt und aufgeschlüsselt nach Fettarten, die Cholesterolzufuhr und die Natriumzufuhr betreffen. Das Komitee empfiehlt dem Kongreß, öffentliche Mittel zur Verwirklichung dieser Empfehlungen zur Verfügung zu stellen. Die amerikanische Kritik an den »Dietary Goals« hat sich teils am Inhalt entzündet — dieser Kritik wurde in der Zweitfassung teilweise Rechnung getragen —, zum anderen aber auch daran, daß es sich letztlich um ein politisches Programm handelt. Denn die unterschiedlichen Meinungen der vielen angehörten Experten wurden nicht von Wissenschaftlern, sondern von Politikern gewogen, ausgewählt und zum Beschluß erhoben. Wenn es auch nur Empfehlungen sind, so könnte man darin doch den Anfang eines Prozesses sehen, bei dem dem Bürger zuerst nur in den Kochtopf hineingesehen, schließlich aber dann vorgeschrieben wird, was darin zu kochen ist. Den hier erkennbaren Trend hat Sir George Pickering, der große alte Mann der Hypertonieforschung, einmal in anderem Zusammenhang so ausgedrückt: Die Ziele der ärztlichen Behandlung sollten denen der amerikanischen Unabhängigkeitserklärung von 1776 entsprechen, nämlich Leben, Freiheit und Streben nach Glück. Die Ärzte würden sich immer nur auf das erste Ziel konzentrieren und leider das zweite und dritte, die Freiheit und das Streben nach Glück, vernachlässigen.

Wie auch immer man die aufgeworfenen Fragen beantwortet, jedenfalls sollte keine größere Interventionsmaßnahme in Gang gesetzt werden, ohne daß die wissenschaftliche Basis gesichert ist, zumindest mit „vernünftigen“ Argumenten nicht angezweifelt werden kann. Man wird einwenden, daß man eigentlich überhaupt nichts tun könnte, wollte man solange warten, aber selbst dann wäre dies meines Erachtens das kleinere Übel. Auf dem Spiel steht ja nicht nur die Vergeudung von Geld, sondern vor allem die Glaubwürdigkeit der wissenschaftlichen Medizin. Wir kennen die Beispiele aus jüngster Zeit, in denen jahrelang emphatisch propagierte Ernährungsrichtlinien plötzlich zweifelhaft geworden sind, und es ist nicht ausgeschlossen, daß eines Tages auch Teile der „Dietary Goals“ dazu gehören könnten.

Auch die zur Propagierung von Präventionsprogrammen vorgebrachten ökonomischen Argumente sind mit Vorsicht zu betrachten. Frühzeitig einsetzende kurative Maßnahmen könnten insgesamt vielleicht billiger (oder wirksamer) sein als eine großangelegte Präventionskampagne, und vermutlich wäre es volkswirtschaftlich am günstigsten, wenn alle Leute bis zu ihrer Pensionierung arbeitsfähig blieben, dann aber möglichst schnell versterben — die rein ökonomische Betrachtungsweise würde sich in diesem Fall durch ihre inhumanen Konsequenzen selbst ad absurdum führen. Die finanzielle Kosten-Nutzen-Rechnung muß entweder absolut ehrlich sein oder besser ganz unterbleiben.

Diese skeptischen Bemerkungen sind beileibe keine Aufforderung zur Resignation, sondern nur zur wissenschaftlichen Redlichkeit. Sie sind auch eine Absage an subjektive Glaubensbekenntnisse und an den in unserem Unterbewußtsein schlummernden Missionar, der die Welt nach *seinem* Bild verändern und verbessern will.

Ich würde mich freuen, wenn dieses Kolloquium dazu beitragen würde, wenigstens einige der durch das Risikofaktoren-Konzept aufgeworfenen grundsätzlichen Fragen in das Bewußtsein zu heben, zum Nutzen der Forschung wie auch der gesundheitspolitischen Entscheidungen auf diesem Gebiet.

Was ist ein Risikofaktor?

von F. H. Epstein

„Risikofaktoren-Medizin" ist zwar nicht unbedingt ein neuer Begriff, aber jedenfalls ein neuer Ausdruck. Ob diese Neuprägung in das Vokabularium der Medizin eingehen wird, sei dahingestellt. Es handelt sich jedoch nicht um Worte, sondern die Sache, d.h. die quantitative Krankheitsvoraussage mit Hilfe von Risikofaktoren. Die Treffsicherheit einer Voraussage kann als eine bestimmte Wahrscheinlichkeit ausgedrückt werden. Wahrscheinlichkeit ist gewissermaßen das Niemandsland zwischen Zufall und Gewißheit. Ohne Kenntnis von Ursachen ist das Eintreten einer Krankheit ein Zufall oder, mystischer ausgedrückt, Schicksal. Die Wissenschaft überläßt nicht gerne irgend etwas dem Zufall, es sei denn die Schöpfung, obwohl Einstein die berühmte Bemerkung machte, Gott spiele nicht Würfel mit dem Universum. Der Weg der Wissenschaft führt somit vom Zufall über Grade der Wahrscheinlichkeit zur Gewißheit. In diesem Sinne ist das Konzept der Risikofaktoren und die darauf beruhende Medizin Fortschritt und nicht Irrweg.
Absolute Treffsicherheit, vollkommene Gewißheit, ist natürlich wissenschaftlich eine Utopie. Wer möchte auch wörtlich mit Todsicherheit den Tod oder eine Krankheit voraussagen können, falls nicht gleichzeitig eine 100 Prozent wirksame prophylaktische oder kurative Gesundbrunnenkur vorhanden wäre. Die Seeräuber-Jenny in der Dreigroschenoper sagt: „... und ... wenn man fragt, wer sterben muß, werden sie mich da sagen hören: alle." Es ist dann doch besser, den Tod bzw. ein Krankwerden nur mit einer begrenzten Wahrscheinlichkeit zu prophezeien! Hier beginnt das Problem. Wenn man sagt, daß jeder vierte Mann mittleren Alters im obersten Fünftel einer multiplen Risikofunktion innerhalb von 10 Jahren einen Herztod oder Myokardinfarkt erleiden wird, entgegnet der Kritiker, die anderen drei seien „Entwischer" („escapers") und würden unnötigerweise unter Verdacht gesetzt und mit Vorbeugungsmaßnahmen geplagt. Ein Dilemma besteht nur, solange man nicht akzeptiert, daß die Prävention auf Wahrscheinlichkeiten und dem Abwägen eines kleineren gegen ein größeres Übel beruht. Es wird eine der Hauptaufgaben dieses Kolloquiums sein, auf diese Frage eine zufriedenstellende Antwort zu geben.
Zu welchem Grad das Risikofaktorenkonzept und darauf beruhende Tests sich eingenistet haben, widerspiegelt sich in der Tatsache, daß

Begriffe, die bis vor kurzem nur Epidemiologen geläufig waren, wie Sensitivität, Spezifizität, Voraussagekraft und Risikoquotient, nun fast allgemein bekannt sind, so daß auf ihre Besprechung verzichtet werden kann. Die Treffsicherheit wird tatsächlich durch „Voraussagekraft eines positiven Tests" (predictive power) gemessen. Es würde scheinen, daß sich die Medizin bei chronischen Krankheiten vorläufig mit einer Voraussagekraft in der Größenordnung von 20—30 Prozent abfinden muß, obwohl zu hoffen ist, daß mit der Zeit eine größere Trennschärfe erzielt werden kann. Dies hängt weitgehend davon ab, ob es möglich sein wird, Tests zu entwickeln, die in einer immer engeren Beziehung zu den Krankheitsmechanismen auf zellulärer Ebene stehen. Es sei daran erinnert, daß die Sensitivität von Tests für die Koronarkrankheit nun um 50% liegt, mit einer Spezifizität um 80% — große Errungenschaften der epidemiologischen Forschung. Dies sind Zahlen, die für den Einsatz präventiver Maßnahmen für den einzelnen und die Bevölkerung solide Grundlagen geben.

Es war von Tests die Rede. Manche Tests sind kostenaufwendig, und es wird gefragt, ob es günstiger ist, die ganze Bevölkerung durch allgemeine Gesundheitserziehung zu vernünftigeren Lebensweisen zu motivieren, als in erster Linie Risikoträger zu suchen und individuell durch präventive Maßnahmen zu schützen. Die eine Strategie schließt die andere nicht aus, und beide Wege sollten sich gegenseitig ergänzen, mit besonderem Hinblick auf die Prävention von Jugend an und im Rahmen der Familie und Schule. Ordnungshalber muß die angeblich neurotisierende Wirkung von Vorsorgeuntersuchungen und -maßnahmen erwähnt werden. Die Gefahr liegt nicht im Wesen der Sache sondern in einem etwaigen falschen Vorgehen. Die Methodik der Vorsorge ist nicht die gleiche wie die der Fürsorge und erfordert spezielles Training, für welches noch nicht alle Grundlagen existieren. Viele dieser und anderer Fragen sind heute noch nicht eindeutig beantwortbar. Gleichzeitig dürfen die ungelösten Probleme nicht lähmend wirken und vergessen lassen, wie viel erreicht wurde und wie weit der Weg zu einer wirksamen Prävention nicht-übertragbarer Krankheiten offensteht. Dabei muß immer wieder betont werden, daß es sich schlußendlich nicht so sehr um die Prophylaxe von Krankheit, sondern um die Erhaltung der Gesundheit handelt und nicht so sehr um den Abbau bereits erhöhter Risikofaktoren, sondern um die Verhütung ihrer Entstehung überhaupt!

Zuletzt soll das grundsätzliche Thema der Kausalität angeschnitten werden. Risikofaktoren haben nur praktischen Wert, falls sie mit den Krankheitsmechanismen ursächlich verknüpft sind, denn nur dann wird ihre Reduktion oder, besser, Verhütung zur Reduktion des Krankheitsrisikos selbst führen. Es wird davon abgesehen, die Bezeichnung »Risikoindikator« kritisch zu diskutieren, denn dieses Wort scheint sich erfreulicherweise nicht durchzusetzen. Sollten die Gesundheitsbehörden von Zeit zu Zeit Gremien einberufen, welche demokratisch abstimmen, ob jetzt ein Risikoindikator zum Risikofaktor befördert werden soll? Die meisten Schuster scheinen lieber beim alten Leisten zu bleiben! Die folgende Aufstellung (Tabelle 1) zählt fünf Punkte auf, welche zum Nachweis einer Ursache-Wirkung-Beziehung zwischen einem Risikofaktor und dem Krankheitsrisiko erforderlich sind. Diese Punkte haben nicht unbedingt den gleichen Stellenwert. Das Wesentliche ist, daß alle oder die meisten Daten in die gleiche Richtung weisen. Für die hauptsächlichen Risikofaktoren der Koronarkrankheit kann gezeigt werden, daß diese Bedingungen weitgehend erfüllt sind, so umstritten eine Anzahl von Fragen auch zu sein scheint. Besondere Beachtung muß der Frage nach plausiblen Mechanismen (Punkt 4) geschenkt werden, denn von der Antwort hängt ab, ob eine statistisch signifikante Beziehung pathogenetische Vorgänge reflektiert. Solange Resultate von Interventionsstudien noch ausstehen (Punkt 5), kommt der Plausibilität besonders große Bedeutung zu.

Es sind erforderlich:

1. eine abgestufte Dosis-Wirkung-Beziehung, so daß Prävalenz und Inzidenz, auch nach Berücksichtigung von „Störungsfaktoren", mit steigendem Risikofaktorenwert zunehmen
2. Übereinstimmung der Befunde in verschiedenen Bevölkerungen
3. Vereinbarkeit der Resultate aus verschiedenen Forschungsgebieten:
   - Klinische Beobachtungen
   - Epidemiologische Studien
   - Pathologische Befunde
   - Experimentelle Studien (Tierversuche, Gewebe)
4. plausible Mechanismen für die Wirkung des Risikofaktors auf zellulärer Ebene
5. Unterstützung durch Resultate von Interventionsstudien

Tab. 1 Nachweis einer Ursache-Wirkung-Beziehung zwischen einem Risikofaktor und dem Krankheitsrisiko

Das Wort „Risikofaktor“ tauchte, wie es scheint, zuerst im Jahre 1961 in einer Publikation aus der Framingham-Studie auf (1). Die Zeit liegt für eine Reifeprüfung kurz vor dem zwanzigsten Geburtstag ungefähr richtig. Risiken gehören zum Leben, doch geht es um die Verminderung jener Gefahren, die unnötig und vermeidbar sind.

Literatur

Kannel, W. B., T. R. Dawber, A. Kagan, N. Revotskie, J. Stokes III: Factors of risk in the development of coronary heart disease — six-year follow-up experience. Ann. intern. Med. *55*: 33—50 (1961).

Diskussion

Passarge:

Ich möchte vielleicht zu dem Punkt 3 hier noch hinzufügen, das ist sicher auch so gedacht von Ihnen, daß man hier genetische Faktoren einbeziehen kann. Wenn Sie fordern, daß die Übereinstimmung der Ergebnisse in verschiedenen Populationen gewährleistet sein soll, dann käme es jetzt auf die einzelne Population an. Populationen können sich aber unterscheiden, und die Auswirkung eines bestimmten Risikofaktors, so weit er genetisch determiniert ist, wird sich dann natürlich verschieden auswirken. Deutliche Unterschiede würden sich dann eher auf Umwelteinflüsse beziehen, obwohl man durchaus genetische Unterschiede mit feineren Untersuchungsmethoden finden könnte.

Epstein:

Absolut einverstanden! Ich glaube, ich habe seit Jahren die Wechselwirkung zwischen genetischen und Umweltfaktoren, welche auch Verhalten einbeziehen, betont.
Wir haben immer diskutiert, ob man sagen soll: epidemiologische Genetik oder genetische Epidemiologie.

Schmahl:

Ich möchte etwas sagen zu den Eingangsworten von Bock. Ich stimme Ihnen zu bezüglich Ihrer Abgrenzung und Gegenüberstellung der herkömmlichen kurativen Medizin von einzelnen Personen und der neuen Entwicklung des Risikofaktorenkonzeptes, das Untersuchungen an größeren Bevölkerungsgruppen zur Voraussetzung hat. Ich möchte einen Punkt zur Ergänzung bringen, der mir aus der Praxis heraus wichtig erscheint, gerade in bezug auf die von Ihnen angesprochene Rolle des praktischen Arztes und der Patientenbetreuung. Wir haben z. B. in der Stoffwechselambulanz der Medizinischen Klinik in Gießen, wo ich bisher tätig war, Diagramme und Schaubilder, die wir z. B. nach den Ergebnissen der Framingham-Studie angefertigt haben, unmittelbar in unsere gesundheitserzieherischen Bemühungen einbezogen, wobei man natürlich sagen muß, daß insbesondere Patienten mit einem höheren Bildungsniveau auf solche etwas anspruchsvollere Belehrung ansprechen. Anhand solcher Schaubilder haben wir den Patienten die Bedeutung von Risikofaktoren und ihre besondere gesundheitliche Gefährdung bei Vorliegen mehrerer Risikofaktoren aufgezeigt. Wir haben z. B., wenn wir Ärzte als Patienten zu betreuen hatten, ihnen ihre „Lage" im Risikofaktorenprofil deutlich gemacht. Wir haben ihnen z. B. demonstriert, daß sie, wenn sie eine Hypertonie und eine mäßige Hypercholesterinämie haben und dann auch noch Zigaretten rauchen, besonders stark gefährdet sind. Ich glaube, dieses Beispiel ist ein Modell für eine sinnvolle Integration neuer Ergebnisse der Risikofaktorenforschung in die herkömmliche kurative Medizin.

Bock:
Ich habe an Herrn Epstein eine Frage: Sie sagen, der Risikoindikator ist zum Glück schon wieder im Begriff zu verschwinden. Man ernennt einen Befund oder eine Einwirkung dann zum Risikofaktor, wenn die von Ihnen aufgeführten „Koch'schen Postulate" erfüllt sind. Aber in dem Moment, in dem Sie von einem Risikofaktor sprechen, erfolgt ja bei vielen Leuten, vielleicht auch bei Politikern, sofort die Assoziation: „Jetzt sollten wir das beseitigen, wir müssen intervenieren." Würden Sie nicht zustimmen, das experimentum crucis, der entscheidende Beweis für einen Risikofaktor, ist allein eine vielleicht begrenzte Interventionstudie, bei der das Risiko eliminiert wird und man prüft, ob die Krankheit oder die Komplikation seltener werden?

Epstein:
Sicher. Genau das beinhaltet Punkt 5 in meiner Tabelle! Die Ultima ratio sind Interventionsstudien. Das ganze Gebiet hat sich sehr pragmatisch entwickelt und wird, zumindest im angelsächsischen Bereich, pragmatisch eher als philosophisch behandelt. Ich muß offen und ehrlich sagen, wenn man vor 15 oder mehr Jahren gewußt hätte, was die Probleme mit Risikofaktoren sind, hätte man wahrscheinlich versucht, einen anderen Namen zu finden. Ich bin nicht glücklich mit dem Ausdruck „Risikoindikator" aus den Gründen, die ich genannt habe. Wenn man keine Resultate von Interventionsstudien hat, wird es immer Leute geben, die nicht überzeugt sind. Wir wollen jetzt nicht über die Interventionsstudien reden — aber wie es heute aussieht, ist es nicht so, wie man es vor 10 Jahren gehofft hat, daß die großen Interventionsstudien unbedingt eindeutige Resultate zeitigen werden. Deshalb wird man immer wieder auf die anderen Punkte, auf Indizienbeweise, zurückgreifen müssen. Für mich ist ein Risikofaktor ein Faktor, der die Krankheit voraussagt. Und das tut er. Darüber ist gar kein Zweifel. Ob das beinhaltet, daß ein kausaler Zusammenhang vorliegt, ist für mich dann immer noch offen. Ich glaube, einen Risikofaktor so zu definieren, ist immer noch das kleinere Übel im Vergleich zur Einführung des neuen Begriffs des Risikoindikators.

Bock:
Der Begriff Risikoindikator besagt ja lediglich, daß noch nicht klar ist, ob zwischen einem Befund oder einer äußeren Einwirkung und einer Krankheit ein Kausalzusammenhang besteht. Ich finde diesen Begriff deshalb nützlich, weil er noch alles offenläßt und vor allem keine Empfehlungen oder Interventionen nahelegt, wie das der Begriff Risikofaktor eben doch tut. Wenn ich an die Beispiele von Infektionskrankheiten denke, bei denen die Koch'schen Postulate nicht vollständig erfüllt waren, so hat es da ja ganz schlimme Irrtümer gegeben. Das könnte hier ähnlich sein.

Gries:
Die Frage der Kausalität ist problematisch. Ich meine, es stößt auf Schwierigkeiten, den Erfolg einer Intervention zur Begriffsbestimmung heranzuziehen: Wenn man z. B. für das koronare Risiko EKG-Veränderungen als Risikoindikator, wie es bisher üblich ist, akzeptiert, aber natürlich nicht behauptet, daß die EKG-Veränderungen kausal für einen späteren Infarkt von Bedeutung sind. Ein ähnliches Problem taucht auf bei der Genetik, die Sie, Herr Passarge, eben schon angesprochen haben. Wenn ich an den Diabetes denke, bei dem es einen autosomal dominanten Erbgang für einen bestimmten Krankheitstyp gibt (den MODY), dann ist klar, daß die Erbträger mit einem hohen Risiko behaftet sind, den Diabetes zu bekommen, nämlich mit 100%. Sicher liegt hier auch eine Kausalbeziehung vor. Ich darf aber mit Sicherheit nicht fordern, diese Kausalbeziehung erst anzuerkennen, wenn ich intervenieren kann, denn das kann ich definitionsgemäß nicht.

Höpker:
Herr Epstein, ich bin über zwei Bemerkungen von Ihnen besonders glücklich, nämlich erstens, daß Sie gesagt haben, daß Sie mit dem Begriff „Risikofaktor" unglücklich sind. Und zweitens Ihre Bemerkung, daß der Risikofaktor der Krankheit vorauseilt. Mit dem letzteren möchte ich beginnen. Wir müssen zunächst fragen: „Was ist Krankheit?" und: „Wie definieren wir Krankheit?" Wir müssen Krankheit unabhängig von dem, was wir Diagnose nennen, definieren. Ich würde Krankheit allgemein definieren als eine Sollwertverstellung des Organismus mit einem quasistationären Zustand. Dieser Krankheitsbegriff schließt eine nur funktionelle Störung des Organismus ein, ohne daß ein morphologischer Befund nachweisbar wäre, er beschreibt aber auch die Tatsache, daß der Organismus als solcher in irgendeiner Weise verändert ist, ob wir es nachweisen können oder nicht. Wir wissen im einzelnen nur, daß vielleicht etwas abgelaufen ist, was eine Störung des Systems herbeiführen konnte. Wird Krankheit so definiert, bedeutet dies, daß wesentliche Anteile von dem, was wir umgangssprachlich als Risikofaktoren bezeichnen, Krankheiten sind. — Diagnose ist etwas anderes. Diagnose enthält Anteile der Krankheitseinheit. Diagnose ist, bezogen auf das ärztliche Handeln, eine praktische ärztliche Handlungsanleitung. Nun, dies ist meine erste Frage an Sie: „Was ist in diesem Zusammenhang ein Risikofaktor?" In meinen Augen ist ein Risikofaktor ein Konstrukt, das auf den Begriff „Risiko" abhebt.

Risiko meint nichts anderes, als eine gewisse Schadensgefahr. Formal ist es der Erwartungswert der Schadensmöglichkeit in der Zukunft. Und das ist eben jene Eigenschaft, die letztlich der Diagnose, soweit sie begrifflich die Krankheit bzw. die Krankheitseinheit enthält, zugesprochen werden muß. Und dies ist meine zweite Frage: „Wie kann der Begriff ‚Risikofaktor‘ getrennt werden von dem, was wir als Krankheit und was wir als Diagnose bezeichnen?“

Epstein:
Der Übergang von Gesundheit zu Krankheit ist nicht abrupt, sondern meistens kontinuierlich. Somit ist die Definition von „Krankheit“ insofern willkürlich, als sie auf einem Entscheid beruht, wo die Krankheit anfängt. An diesem Punkt hört der Risikofaktor sozusagen auf. Mehr kann ich nicht sagen.
Das Problem der zweiten Frage hat Herr Gries bereits angesprochen mit dem Beispiel des Elektrokardiogramms. Ein Elektrokardiogramm ist ein Zeichen einer, sagen wir, latenten Krankheit. Ich höre leider das Gras nicht wachsen, und ich habe die Weisheit nicht erfunden, und wenn es nicht ein Problem mit diesem Ausdruck „Risikofaktor“ gäbe, wären wir ja nicht hier. Ich würde immer noch beim Wort „Risikofaktor“ bleiben, aber jedes Mal definieren, was ich unter Risikofaktor im gegebenen Fall verstehe. Ein Risikofaktor bei klinisch noch Gesunden für die Entstehung einer Krankheit? Oder ein Risikofaktor für eine manifeste Krankheit, bei latent Kranken?
Ich würde den Ausdruck „Risikofaktoren“ nicht auf die Voraussage von Krankheit bei noch manifest Gesunden beschränken. Aber es gibt auch andere Ansichten. Wenn Sie das, was ich sage, nicht akzeptieren, dann müssen Sie für die Situation einen anderen Begriff erfinden.

Bock:
Die Schwierigkeiten bei der Definition entstehen hier dadurch, daß die aufgeführten Beispiele Hochdruck oder Diabetes mellitus einerseits Risikofaktoren für bestimmte Komplikationen sind, zum anderen aber selbst Krankheiten sind, die mitverursacht werden durch andere Risikofaktoren, die zu einer Zeit vorlagen, als diese Leute klinisch noch gesund waren. Ich würde gern die Diskussion um den Krankheitsbegriff vermeiden, denn den kann man in sehr verschiedener Weise definieren, ohne daß das uns hier weiterführt.
Würden Sie mit mir übereinstimmen, Herr Höpker, wenn ich sage: Ein Risikofaktor ist die Teilursache einer Krankheit oder einer Krankheitskomplikation?

Höpker:
Nein. Ich meine, Risiko sei die Eigenschaft eines Zustandes oder einer Veränderung des Organismus (Krankheit) bezogen auf einen bestimmten Folgezustand in der Zukunft. Ein Risikofaktor wird nach einer Zielkrankheit (z.B. Herzinfarkt) angegeben und beschreibt in aller Regel bereits selbst eine Krankheit.

Keil:
Die Diskussion über Risikofaktor und Risikoindikator ist bei uns schon mehr als 10 Jahre alt. Die unterschiedlichen Auffassungen zwischen Heidelberg und Hannover konnten offenbar nie überbrückt werden. PFLANZ hat in seinem Lehrbuch der Allgemeinen Epidemiologie den Begriff Risikofaktor etwa folgendermaßen definiert: Risikofaktor ist eine Variable der Person oder Umwelt, die in einem statistisch gesicherten Zusammenhang zu einer Krankheit steht. Über die Kausalität ist damit noch nichts gesagt. Die Frage, ob ein Risikofaktor ein Kausalfaktor ist, kann nur durch das Zusammenwirken vieler medizinischer Disziplinen beantwortet werden. Natürlich fällt der Epidemiologie hierbei eine wichtige Rolle zu; aber auch die Human-Genetik, die klinische Forschung und die medizinische Grundlagenforschung sind hier beteiligt. Ich erinnere nur an den langen Prozeß, der zur Urteilsfindung über die Beziehungen zwischen Rauchen und Lungenkrebs notwendig war. In Ergänzung zu den von Herrn Epstein genannten Punkten möchte ich noch die Höhe des relativen Risikos anführen. Die Höhe des relativen Risikos spiegelt die Stärke der Beziehung zwischen dem vermuteten Faktor und der Krankheit wider: An den Beispielen Rauchen und Lungenkrebs (20 ×) und Rauchen und Herzinfarkt (1,5 ×) lassen sich die verschiedenen relativen Risiken gut demonstrieren.
Ich möchte auch noch die Stufen epidemiologischer Argumentation erwähnen, die bei Fragen über kausale Beziehungen zwischen Faktor und Krankheit beachtet werden sollten. Die niedrigste Stufe epidemiologischer Argumentation liegt vor, wenn die Ergebnisse auf Global- oder Aggregatdaten (keine Individualdaten) beruhen. Wenn Ergebnisse aus solchen Studien durch Fall-Kontroll- und/oder Kohortenstudien bestätigt werden, ist die 2. u. 3. Stufe epidemiologischer Argumentation erreicht. Mit den Ergebnissen aus Interventionsstudien erreichen wir die höchste Stufe epidemiologischer Argumentation. Man sollte aber nicht verlangen, daß diese Stufe immer erreicht sein muß, um von kausalen Beziehungen zwischen Faktor und Krankheit sprechen zu dürfen.
Kurz zusammengefaßt möchte ich sagen: Unter Risikofaktor verstehe ich ein Charakteristikum (Person, Umwelt), das in einer statistisch gesicherten Beziehung zu einer Krankheit steht. Die Klärung der Kausalitätsfrage erfordert dann den Beitrag vieler biologischer und medizinischer Disziplinen, wobei der Epidemiologie eine wichtige Rolle zufällt.

Bock:
Ich bin einverstanden, falls Sie das immer in dieser Weise erläutern, wenn Sie von Risikofaktor sprechen. Aber im allgemeinen Sprachverständnis wird eine ursächliche Beziehung unterstellt, wenn von Risikofaktoren die Rede ist.

Anlauf:
Man muß auch an die Umsetzung für die Praxis denken bei dieser Diskussion. So steht dem Kliniker ein Krankheitsbegriff, der sich — nach ROTHSCHUH — an der subjektiven und/oder objektiven Hilfsbedürftigkeit des Betroffenen

orientiert, näher, als eine Krankheitsdefinition, die von Normabweichungen ausgeht.
Die Unterscheidung zwischen Risikofaktor und Risikoindikator hat für uns eine große didaktische Bedeutung. Risikofaktor impliziert Kausalität, und dies hat meist Konsequenzen für die Therapie. Dem Risikoindikator kommt dieser Rang nicht zu. Deshalb meine ich, man sollte sich keinesfalls mit einer rein statistischen Definition des Risikofaktors zufriedengeben.

Epstein:
Darf ich das richtigstellen? Ich habe ganz sicher nicht eine rein statistische Definition gegeben! Herr Keil hat auch bereits gesagt, die Beweisführung sei nur zum Teil epidemiologisch und statistisch . . .

Anlauf:
Aber dann entsteht doch die Frage: Warum können nicht einige Risikoindikatoren „Risikofaktoren im Wartestand" sein?

Epstein:
Ich bin davon überzeugt, daß Cholesterin, das heißt LDL, ein kausaler Risikofaktor für die Koronarkrankheit ist, und viele Leute sind es nicht. Sie werden meine Beweisführung trotzdem nicht akzeptieren und sagen, das ist ein Risikoindikator. Und wer soll da Richter sein, um das zu entscheiden?

Bock:
Die Interventionsstudie, Herr Epstein, die durch Eliminierung dieses Faktors zeigt, daß das Risiko kleiner wird oder verschwindet.

Epstein:
Sie haben das sehr klar ausgedrückt, Herr Bock. Ich bin aber nicht bereit, so lange zu warten. Andere ja.

Schwartz:
Ich möchte auf zwei Punkte eingehen: Einmal auf eine Bemerkung von Herrn Keil, die epidemiologisch methodisch völlig richtig war, in der er sagt, es gibt abgestufte Beweisführungen zumindest in Hypothesenunterstützung, die vor einer Interventionsstudie liegen. Das ist unbestritten. Aber ich glaube, daß insbesondere dann, wenn therapeutische Entscheidungen bzw. Interventionen anstehen entweder auf Individualebene oder auf der Bevölkerungsebene, die entweder hinsichtlich der Kosten oder hinsichtlich ihrer Risiken beachtliche Folgen haben, gefordert werden muß, daß beweiskräftige Resultate von Interventionsstudien vorliegen. Das kann man sicherlich später noch mal in der Diskussion vertiefen.
Jetzt zur Bemerkung von Herrn Anlauf, die ich für sehr wichtig halte für die Praxis. Ich glaube, wir sollten uns quasi disziplinieren dadurch, daß wir versuchen zu unterscheiden zwischen „Risikofaktoren" als kausale Faktoren einerseits und „Risikoindikatoren" andererseits, die lediglich die gehäufte Ver-

knüpfung beliebiger Merkmale und Krankheiten angeben. Ich stelle bewußt diese Distinktion so in den Raum. Warum? Weil dies in der Praxis von großer Bedeutung sein kann. Wenn mir ein Risikoindikator lediglich angibt, daß bei einer bestimmten Person oder Personengruppe eine Krankheit häufiger auftritt als bei anderen, z. B. bei Frauen der Oberschicht Brustkrebs, käme niemand auf die Idee, den Brustkrebs dadurch zu bekämpfen, daß man diese Frauen in die Unterschicht bringt. Aber es ist sinnvoll, bei diesen Frauen stärker darauf zu achten. Genauso wie es sinnvoll ist, bei Frauen der Unterschicht stärker auf Zervixkrebs zu achten. Das ist nicht nur epidemiologisch sinnvoll, sondern es ist auch diagnostisch sinnvoll, denn die zur Verfügung stehenden diagnostischen Methoden haben in einer Population, in der ich auf Grund solcher Indikatoren häufiger mit Krankheitsträgern zu rechnen habe, einen höheren positiven Vorhersagewert. Wenn ich dagegen wirklich einen kausalen Risikofaktor habe, den man als eine beachtliche Teilursache, wenngleich nicht als ausschließliche Bedingung einer Krankheit definieren kann, dann kann ich als Arzt möglicherweise gegen diesen Faktor selbst intervenieren. Z. B. wenn ein bestimmtes Ernährungsverhalten gesicherte Teilursache bei der Entstehung von Kolonkrebs wäre, sollte die Ernährung geändert werden. Unsere begriffliche Unterscheidung hat in der Praxis also vollkommen unterschiedliche Konsequenzen. Deshalb wäre es schlecht, wenn wir Risikoindikatoren als „Faktoren im Wartestand" definieren würden. Ein Risikoindikator ist eben lediglich ein epidemiologisches Merkmal für ein gehäuftes Auftreten von Erkrankungen einer Gruppe, das in keinem anderen Zusammenhang zu stehen braucht, wie der bekannte Zusammenhang zwischen den Störchen und dem Kindersegen.

Bock:
Ich glaube, Herr Schwartz, Sie haben deutlich gemacht, daß das nicht eine rein akademische Diskussion ist, die wir hier führen, sondern daß beachtliche praktische Auswirkungen eintreten können.

Jesdinsky:
Von der Anwendbarkeit für die Prävention her bahnt sich jetzt eine Unterteilung an in Faktoren, die geändert werden können und solche, die man nicht ändern kann. Z. B. ist ja das Alter auch ein Risikofaktor, aber man kann das Alter nicht beliebig wählen. Das Geschlecht ist ein Risikofaktor, und die Vererbung ist ein Risikofaktor, das ist schon gesagt worden. Ein Kriterium für diese besondere Klasse von Risikofaktoren ist vielleicht, daß es sich um Eigenschaften handelt, die man nicht in einer Interventionsstudie zufällig zuteilen kann. Diese Faktoren haben wir eben nicht in der Hand.

Bock:
Bei der Vererbung könnte man sich zumindest in der Tierzucht eine Intervention vorstellen, etwa indem man bestimmte Erblinien eliminiert und feststellt, ob ein Risiko verschwindet oder nicht. Alter und Geschlecht können durchaus kausal, wenn auch oft nur indirekt, mit einem Risiko verknüpft sein. Da man

sie nicht durch Intervention eliminieren kann, bleibt es gleich, welche Bezeichnung man wählt; praktisch werden sie wie Risikoindikatoren behandelt.

Jesdinsky:
Gibt es Schutzfaktoren und sind diese nur definiert als die Abwesenheit von Risikofaktoren? Das wäre auch einer Diskussion wert...

Epstein:
Ich habe vor vielen Jahren in dieser Beziehung WILHELM BUSCH zitiert: „Das Gute, dieser Satz steht fest, ist stets das Böse, das man läßt." Wenn körperliche Faulheit ein Risikofaktor ist, ist wohl umgekehrt die körperliche Tätigkeit ein Antirisikofaktor. Ob HDL wirklich ein Schutzfaktor in diesem Sinne ist, steht noch offen. Es schützt sicher im statistischen Sinne gegen Koronarkrankheit. Aber ob ein Kausalzusammenhang besteht oder ob einfach höheres HDL ein Ausdruck eines günstigen Lipoproteinstoffwechsels ist, das ist die Frage.
Man kann auch sagen, niedriger Cholesterinspiegel ist ein Schutzfaktor oder niedriger Blutdruck.

Laaser:
Es gibt eine Überlegung, ich glaube, von J. STAMLER eingeführt, daß ein genetisch determiniertes Risiko sich nur manifestieren kann in einer Umgebung, die das zuläßt. Wenn Risikobelastungen nicht vorliegen, dann genügt die genetische Komponente vielleicht gar nicht, um eine phänotypische Ausprägung zu induzieren. Es war — ich würde mich auch auf Herrn Anlauf beziehen — sehr wichtig, den Versuch zu machen, von den möglichen Konsequenzen her zu denken und zu fragen: Was hat es für Folgen, wenn wir Alter als Risikofaktor ansehen? Darüber kann man zwar theoretisch debattieren, aber da wir das Alter kaum beeinflussen können — zumindest nicht das kalendarische — kann das wohl weitgehend außer Betracht bleiben. Was für uns wichtig ist, wäre ja, den Bereich abzustecken, der beeinflußbar ist. Und da kann ich Herrn Schwartz nicht ganz zustimmen. Wenn ich Sie richtig verstanden habe, haben Sie gesagt: „Da, wo ein kausaler Faktor vorliegt, kann ich, eben weil er kausal ist und in einer direkten Beziehung steht, notwendigerweise auch etwas tun."

Schwartz:
Ich sagte: Man kann „vielleicht" etwas tun.

Laaser:
Ich wollte gerade sagen, das „Vielleicht" wäre mir wichtig. Denn es genügt nicht zu sagen: „Da ist ein kausaler Risiko-Zusammenhang, also kann ich etwas tun." Ich muß die Umkehrbarkeit des Risikoprozesses, sei es die Arteriosklerose oder was auch immer, belegen können. Und von daher ist es vielleicht wirklich eher eine Frage des ‚Kausalitätsgrades', wie es Herr Keil gesagt hat, und nicht eine ‚stufenweise Annäherung an die Kausalität'. Also ein fließender Übergang von dem, was auf der einen Seite als Risikoindikator bezeichnet

worden ist, bis hin zu dem, was Herr Schwartz jetzt einen kausalen Risikofaktor nennt, der fast schon Krankheit bedeuten würde. Unser gegenwärtiger Stand wäre der, daß wir epidemiologisch auf der Bevölkerungsebene statistische Risiken mit einigen zusätzlichen Kriterien definieren können, daß dies jedoch noch gar nichts über die Umsetzbarkeit auf der individuellen Ebene aussagt. Es könnte aber wohl sein — und darauf wird Herr Lippert wahrscheinlich morgen eingehen — daß es auf Bevölkerungsebene zu interventiven Konsequenzen führt. Auch wenn diese Konsequenzen nicht auf der individuellen Ebene ansetzen können.

Bock:
Die Identifizierung von Risikofaktoren und -indikatoren hat ja nicht nur unter dem Gesichtspunkt der Intervention Bedeutung, sondern auch, Herr Schwartz hat das gesagt, in bezug auf die Diagnostik. Wenn Alter ein Risikofaktor oder -indikator für bestimmte Karzinome ist, dann wird man natürlich bei alten Leuten besonders danach suchen. Insofern ist auch dann, wenn man einen Risikofaktor nicht eliminieren kann, seine Identifizierung interessant.

Rahn:
Mir scheint, daß bei der bisherigen Diskussion zu wenig berücksichtigt worden ist, daß Phänomene, die wir als Risikofaktor ansehen, ja nicht immer die Ursache eines Krankheitsprozesses sondern auch dessen Folge sein können. Es ist doch durchaus denkbar, daß ein Krankheitsprozeß, den wir noch nicht fassen können mit unseren diagnostischen Methoden, bereits Konsequenzen hat, die wir dann sehr wohl nachweisen und sehen können, und ich halte es nicht für pragmatisch, wenn man für die Definition eines Risikofaktors dann fordern würde, daß eine Kausalität nachgewiesen ist. Ich meine viel eher, daß ein Risikofaktor als Indikator betrachtet werden soll und daß er Anlaß geben sollte, eventuell betroffene Personen besonders sorgfältig zu kontrollieren und zu überwachen, wie das auch von Herrn Schwartz ausgedrückt worden ist.

Ganten:
Dies ist das erste Mal, daß ich an einer solchen intensiven Diskussion über Begriffe wie „Risikoindikatoren" und „-faktoren" teilnehme, und das ist vielleicht auch der Vorteil eines solchen Gesprächs. Ich möchte eine ganz einfache Bemerkung dazu machen. Die Einführung des neuen Begriffs — für mich neuen Begriffs — „Indikator" ist ja doch gewollt, um den potentiellen Mißbrauch und die Verwechslung mit dem Begriff Faktor zu vermeiden. Sie kommen aber — das hat sich ja auch heute wieder gezeigt — in jedem Fall in Abgrenzungsschwierigkeiten zwischen den beiden Begriffen. Ist es nicht eine pragmatische Lösung, und das ist im Grunde ja wohl auch das, was Herr Epstein will — den Begriff Risikofaktor zu relativieren — und damit nicht eine Kausalität zu implizieren. Wenn mit dem Gebrauch des Begriffes „Risikofaktor" kein kausaler Zusammenhang zur Folgekrankheit hergestellt wird, und das wäre ja ohnehin in den seltensten Fällen möglich, dann brauchen Sie nicht

neue Begriffe und Sie bringen sich nicht in neue Schwierigkeiten der Abgrenzung dieser beiden Begriffe.

Robra:
Aus epidemiologischer Sicht gibt es auch deshalb Einwände gegen eine Einteilung in Indikatoren und Faktoren, weil wir diese Variablen in den mathematischen Modellen, in den angesprochenen Risikofunktionen, völlig identisch behandeln. Wir lernen auch immer noch dazu, z. B. daß Übergewicht offensichtlich doch keinen einfachen linearen Zusammenhang mit der Mortalität zeigt oder — aus der Whitehall-Studie — daß der Blutzuckerspiegel nach Belastung über einen weiten Bereich bedeutungslos ist, nur in den obersten fünf Perzentilen der Verteilung ist das koronare Risiko erhöht. Herrn Epstein möchte ich noch fragen, wie übertragbar eigentlich die Risikofunktionen aus Amerika auf unsere Situation sind? KEYS hat in der 7-Country-Studie eine ganz gute internationale Übereinstimmung hinsichtlich der kardiovaskulären Risikofaktoren gefunden. Wie ist die Lage heute?

Epstein:
Ich glaube, es ist immer noch so. Wo auch immer die multiple logistische Funktion ausgewechselt wurde, in Ländern mit hoher oder niedriger Inzidenz, sind immer 50% der zukünftigen Fälle in den obersten 20% der Risikofunktion. In diesem Sinne ist die Funktion, soweit man heute weiß, universal gültig. Aber es gibt sicher Bevölkerungen, in denen sie nicht gültig ist.

Thiess:
Ich bin ein Mann der Praxis und habe mit einem Ärzteteam und ärztlichem Hilfspersonal für 53 000 Arbeitnehmer zu sorgen. Meiner Meinung nach soll ein Werksarzt nicht kurativ, sondern vorwiegend präventiv tätig sein. Die BASF hat drei Jahre nach der Framingham-Studie mit der ersten großen Vorsorgeuntersuchung: „Früherkennung von Diabetes und Nierenerkrankung" begonnen und zwei Jahre später die Vorsorgeuntersuchung: „Sehleistung — Farbsinn — Räumliches Sehen — Augeninnendruck" und 1974 die Studie „Hypertonie" durchgeführt. Uns hat damals nicht interessiert, ob unsere Studien der Früherkennung eines Risikofaktors oder Risikoindikators gelten. Wir überlegen heute, eine weitere Vorsorgeuntersuchung durchzuführen.
Für den Mann der Praxis, für uns Werksärzte, ist die Interpretation Risikofaktor/Risikoindikator doch letzten Endes gleich. Wir überlassen die Interpretation den Wissenschaftlern.

Bock:
Ich würde das, was Sie getan haben, Früherkennungsmaßnahmen nennen. Und die sind unbestritten sinnvoll, z. B. auf dem Gebiet der Hypertonie, weil gezeigt wurde, daß die Hypertonie ein Risikofaktor für bestimmte Komplikationen ist und deshalb frühzeitig kurativ angegangen werden sollte. Die Schwierigkeiten bei der eindeutigen Definition unserer Begriffe, die wir hier haben, sind davon nicht berührt.

Passarge:
Vielleicht sollten wir uns daran erinnern, was jeder weiß, daß wir uns naturgemäß dann schwertun müssen oder unmögliche Situationen schaffen, wenn wir von der Einheit des Begriffs „Risikofaktor" ausgehen. Es ist ja ein äußerst heterogener Begriff. Und wenn Sie an das berühmte Bild von den blinden Männern denken, die Elefanten definieren sollen, haben wir es eben mit einem extremen heterogenen Begriff zu tun. Das wird in der Genetik, in dem genetischen Teil besonders deutlich werden, aber es gilt für alle, so daß wir im Grunde Risikofaktor immer individuell nur definieren können, auf einzelne Krankheitsprozesse und einzelne Populationen bezogen, so daß wir es mit artifiziellen Definitionen zu tun haben, wenn wir rein hypothetisch versuchen, Indikatoren, Faktoren und Schutzfaktoren zu definieren. Da kommen wir nicht zu einer Einigung.

Bock:
Die Schwierigkeiten kommen daher, daß im Begriff Risikofaktor verschiedene Dinge zusammengefaßt werden. Und der Versuch, den Indikator abzugrenzen, ist ja gerade darin begründet, daß man nicht statistische Korrelationen mit Kausalität verwechseln sollte, was jeder Student im 3. Semester lernt. Ich habe großes Unbehagen bei der Anwendung des Risikofaktorenbegriffes in der Form, wie er oft von den Epidemiologen verwendet wird. Auf dem Hochdruckgebiet entzündet sich z. B. die Diskussion an der Frage, ob der systolische Blutdruck ein Risikofaktor oder ein Risikoindikator ist. KANNEL behauptet das erstere aufgrund der Framingham-Studie, obwohl ich auch aus seiner neuesten Publikation nicht herauslesen kann, womit er das begründet. Warum ist der isolierte systolische Hochdruck bei alten Leuten nicht einfach ein Risiko*indikator* der Arteriosklerose, die sie haben? Und die praktische Konsequenz aus der Unterstellung, daß es sich um einen Risiko*faktor* handelt, die steht dann auch bei KANNEL hintendran: Diese Leute vertragen die Behandlung mit Antihypertensiva ganz gut, daher sollte der systolische Druck bei diesen alten Leuten gesenkt werden. Hier liegt die große Gefahr der Gleichsetzung der Begriffe Faktor und Indikator. Es gibt natürlich manche anderen Gründe, den isolierten systolischen Hochdruck bei einzelnen alten Leuten zu senken. Aber sie werden ein erhöhtes kardiovaskuläres Risiko einfach deshalb behalten, weil sie eine Arteriosklerose haben, wie ihr systolischer Hochdruck ausweist. Das ist ein klassisches Beispiel dafür, wie die Vermischung der Begriffe Konsequenzen impliziert.

Schwartz:
Wer sich gegen eine Aufgabe des einheitlichen Begriffes „Faktor" wendet, sollte kritisch die dabei verwendete Wortwurzel beachten: „facere" heißt „machen", und es gibt ziemlich viele Leute, die an diesen Wortsinn glauben.
Alles, was wir gehört haben, ist eigentlich eine Kritik an der doppeldeutigen Verwendung dieses Wortes. Sicher kann man nicht sagen, daß die Aufteilungen in Indikatoren und Faktoren eine glatte Lösung ist. Soweit sie die epidemiologische und ätiologische Forschung betrifft, so akzeptiere ich, daß man

gerne Dinge in der Schwebe lassen möchte. Aber ich möchte hier auch betonen, daß den Ärzten für die Praxis am Menschen, aber auch für die Entscheidungsträger in der öffentlichen Gesundheitspflege eine Differenzierung der Begriffe eine große Hilfe wäre.
Natürlich kann es bei Indikatoren eine Reihe von Merkmalen geben, die in der Praxis nicht zur Abgrenzung von Risikogruppen taugen oder bei Faktoren solche, die keine praktikablen Interventionsansätze bieten, oder bei beiden solche, bei denen der gegebene statistische Zusammenhang sehr schwach ist. Dies kann in Einzelfällen, aber keineswegs generell gegen den Nutzen der vorgeschlagenen Unterscheidung sprechen.

Ausgewählte Beispiele: Risikofaktor Hochdruck

von H. Losse

Am Beispiel des arteriellen Bluthochdrucks läßt sich die in dem Thema des Kolloquiums zum Ausdruck kommende Problematik besonders anschaulich darstellen. Die folgenden Ausführungen gliedern sich in zwei Abschnitte:

1. Welche Faktoren begünstigen die Entwicklung eines hohen Blutdrucks?
2. Inwieweit ist der hohe Blutdruck selbst als Risikofaktor zu betrachten?

1. Hochdruckbegünstigende Faktoren

Experimentelle und klinische Erfahrungen der letzten Jahrzehnte haben es in hohem Maße wahrscheinlich gemacht, daß das Zusammenwirken gewisser endogener und exogener Faktoren das individuelle Risiko, an einer Hypertonie zu erkranken, erhöht (s. Tab. 1).

1.	Familiäre Faktoren
1.1.	Spezifische genetische Faktoren
1.2	Konstitutionelle Faktoren
1.3	Gemeinsame Umwelt-Faktoren
2.	Individuelle Faktoren
	Alter
	Geschlecht
	Rasse
	Lebensweise (Soziale Stellung)
3.	Kochsalz-Aufnahme
4.	Übergewicht (Bewegungsarmut)
5.	Umwelt-Einwirkungen (?)
6.	Stoffwechselerkrankungen (?)

Tab. 1 Hochdruck-begünstigende Faktoren – Primäre Hypertonie

An erster Stelle sind hier *familiäre Faktoren* zu nennen, die teils genetisch, teils exogen, das heißt durch identische Umwelteinflüsse, bedingt sein können.

Für das Vorhandensein direkt *hochdruckbegünstigender genetischer Faktoren* sprechen Familien-, insbesondere Zwillingsuntersuchungen (3, 6) sowie die Ergebnisse der Züchtung spontan hypertensiver Ratten. Erste Anhaltspunkte für genetisch bedingte biochemische Normabweichungen bei familiärer Hochdruckdisposition haben die in den letzten Jahren erhobenen Befunde einer Erhöhung des intrazellulären Natriumgehaltes erbracht (10). Daneben gibt es sicherlich auch indirekt hochdruckbegünstigende familiäre Faktoren, die sowohl endogenen (hier sei die besondere Häufung des pyknomorph-mesomorphen Habitus bei Hypertonie genannt) als auch exogenen Ursprungs im Sinne gemeinsamer Umweltfaktoren sein können (6). In diesem Zusammenhang sind die interessanten Beobachtungen über Hochdruckkonkordanz bei Eheleuten zu erwähnen (6). Die naheliegende Vermutung, daß die gemeinsame eheliche Umgebung über Jahre oder Jahrzehnte für die Entwicklung des konkordanten Blutdruckverhaltens verantwortlich ist, läßt sich aufgrund neuerer Untersuchungen allerdings nicht unbedingt aufrechterhalten. Es muß vielmehr auch die Möglichkeit diskutiert werden, daß sich Menschen mit ähnlichen Eigenschaften sowie ähnlichem sozialen Hintergrund eher assoziieren („Gleich und gleich gesellt sich gern").

Unter den *individuellen Faktoren,* die insbesondere für den Zeitpunkt der Manifestation des Hochdrucks von Bedeutung sind, spielen Lebensalter und Geschlecht eine besondere Rolle. So steigt die Hochdruckhäufigkeit bei Männern mit steigendem Lebensalter kontinuierlich an, während bei Frauen ein deutlicher Anstieg erst nach der Menopause zu beobachten ist.

Auch die Rassenzugehörigkeit und gewisse soziologische Faktoren scheinen für die Entstehung der Hypertonie eine Rolle zu spielen. Hier sei auf die größere Häufigkeit und Schwere der Hypertonie bei Negern in den USA hingewiesen.

Nach Pflanz findet man in einigen soziologisch abgrenzbaren Gruppen die Hypertonie besonders häufig, in anderen seltener. So ist bei uns besonders bei Frauen, in den USA auch bei Männern, die Hypertonie in der Unterschicht häufiger als bei leitenden Angestellten und Akademikern. Diese Unterschiede sind teilweise durch die größere Verbreitung der Fettsucht in den unteren sozialen Schichten zu erklären.

Sehr interessant sind Befunde von Sever und Mitarb. (9), aus denen hervorgeht, daß Angehörige eines südafrikanischen Eingeborenenstammes häufiger einen Hochdruck zusammen mit Gewichtsanstieg und erhöhtem Kochsalzverbrauch entwickelten, wenn sie in die Stadt zogen, während bei der im heimatlichen Bereich verbliebenen Vergleichsgruppe der Blutdruck niedrig blieb und auch mit dem Alter nur gering anstieg.

Das Problem der Beziehungen zwischen *Kochsalzaufnahme* und arterieller Hypertonie ist seit fast acht Jahrzehnten Gegenstand klinisch-epidemiologischer und tierexperimenteller Untersuchungen. Es wird heute nicht mehr daran gezweifelt, daß das Natrium in der Pathogenese der arteriellen Hypertonie eine bedeutsame Rolle spielt. So kommt es bei der menschlichen primären Hypertonie unter einer streng kochsalzarmen Kost oder nach Verabreichung natriuretisch wirksamer Medikamente (Diuretika) häufig zu einem Blutdruckabfall. Dieser Effekt kann durch Zufuhr von Natriumchlorid wieder rückgängig gemacht werden. Auch gibt es zahlreiche Untersuchungen, die dafür sprechen, daß eine Abhängigkeit zwischen Kochsalzverbrauch und der Hypertoniehäufigkeit besteht in dem Sinne, daß Populationen mit geringer Kochsalzaufnahme eine niedrigere Hypertoniefrequenz haben als solche mit hoher Kochsalzaufnahme (6). Neuere Untersuchungen machen es wahrscheinlich, daß Veränderungen der intrazellulären Natriumkonzentration als Folge von Permeabilitätsstörungen der Zellmembranen für die Entwicklung der Hypertonie von Bedeutung sind (10).

Als gesichert gelten heute auch die Beziehungen zwischen *Übergewicht* und arterieller Hypertonie in dem Sinne, daß der Blutdruck bei Adipösen häufiger erhöht ist und daß eine Gewichtsabnahme bei Hypertonikern zu einem Abfall des Blutdrucks führt. Schon die einfache Beobachtung, daß die Häufigkeit der Hypertonie mit dem Ernährungszustand der Bevölkerung eng korreliert ist, läßt diese Zusammenhänge deutlich erkennen. Nach eigenen Untersuchungen kam es im Jahre 1948, das heißt mit dem Beginn des wirtschaftlichen Aufschwungs in der Bundesrepublik Deutschland zu einem sprunghaften Anstieg der primären Hypertonie, während die Häufigkeit der renalen Hypertonie, wie zu erwarten, gleich blieb. Gleichzeitig kam es zu einem Anstieg der häufigsten Komplikation der arteriellen Hypertonie, nämlich des Herzinfarktes (5). Aus der Tabelle 2 geht hervor, daß eine enge Korrelation zwischen dem Ausmaß des Übergewichtes und der Höhe des Blutdrucks besteht.

Die beim modernen Menschen weit verbreitete *Bewegungsarmut*, die häufig zu Übergewicht führt, stellt ebenfalls einen hochdruckbegünstigenden Faktor dar. Obwohl hier noch genaue Untersuchungen fehlen, spricht mehr dafür als dagegen, daß körperlich aktive Menschen seltener eine Hypertonie entwickeln als inaktive.

Inwieweit *Umwelteinwirkungen* wie z. B. Lärm, Lichtreize und Streß zur Entwicklung einer Dauerhypertonie führen können, ist noch

	Beginn	Minimal-gewicht während der ersten sechs Monate	Endwerte 24 Mon.
Körpergewicht (kg)	83,1 ± 9,7	74,7 ± 8,9	77,6 ± 10,2
% Übergewicht	24,5 ± 14,6	12,1 ± 13,6	18,2 ± 16,2
Blutdruck syst. (mmHg)	181,6 ± 28,0	138,9 ± 16,9	151,3 ± 22,4
Blutdruck diast.	114,3 ± 13,6	91,3 ± 9,8	95,3 ± 13,0

Tab. 2 Verhalten von Blutdruck und Körpergewicht bei 30 Hypertonikern (Nach H. ELIAHOU, 1980)

nicht endgültig geklärt. Diese Reize könnten, wenn sie lange genug einwirken, zu strukturellen Veränderungen in der Gefäßperipherie mit einem Anstieg des peripheren Widerstandes führen.

Patienten mit primärer Hypertonie weisen häufig noch *weitere Risikofaktoren* wie Diabetes mellitus, Hyperurikämie und Hypercholesterinämie auf. Inwieweit diese Stoffwechselstörungen für die Manifestation und Schwere der Hypertonie von Bedeutung sind, ist bisher nicht geklärt. Es besteht die Möglichkeit, daß diesen Störungen ein gemeinsamer genetischer Faktor zu Grunde liegt.

Ob die *Persönlichkeitsstruktur* und die damit eng verbundene Verhaltensweise eines potentiellen Hypertonikers für die Entwicklung des Hochdrucks eine Rolle spielen, bedarf ebenfalls noch der Klärung. Das gleiche gilt für die typischen Belastungen des modernen Menschen wie Arbeitsdruck, Zerstörung der Gemeinschaft, soziale und natürliche Bedrohungen und schnelle soziale Veränderungen.

Zusammenfassend kann gesagt werden, daß die hochdruckbegünstigende Wirkung familiärer Faktoren sowie des Übergewichtes und der Kochsalzaufnahme weitgehend gesichert erscheint. Sie stellen wahrscheinlich die Voraussetzung dafür dar, daß die übrigen hier genannten Faktoren ihre blutdrucksteigernde Wirkung entfalten können.

Gesicherter erscheint unser Wissen hinsichtlich der Faktoren, die die Entwicklung einer *sekundären Hypertonie* begünstigen (s. Tab. 3). Hier müssen in erster Linie die Nierenerkrankungen genannt werden. Allerdings darf nicht übersehen werden, daß ein und dieselbe

1.	? Genetische Faktoren
2.	Nierenerkrankungen
3.	Medikamente
3.1	Analgetica
3.2	Ovulationshemmer
3.3	Natrium-retinierende Substanzen
3.4	Sympathikomimetica

Tab. 3 Hochdruck-begünstigende Faktoren – Sekundäre Hypertonie

Nierenerkrankung nur bei bestimmten Patienten zu einer Hypertonie führt. Weitere Untersuchungen müssen zeigen, ob unter Umständen genetische Faktoren auch bei der sekundären Hypertonie eine Rolle spielen. Erste Anhaltspunkte dafür fanden wir bei Patienten mit Pyelonephritis, die nur dann einen Hochdruck entwickelten, wenn eine familiäre Hochdruckbelastung vorlag bzw. das Muster der intrazellulären Natriumkonzentration demjenigen bei primärer Hypertonie entsprach (10).
In jüngster Zeit werden auch mit zunehmender Häufigkeit medikamentös bedingte Hypertonien beobachtet.

2. Die Hypertonie als Risikofaktor

Aus zahlreichen Untersuchungen geht hervor, daß die Hypertonie zu den verschiedensten kardio-vaskulären Komplikationen führen kann und daß andererseits eine Behandlung des Hochdrucks zu einem Rückgang der Komplikationshäufigkeit führt. Dies geht besonders eindrucksvoll aus jüngsten amerikanischen Untersuchungen hervor, in denen gezeigt werden konnte, daß eine systematische Behandlung des Hochdrucks von einem signifikanten Abfall der Mortalität begleitet ist (s. Tab. 4).
Aus zahlreichen Untersuchungen geht hervor, daß die Herzinsuffizienz und die Coronarsklerose mit etwa 65% zu den häufigsten Todesursachen der Hypertonie gehören. In etwa 15% der Fälle finden sich cerebro-vaskuläre Erkrankungen als Todesursache bei Hypertonikern, in etwa 6—8% der Fälle renale Komplikationen. Darüber hinaus gehört die chronische arterielle Hypertonie zu den bedeutsamsten, die Entwicklung einer allgemeinen Arteriosklerose begünstigenden Faktoren. Etwa 40% aller Patienten mit einer allgemeinen Arteriosklerose haben gleichzeitig eine Hypertonie (3).

Diastolischer Blutdruck mm Hg	Anzahl der Patienten S	R	Todesfälle S	R	prozentualer Abfall der Mortalität bei S (Vergleich S zu R)
90–104	3903	3922	231	291	20,3
105–114	1048	1004	70	77	13,0
> 115	534	529	48	51	7,2
JAMA *242*, 2562 (1979)					

Tab. 4 5-Jahres-Mortalität von Hypertonikern bei systematischer (S) und routinemäßiger (R) antihypertensiver Therapie.

Umstritten ist bisher die Frage, ob eine isolierte systolische Hypertonie ebenfalls zu vermehrten kardio-vaskulären Komplikationen führt, oder ob sie lediglich Ausdruck eines krankhaft veränderten Gefäßsystems (Verlust der Windkesselwirkung der Aorta) ist. Da der systolische Blutdruck mit dem Alter stärker ansteigt als der diastolische, ist der Anteil der Hypertoniker, deren Blutdruckerhöhung in erster Linie allein im systolischen Bereich zu finden ist, unter den älteren Patienten besonders hoch (4).

Die statistisch nachweisbare enge Korrelation zwischen isolierter systolischer Hypertonie und Häufigkeit kardio-vaskulärer Komplikationen (4) läßt, worauf insbesondere Bock hingewiesen hat, noch keine Rückschlüsse auf evtl. bestehende kausale Beziehungen zu. Da die Höhe des systolischen Blutdrucks, von Ausnahmefällen abgesehen, weitgehend von dem Ausmaß der Arteriosklerose der großen Gefäße geprägt wird, ist sie zweifellos ein Risikoindikator für kardio-vaskuläre Komplikationen, ohne Rückschlüsse auf den ursächlichen Zusammenhang zuzulassen.

Schließlich ist die Tatsache zu erwähnen, daß die zur Behandlung der Hypertonie erforderlichen Medikamente zu Schäden führen können. Hier sei insbesondere auf die Diuretika (Hypokaliämie, Hyperurikämie, Hyperlipidämie?), die Betablocker (bradykarde Herzrhythmusstörungen) und die Sympathikolytika (orthostatische Hypotonie) hingewiesen. Es handelt sich hierbei gewissermaßen um indirekte Folgen des erhöhten Blutdrucks.

1. Biochemische Grundlagen der genetischen Hochdruckdisposition 2. Bedeutung gemeinsamer familiärer Einflüsse 3. Übergewicht vs. NaCl-Verbrauch 4. Bedeutung genetischer Faktoren bei sekundären Hypertonien 5. Prävention der Hypertonie durch Ausschaltung begünstigender Faktoren 6. Bedeutung psychischer Faktoren (Lärm, Streß, Persönlichkeitsfaktoren) 7. Bedeutung der systolischen Blutdruckerhöhung

Tab. 5 Ungeklärte Probleme

Zusammenfassend kann die in dem Thema des Kolloquiums gestellte Frage dahingehend beantwortet werden, daß das Konzept der Risikofaktoren-Medizin für das Gebiet der arteriellen Hypertonie zweifellos einen Fortschritt bedeutet. Zwar bedürfen noch zahlreiche Probleme der Klärung (s. Tab. 5), es kann jedoch schon heute gesagt werden, daß für die Entstehung des Hochdrucks ein Bündel von Faktoren verantwortlich ist, von denen familiäre Einflüsse, Übergewicht und erhöhter Kochsalzverbrauch gesichert scheinen, während die Bedeutung anderer Einflüsse noch fraglich ist. Daß die Hypertonie als solche einen bedeutsamen Risikofaktor für die an erster Stelle der Todesursachen in der zivilisierten Welt stehenden Herz- und Kreislauferkrankungen darstellt, scheint außer Frage.

Literatur

1. BOCK, K. D.: Hochdruck, Ein Leitfaden für die Praxis, 2. Aufl. Thieme, Stuttgart 1975
2. ELIAHOU, H.: Übergewicht und Hypertonie, Hypertonie aktuell, *2*, 9, 1980
3. HEINTZ, R. u. H. LOSSE (Hrsg.): Arterielle Hypertonie, Thieme, Stuttgart 1969
4. KOCH-WESER, J.: Arterial hypertension in old age, Herz, *3*, 235—244, 1978
5. LOSSE, H.: Hypertonie — Möglichkeiten der Prävention sowie Beeinflussung der Prognose durch frühzeitige Behandlung, In: BOCK, K. D. (Hrsg.): Sozialmedizinische Probleme der Hypertonie in der Bundesrepublik Deutschland, Thieme, Stuttgart 1978
6. PAUL, O. (ed.): Epidemiology and Control of Hypertension, Thieme, Stuttgart 1975
7. PFLANZ, M.: Epidemiologie der essentiellen Hypertonie, Der praktische Arzt, *15*, 1249—1261, 1978
8. ROSENTHAL, J. (ed.): Arterielle Hypertonie, Springer, Berlin—Heidelberg—New York 1980
9. SEVER, P. S., W. S. PEART, D. GORDON, P. BEIGHTON: Blood-pressure and its correlates in urban and tribal Africa, Lancet, II, 60—64, 1980
10. ZUMKLEY, H. u. H. LOSSE (ed.): Intracellular Elektrolytes and Arterial Hypertension, Thieme, Stuttgart—New York 1980
11. Five-Year Findings of the Hypertension Detection and Follow-up Program. I. Reduction in mortality of patients with high blood pressure, including mild hypertension, J. Americ. Med. Assoc. *242*, 2562—2571, 1979

Diskussion

Bock:
Könnten Sie vielleicht, Herr Losse, erläutern, wieso die antihypertensiv wirkenden Medikamente selbst einen Risikofaktor darstellen könnten?

Losse:
Praktisch alle antihypertensiven Medikamente können zu Nebenwirkungen führen. Wenn ich das am Beispiel der Diuretika demonstrieren darf, so wissen wir, daß diese Substanzen zur Hypokaliämie und zur Hyperurikämie mit ihren Folgen führen können. Die Sympathikolytika führen zur orthostatischen Hypotonie, die ihrerseits wiederum cerebrale oder kardiale Durchblutungsstörungen zur Folge haben können. Die medikamentöse Behandlung stellt somit ein kalkulierbares Risiko dar. Wir sollten daher überlegen, ob das Risiko des Hochdrucks bzw. der Hochdruck-Komplikationen das Risiko einer mit doch erheblichen Nebenwirkungen behafteten Therapie rechtfertigt.

Bock:
Man könnte das noch ergänzen: Die Thiazid-Saluretika können die Glukosetoleranz verschlechtern und eine leichte Fettstoffwechselstörung bewirken, so daß man unter Umständen bei einer Intervention ein großes Risiko durch ein kleines ersetzt. In seiner Bedeutung ist das geringe Risiko dieser Nebenwirkungen bis jetzt nicht quantifiziert. Aber es ist vorhanden. Bei den Betablokkern gibt es ähnliche diskrete Stoffwechselveränderungen.

Jesdinsky:
Wie sieht man heute als Kliniker die Unterscheidung, ob es sich um eine Hochdruckkrankheit handelt, oder ob der Hochdruck ein erhöhter Blutdruck ohne Krankheitswert ist? Gibt es dazu etwas Neues zu sagen?

Losse:
Ich würde das als Kliniker so definieren, daß ich eine Hochdruckkrankheit dann annehme, wenn ich neben einer gesicherten Blutdruckerhöhung, d.h. einer häufiger kontrollierten Blutdruckerhöhung auch bereits Veränderungen feststelle, die auf eine länger bestehende Blutdruckerhöhung hindeuten, z.B. eine Herzhypertrophie oder Veränderungen am Augenhintergrund. Es genügt nicht die einmalige Blutdruckmessung zur Feststellung einer Hochdruckkrankheit, sondern ich muß auch klinische Symptome einer chronischen Hochdruckerkrankung haben.

Bock:
Vielleicht wollte Herr Jesdinsky etwas zu der Meinung PICKERINGS hören: Der hohe Blutdruck ist nur eine Normvariante, er ist der rechte Teil einer unimodalen schiefen Verteilung und gar keine Krankheit. Meinten Sie das?

Jesdinsky:
Ja. Ich weiß auch keine bessere Antwort, und ich bin jetzt nicht ganz sicher, ob das eine befriedigende Antwort war.

Bock:
Wenn Sie diese Frage so stellen, dann ist die Hypertonie nur ein Spezialfall unter vielen. Wenn Sie sich an die nächste Straßenecke stellen und bestimmen das Hämoglobin oder das Bilirubin aller Passanten, dann finden Sie ganz ähnliche Verteilungen, aber es wird deshalb niemand einfallen, einen Menschen mit schwerer Anämie oder Ikterus nicht als krank zu bezeichnen. Die Grenze zwischen Krankheit und Gesundheit bei der Hypertonie hängt einmal von den Faktoren ab, die Herr Losse erwähnt hat, aber ist auch weitgehend arbiträr. Man kann z.B. die Empfehlung der WHO akzeptieren, ab 160/100 liegt ein Hochdruck vor, unter 140/90 nicht und dazwischen ist es eine Grenzwerthypertonie. Ähnliche Definitionen haben wir bei anderen Krankheiten auch, z.B. beim Diabetes.

Anlauf:
Herr Losse, es fehlen ja klinische Korrelate gerade in der Gruppe mit der leichten Hypertonie, die bis zu 80% aller Hypertoniker in der Praxis ausmachen kann. Woran erkennen wir, bei welchem Patienten später eine Hochdruck-Krankheit entsteht und bei welchem nicht?

Losse:
Das wäre wieder etwas anderes. Das wäre nach meiner Ansicht noch keine Hochdruckkrankheit. Diese liegt erst vor, wenn ich neben der Blutdruckerhö-

hung auch Anzeichen eines länger bestehenden Hochdrucks habe, die bereits zu Rückwirkungen auf den Organismus geführt haben. Was Sie als „Grenzwert-Hypertonie" im Sinn haben, wäre für mich keine Hochdruckkrankheit. Zumindest wissen wir noch gar nicht, ob sich bei diesen Patienten eine Dauerhypertonie entwickeln wird.

Anlauf:
Wenn man Krankheit als Hilfsbedürftigkeit bezeichnet, dann kommt man um eine Entscheidung nicht herum.

Keil:
In diesem Zusammenhang möchte ich erwähnen, daß A. L. Cochrane vor etwa 10 Jahren in seinem Buch „Effectiveness and efficiency, random reflections on health services", erschienen bei Nuffield Provincial Hospitals Trust, London 1972, schon darauf hingewiesen hat, daß man *den* Punkt auf der Verteilungskurve finden muß, ab dem die Therapie mehr Gutes als Schlechtes tut (where therapy does more good than harm). Genau dies herauszufinden, hat ja auch die HDFP-Studie versucht, nämlich den niedrigsten diastolischen Blutdruckwert zu finden bei dem sich noch bzw. schon eine Behandlung lohnt. Aus meiner Sicht haben die ersten Ergebnisse der HDFP-Studie gezeigt, daß es sinnvoll ist, die milde Hypertonie zu behandeln (ob diätetisch oder medikamentös sei zunächst dahingestellt).

Lippert:
Ich möchte daran anknüpfen, indem ich auf eine Bemerkung von Herrn Losse zurückgehe. Es ist ohne Zweifel sinnvoll, zur Diagnose der Hypertonie klinische Zeichen heranzuziehen. Damit ist aber die präventiv bedeutende Frage nicht beantwortet: Müssen denn erst klinische Zeichen nachweisbar sein, bevor therapeutische Maßnahmen getroffen werden dürfen?

Losse:
Das ist eben das Problem! Ich würde sagen, nein! Ich würde z. B. die von Herrn Anlauf genannten Patienten auch behandeln, aber eben nicht medikamentös behandeln. Ich würde gewisse präventive Maßnahmen empfehlen: Gewichtsreduktion, Kochsalzreduktion usw. Das ist meiner Ansicht nach das entscheidende Problem. Aber das war nicht gefragt. Es war gefragt: was ist Hochdruck-Krankheit? Ihre Patienten würde ich als potentielle Hypertoniker ansehen und sie mit Allgemeinmaßnahmen behandeln. Das ist, glaube ich, das Entscheidende.

Ausgewählte Beispiele: Risikofaktor Fettstoffwechselstörungen

von G. Schlierf

Es ist Ziel der folgenden Ausführungen, streiflichtartig solche Forschungsergebnisse vorzustellen, die dafür sprechen, daß Fettstoffwechselstörungen, einige mehr als andere, als Risikofaktoren (mit kausaler Bedeutung) für die koronare Herzkrankheit anzusehen sind. Die ersten epidemiologischen Hinweise bzw. die Identifizierung der Hypercholesterinämie als Risikofaktor (im Sinne eines Risikoindikators) erbrachte die Framingham-Studie, eine Ende der 40er Jahre begonnene prospektive Untersuchung in den USA, deren wesentliche Aussagen seither in allen untersuchten Populationen bestätigt worden sind. Die Daten der Framingham-Studie dienten dann auch als Grundlage für Tabellen zur Risikovorhersage (s. Tab. 1), wie sie die American Heart Association entwickelt hat. Sie ermöglichen bei Kenntnis der verschiedenen Risikofaktoren eine quantitative Risikovorhersage mit einer Präzision, die bis dahin für das Auftreten chronischer Krankheiten undenkbar war.

1. Beziehungen beim Vergleich verschiedener Populationen
2. Beziehungen beim Vergleich von Individuen innerhalb einer Population
3. Wirksamkeitsnachweis der Ausschaltung des Risikofaktors in Interventionsstudien
4. Tiermodelle
5. Biologische Plausibilität

Tab. 2 Kriterien für Zusammenhänge zwischen Risikofaktoren und Gesundheitsstörungen

Zur Prüfung eines kausalen Zusammenhangs zwischen Risikofaktor „gestörter Fettstoffwechsel" und der koronaren Herzkrankheit ist es nützlich, vorliegende Studien anhand von Kriterien zu prüfen (s. Tab. 2), die eine Arbeitsgruppe der American Society for Clinical Nutrition (1) für den Nachweis von Zusammenhängen zwischen Ernährungsfaktoren und Gesundheitsstörungen zusammengestellt hat.

ad 1:
Als Beleg, daß in verschiedenen Populationen gewonnene Daten für

	Nichtraucher							Raucher						
							40jähriger Mann							
	syst. RR CHOL	105	120	135	150	165	180	syst. RR CHOL	105	120	135	150	165	180
Glukose-toleranz normal	185	0.7	0.9	1.1	1.3	1.5	1.9	185	1.2	1.4	1.7	2.0	2.4	2.9
	210	1.0	1.2	1.4	1.7	2.1	2.5	210	1.5	1.9	2.2	2.7	3.2	3.8
	235	1.3	1.6	1.9	2.3	2.8	3.3	235	2.1	2.5	3.0	3.6	4.3	5.1
	260	1.8	2.2	2.6	3.1	3.7	4.4	260	2.8	3.3	4.0	4.8	5.7	6.8
	285	2.4	2.9	3.5	4.1	4.9	5.9	285	3.7	4.4	5.3	6.3	7.5	8.9
	310	3.2	3.8	4.6	5.5	6.6	7.8	310	4.9	5.9	7.0	8.3	9.9	11.7
Glukose-toleranz pathologisch	185	1.0	1.2	1.4	1.7	2.0	2.4	185	1.5	1.8	2.2	2.6	3.1	3.7
	210	1.3	1.6	1.9	2.2	2.7	3.2	210	2.0	2.4	2.9	3.5	4.1	5.0
	235	1.7	2.1	2.5	3.0	3.6	4.3	235	2.7	3.2	3.9	4.6	5.5	6.6
	260	2.3	2.8	3.3	4.0	4.8	5.7	260	3.6	4.3	5.1	6.1	7.3	8.7
	285	3.1	3.7	4.5	5.3	6.3	7.6	285	4.8	5.7	6.8	8.1	9.1	11.3
	310	4.2	5.0	5.9	7.0	8.4	9.9	310	6.3	7.6	9.0	10.6	12.5	14.7
							60jähriger Mann							
	syst. RR CHOL	105	120	135	150	165	180	syst. RR CHOL	105	120	135	150	165	180
Glukose-toleranz normal	185	4.8	5.7	6.8	8.1	9.1	11.3	185	7.3	8.7	10.3	12.1	14.2	16.7
	210	5.2	6.2	7.4	8.8	10.4	12.3	210	7.9	9.4	11.1	13.1	15.4	18.0
	235	5.7	6.8	8.1	9.5	11.3	13.3	235	8.6	10.2	12.1	14.2	16.6	19.3
	260	6.2	7.4	8.8	10.4	12.2	14.4	260	9.4	11.1	13.0	15.3	17.9	20.8
	285	6.7	8.0	9.5	11.2	13.2	15.5	285	10.2	12.0	14.1	16.5	19.3	22.3
	310	7.3	8.7	10.3	12.2	14.3	16.8	310	11.0	13.0	15.2	17.8	20.7	24.0
Glukose-toleranz pathologisch	185	6.2	7.3	8.7	10.3	12.1	14.3	185	9.3	11.0	13.0	15.2	17.8	20.7
	210	6.7	8.0	9.4	11.2	13.2	15.4	210	10.1	11.9	14.0	16.4	19.2	22.2
	235	7.3	8.7	10.2	12.1	14.2	16.7	235	11.0	12.9	15.2	17.7	20.6	23.8
	260	7.9	9.4	11.1	13.1	15.4	18.0	260	11.9	14.0	16.4	19.1	22.1	25.5
	285	8.6	10.2	12.0	14.2	16.6	19.3	285	12.9	15.1	17.6	20.5	23.7	27.3
	310	9.4	11.1	13.0	15.3	17.9	20.8	310	13.9	16.3	19.0	22.0	25.4	29.1

Tab. 1 Wahrscheinlichkeit (pro 100) für die Entstehung einer koronaren Herzkrankheit in 6 Jahren aufgrund der Werte für systolischen Blutdruck, Serumcholesterin, Rauchen und Glukosetoleranz (Framingham-Studie). Aus KANNEL: Handbook of Coronary Risk Probability. Amer. Heart Ass., New York.)

einen Zusammenhang zwischen Hypercholesterinämie und der Inzidenz der koronaren Herzkrankheit sprechen, soll die bereits angesprochene 7-Länder-Studie (2) genannt werden, deren Daten die Korrelation der Hypercholesterinämie, der Zufuhr gesättigter Nahrungsfette und der koronaren Herzkrankheit (KHK) für sieben verschiedene Länder belegen.

ad 2:
Daten zum (epidemiologischen) Zusammenhang zwischen Hypercholesterinämie und KHK aus prospektiven Untersuchungen in einer Population stammen aus der bereits zitierten Framingham-Studie sowie aus zahlreichen anderen prospektiven Studien, die im „pooling project" zusammengefaßt worden sind (3). Ein übereinstimmender Befund dieser prospektiven Studien war, daß Personen in der höchsten Quintile des Risikoprofils etwa die Hälfte aller Herzinfarkte erlitten haben, obwohl beispielsweise der Cholesterinwert, der die Grenze zur obersten Quintile bedingte, in den verschiedenen Untersuchungen aus verschiedenen Ländern nicht identisch ist. So läßt sich die Bedeutung eines bestimmten Cholesterinspiegels für die Prädiktion der KHK aus der Framingham-Studie nicht ohne weiteres auf skandinavische Studien übertragen. Es ist zu diskutieren, daß hierfür noch nicht identifizierte exogene oder aber genetische Faktoren verantwortlich sind oder aber die Dauer der Exposition gegenüber den verschiedenen Risikofaktoren bzw. risikobedingenden Lebensgewohnheiten mehr als bisher berücksichtigt werden müßte.

ad 3:
Von etwas mehr als einem Dutzend Interventionsstudien mit Diät (4) erfüllen nicht alle die Kriterien einer kontrollierten Untersuchung (5). Diese Studien, von Größe und Dauer nicht für „Beweise" geeignet, deuten darauf hin, daß Morbidität und Mortalität durch Komplikationen der Arteriosklerose über die Manipulation der Cholesterinspiegel verringert werden kann. Ähnliches trifft auch für die medikamentöse Intervention zu. Es ist Ahrens (6) zuzustimmen, daß die Frage noch nicht adäquat getestet worden ist, ob durch die Beeinflussung des Risikofaktors Hypercholesterinämie die Infarktmortalität oder Gesamtmortalität signifikant gesenkt wird. Voraussetzungen für eine derartige Studie bezüglich Teilnehmerzahl und Dauer, wie sie vom Biostatistiker gefordert werden, nämlich über 100000 Probanden und über 5 Jahre Dauer (7), waren bisher nirgends gegeben. Diesbezüglich ist der derzeitige Wissensstand ebenso gut oder ebenso schlecht wie bei der Frage der Lebensverlängerung durch Be-

handlung der Adipositas oder durch die diätetische Behandlung der Hypertonie. Probleme der „Compliance“ und der Effektivität einer Monotherapie scheinen einer adäquaten Testung der entsprechenden Hypothesen auch in Zukunft entgegenzustehen.

ad 4:
Auf die enorme Zahl der Tierversuche, die zum kausalen Zusammenhang zwischen Hypercholesterinämie und Arteriosklerose und zum Nachweis der Regression durch Ausscheidung des Risikofaktors durchgeführt worden sind, soll hier nur hingewiesen werden. Zusammenfassend ergibt sich auf diesem Gebiet des Kausalitätsbeweises (mit allen Vorteilen, aber auch Schwächen des Tierversuchs) ein solides wissenschaftliches Gebäude (8).

ad 5:
Auch die Frage der biologischen Plausibilität kann hier nur gestreift werden. Von den verschiedenen Theorien zur Atherogenese entspricht eine modifizierte Filtrationstheorie am besten den vielen experimentellen Befunden, die sich dahingehend zusammenfassen lassen, daß erhöhte Konzentrationen atherogener Lipoproteine im Blut sowohl lokal wirksame Noxen darstellen als auch in Interaktion mit Stoffwechselstörungen der Gefäßwand zur Entstehung arteriosklerotischer Beete führen.
Als „experimentum naturae“ muß schließlich die familiäre Hypercholesterinämie Erwähnung finden, bei der hohe Konzentrationen von Cholesterin durch Vermehrung von Low Density Lipoproteinen bei Heterozygoten in etwa der Hälfte der Fälle vor dem 50. Lebensjahr und bei Homozygoten in allen Fällen in den ersten Lebensdekaden schwere Atheromatosen verursachen. Das Lipid Clinics Programm in den USA versucht derzeit den Nachweis einer Verringerung der Infarktmortalität durch eine Kombination diätetischer und medikamentöser Maßnahmen zur Cholesterinspiegelsenkung.
Abschließend soll stichwortartig auf offene Fragen bzw. derzeit aktuelle Probleme hingewiesen werden: Sie betreffen die Rolle der Hypertriglyzeridämie als Risikofaktor und Fragen der Atherogenität bzw. protektiven Funktion verschiedener Lipoproteinklassen. Im Gegensatz zu einer öffentlichen „HDL-Euphorie“ läßt der derzeitige Stand des Wissens, im Gegensatz zur Aussage über LDL, noch keine Festlegung darüber zu, ob HDL negativer Risiko*faktor* oder Risiko*indikator* sind und im letzteren Falle evtl. nur Ausdruck eines besseren Katabolismus triglyceridreicher Lipoproteine. Schließlich wird, wie schon früher wieder die Frage gestellt, ob nicht die Rolle negati-

ver Risikofaktoren bzw. protektiver Faktoren ganz allgemein besser untersucht werden müßte. Ein Blick auf die Tabelle der American Heart Association illustriert auch diese Problematik: 40jährige mit einer leichten Hypertonie (165 mmHg) und einer mäßig ausgeprägten Hypercholesterinämie (310 mg/dl) haben ein Risiko von knapp 10%, innerhalb eines bestimmten Zeitraumes klinische Symptome einer KHK zu entwickeln. Was schützt die anderen 90% vor der Erkrankung?

Literatur

1. Ahrens, E. H., Introduction, The American Journal of Clinical Nutrition 32:2627—2631, 1979
2. Keys, A. et al., Coronary heart disease in seven countries, Am. Heart Assoc. Monograph 29, 1970 and Circulation (Suppl.) 41, 1970
3. Pooling Project Research Group: Relationship of blood pressure, serum cholesterol, smoking habit, relative weight and ECG abnormalities to incidence of major coronary events: final report of the Pooling Project
   J. Chron. Dis. 31:201, 1978
4. Heyden, S., Atherosklerotische Herzerkrankungen und Ernährung in: Ernährungslehre und Diätetik Band II, Teil 2, S. 1—36, Hrsg. H.-J. Holtmeier, Thieme-Verlag, Stuttgart 1972
5. Epstein, F. H., G. Schlierf, Nutritional habits (with particular reference to dietary fats), serum lipid levels and human disease (with particular reference to coronary heart disease) in: Influence on health of different fats in food, Commission of the European Communities, No. 40, 1977
6. Ahrens, E. H. jr., The management of hyperlipidemia: whether, rather than how, Ann. Int. Med. 85:87—93, 1976
7. Mass Field Trials of the Diet-Heart Question Report of the Diet Heart Review Panel of the National Heart Institute American Heart Association, Monograph 28, 1969
8. Kath, L. N., J. Stamler, Experimental atherosclerosis, Springfield, C. C. Thomas, 1953

Diskussion

Robra:
Ich habe mich etwas gewundert, hier noch einmal ein Dia aus der Finnish Mental Hospital Studie zu sehen, nachdem die Amerikaner sich offensichtlich einig geworden sind, daß die Ernährungsstudien der ersten Generation methodische Mängel aufweisen. Dabei können auch forschungstaktische Argumente hereinspielen, denn für die Förderung größerer Interventionsstudien ist es ganz gut, fundierte aber letztlich noch nicht ausreichend schlüssige Ergebnisse vorliegen zu haben. Es gibt aber auch Untersuchungen über Zusammenhänge zwischen Ernährung und Cholesterinspiegel aus Labors, in denen wirklich unter konstanten Bedingungen gemessen worden ist. Zur Debatte steht

die Übertragbarkeit von Ergebnissen aus solchen Laboruntersuchungen: was passiert, wenn wir Empfehlungen aus solchen Studien für die Allgemeinbevölkerung generalisieren? Das ist noch ein Problem, an dem gearbeitet werden muß.

Schlierf:
Ich habe das Dia mit Bedacht benutzt, um die Problematik aufzuzeigen und die Feststellung zu machen, daß meines Erachtens *die* Interventionsstudie zum Wirksamkeitsnachweis der cholesterinsenkenden Diät nicht möglich ist. Sie können natürlich ins Labor gehen oder auch im kontrollierten Menschenversuch die Cholesterinspiegel durch Diät manipulieren. Solche Studien sind in Massen durchgeführt worden. Sie zu referieren war nicht der Zweck der Übung. Ich wollte zeigen, daß schlüssige Interventionsstudien in diesem Bereich nicht möglich sind mit der Fragestellung: Lebensverlängerung durch Diät, nicht möglich von der Logistik her!

Jesdinsky:
Ich hätte gerne eine Angabe, wie Sie auf die Zahl 100 000 kommen, bei solchen prospektiven Studien oder wo es nachzulesen steht? Mir scheint diese Zahl doch sehr hoch zu sein.

Schlierf:
Das habe ich nicht leichtfertig in den Raum gestellt. Die Zahl entstammt einer Monographie der American Heart Association, in der Zeitschrift „Circulation" erschienen im Jahre 1969 unter der Leitung von Ahrens. Dort haben sich Biostatistiker und Kliniker und Epidemiologen zusammengesetzt und Tabellen für die verschiedenen Endpunkte erarbeitet, beispielsweise auch, ob eine geschlossene oder eine offene Studie, doppel-blind und einfach-blind gemacht werden solle. Es sind die genauen Zahlen gegeben, mit Berechnung des Fehlers erster und zweiter Ordnung.

Epstein:
Ahrens und ich haben damals diesen Bericht für das Komitee geschrieben. Man war sich damals absolut bewußt, was die zahlenmäßigen Probleme sind. Und das war ja auch der Grund, warum das National Heart Institute die MRFIT-Studie beschlossen hat, anstelle von monofaktoriellen Studien. Aber ich wollte Wasser auf die Mühle von Herrn Schlierf gießen, und zwar in Beziehung auf Punkt 4 in meiner Tabelle. Gerade weil es so sehr schwierig ist und auch sein wird, wirklich schlüssige Interventionsstudien durchzuführen, ist die Frage nach plausiblen Mechanismen besonders wichtig. Ich glaube, die wissenschaftlichen Unterlagen sind überwältigend, daß Lipide, erhöhte Lipide eine kausale Beziehung zu den Vorgängen in den Arterien haben, und daß man umgekehrt annehmen kann, daß durch Senkung dieser Lipide, falls früh genug im Leben vorgenommen, die Krankheit weitgehend verhütet würde. Lipoproteine dringen erwiesenermaßen in die Intima der Arterienwand ein. Sie werden von den glatten Muskelzellen aufgenommen, führen zur Bildung von

Kollagen, Elastin und Glykosaminoglykanen. LDL im Serum und ein Faktor in Thrombozyten stimulieren die glatten Muskelzellen, die bereits Lipoproteine enthalten, mit dem schließlichen Endresultat von zellulärer Nekrose, dem „Atherom". Das LDL selbst kann das Endothel schädigen, wie RUSSELL-Ross zeigte, und somit sein eigenes Eintreten in die Intima fördern. Die Tatsache, daß HDL ein Antirisikofaktor ist, weist darauf hin, daß LDL einen Risikofaktor darstellt, denn sonst wäre die Beziehung mit dem HDL nicht möglich. Und schließlich, wie Herr Schlierf bereits zeigte, sind die Regressionsstudien bei Tieren und auch jetzt beim Menschen sehr eindrücklich. Die Studien von RUSSELL-Ross insbesondere haben weiterhin die enorm wichtigen Wechselwirkungen zwischen Endothelschäden und dem Lipidfaktor gezeigt. Eine ganze Reihe von Substanzen können das Endothel schädigen. Wenn Endothelschäden vorhanden sind, aufgrund von verschiedenen Mechanismen, wird beim höheren LDL die Entstehung der Arteriosklerose begünstigt. Eines der offenen Probleme ist, wie man thrombogene Risikofaktoren mißt. Ich glaube, wenn man thrombogene Einflüsse, genetisch und umweltbedingt, als Risikofaktoren messen könnte, würde man die Trennschärfe der Risikovoraussage wesentlich verbessern. Entschuldigen Sie, daß ich so lange gesprochen habe, aber gerade weil Interventionsstudien so schwierig sind, gewinnen diese Indizienbeweise enorm an Wichtigkeit.

Bock:
Die Evidenz, Herr Epstein, ist zweifellos überwältigend. Man fragt sich nur, warum brauche ich 100000 Probanden, um nachzuweisen, daß eine gezielte Intervention etwas nützt?

Epstein:
Für mich nicht! Als das AHRENS-Komitee tagte, habe ich den Standpunkt vertreten, daß eine solche Riesenstudie nicht nötig sei, aber um Leute wie Sie zu überzeugen, Herr Bock, war das nötig.

Bock:
Ich würde mich gerne überzeugen lassen. Nehmen Sie doch einmal an, Herr Epstein, wir hätten ein Medikament, und um zu zeigen, daß es wirkt, brauchte ich 100000 Patienten. Dann würde man sagen, Wirkung hin und her, wenn sie nicht schon bei 100 oder 1000 evident wird, oder — bei Langzeiteffekten — vielleicht bei einer Studie an 5000 Patienten, dann muß man sich fragen, ob eine solche Therapie noch klinische Relevanz hat. Ist es sinnvoll, 100000 Menschen 5 oder 10 Jahre lang zu behandeln, um vielleicht 500 Herzinfarkte zu verhindern, angesichts der vielen hunderttausend Patientenjahre und angesichts der Tatsache, daß ich die übrigen 99500 viele Jahre umsonst behandelt habe?

Schmahl:
Herr Epstein, Sie haben in früheren Arbeiten darauf hingewiesen, daß man wahrscheinlich in der Risikofaktorenforschung — z.B. im Sektor der Fett-

stoffwechselstörungen — nie mit demselben Sicherheitsgrad zu Aussagen in bezug auf kausale Zusammenhänge gelangen kann, wie etwa beim Nachweis der Erreger von Infektionskrankheiten: „Vibrio cholerae ist der Erreger der Cholera."
Eine solche exakte Formulierung einer eindeutigen kausalen Ursache-Wirkungs-Beziehung ist in der gesamten Medizin nur bei relativ wenigen Erkrankungen möglich. In anderen Bereichen der Medizin, z. B. in Fragen des Zusammenhangs Zigarettenrauchen und Häufigkeit von Bronchialkrebs, sind direkte „Beweisführungen" für Ursache-Wirkungs-Beziehung wesentlich schwieriger zu erbringen als beim Erregernachweis von Infektionskrankheiten. Bei der Frage der Beziehung Zigarettenrauchen — Bronchialkarzinom sind aber die „Indizienbeweise" — um eine mehrfach von FREDRICKSON gewählte Formulierung zu benutzen — in ihrer Gesamtheit so überzeugend, daß wir als Ärzte zum Handeln verpflichtet sind: Wir müssen auf unsere Patienten einwirken, daß sie mit dem Zigarettenrauchen aufhören bzw. bei Jugendlichen den Beginn des Rauchens zu verhindern suchen.

Anlauf:
Herr Schlierf, die eindrucksvollen Diagramme von KANNEL über den Zusammenhang zwischen Mortalität und Plasma-HDL haben insofern etwas erschreckt, als wir inzwischen wissen, daß eine Reihe von Betarezeptorenblokkern die Konzentration von HDL in einer Weise ändern, die nach diesen Diagrammen durchaus zu einem Anstieg der Mortalität führen könnte. Ist inzwischen etwas bekannt über die Konsequenz akuter Änderungen der HDL in bezug auf die kardiovaskuäre Morbidität?

Schlierf:
Nein. Das ist ein unerforschtes Gebiet auf der Landkarte des HDL-Konzepts. Interventionsstudien fehlen völlig. Es spricht manches dafür, daß hohe HDL, obwohl generell in epidemiologischen Studien als günstiger Indikator anzusehen, im Einzelfall durchaus nicht immer günstig sein müssen. Pestizide z. B. erhöhen auch HDL durch die Einwirkung auf den Leberstoffwechsel.
Wir hatten vorhin in der Pause eine Diskussion mit Herrn Gries, daß intensiv diskutiert wird, ob niedrige HDL, wenn sie einen raschen Turnover, einen raschen Umsatz haben, in diesem Sonderfall vielleicht besonders günstige Wirkungen haben könnten. Wichtig ist vielleicht — und da danke ich für die Gelegenheit, es noch einmal anzusprechen —, hier einfach festzustellen, daß wir derzeit noch keinerlei Belege oder Gründe haben, irgendwelche Manipulationen der HDL per se zu begrüßen oder therapeutisch zu versuchen.

Anlauf:
Darf ich einen vielleicht ganz unmöglichen Vorschlag machen? Wir verfügen über die Ergebnisse einer Reihe von Interventionsstudien in der Hypertonologie. Wenn wir in Zukunft wissen werden, welche der Substanzen welche Veränderungen der HDL bewirken, halten Sie es dann für möglich, an Hand des Ausgangs dieser Interventionsstudien Hypothesen zu bilden zur Bedeutung

akuter Änderungen der HDL? Wenn wir unter diesem Gesichtspunkt z. B. retrospektiv die Betablockerstudien vergleichen mit älteren Reserpinstudien.

Schlierf:
Das ist schwierig. MRFIT z. B., die „Multiple-Risk-Factor-Interventionsstudie", hat eine Cholesterinspiegelsenkung angestrebt, die jetzt nicht erreicht wird, weil so viele Hypercholesterinämiker gleichzeitig eine Hypertonie haben und mit Thiazid-Diuretika behandelt werden. Deswegen wird beispielsweise der Ausgang dieser Studie zur Fettfrage schon vom Ansatz her vielleicht gar nichts beitragen können. Andererseits gibt es jetzt gerade die Ergebnisse — Herr HEYDEN hat sie unter anderem vorgetragen — aus der großen Multicenterstudie zur Behandlung der Hypertonie in USA mit Thiazid-Diuretika, die trotz ihrer Nebenwirkungen zu einer Verminderung der Herzinfarkt-Mortalität und der Gesamtmortalität geführt haben. Man kann das nicht voraussagen. Man kann Hypothesen bilden. Man muß dann testen, was passiert.

Ausgewählte Beispiele: Risikofaktor Diabetes mellitus

von F. A. Gries

Mortalitätsstudien haben gezeigt, daß in den USA die Lebenserwartung der Diabetiker um etwa ⅓ vermindert ist. In der Bundesrepublik dürften ähnliche Verhältnisse vorliegen. Die Ursachen der erhöhten Mortalität haben sich in unserem Jahrhundert grundlegend gewandelt. Derzeit beherrschen vaskuläre Komplikationen das Bild. Mit rund 51% nehmen die kardialen Ereignisse den ersten Platz unter den Todesursachen ein (Abb. 1 u. 2).

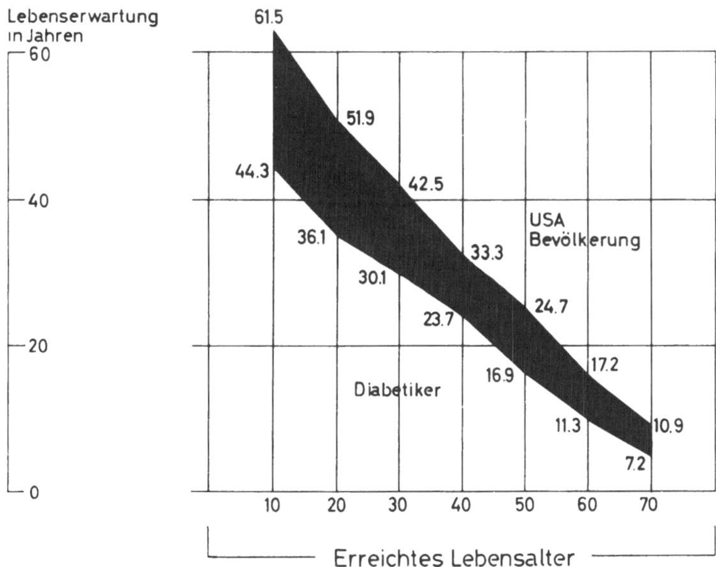

Abb. 1 Die Lebenserwartung bei Diabetikern und der allgemeinen Bevölkerung der USA

Zusätzlich zur erhöhten Mortalität ist bei Diabetikern etwa 10mal häufiger mit Erblindungen und rund 20mal häufiger mit Amputationen und Gangrän zu rechnen als in der Allgemeinbevölkerung. Neuropathien und Infektionen, Hypertonie und Schwangerschaftskomplikationen kommen bei Diabetes mellitus häufiger vor als in der Durchschnittsbevölkerung, ohne daß genaue Zahlen genannt werden können. Diabetesspezifische Erkrankungen sind definitionsgemäß unendlich häufiger als bei Nichtdiabetikern, darunter das mit hoher Mortalität belastete diabetische Koma.

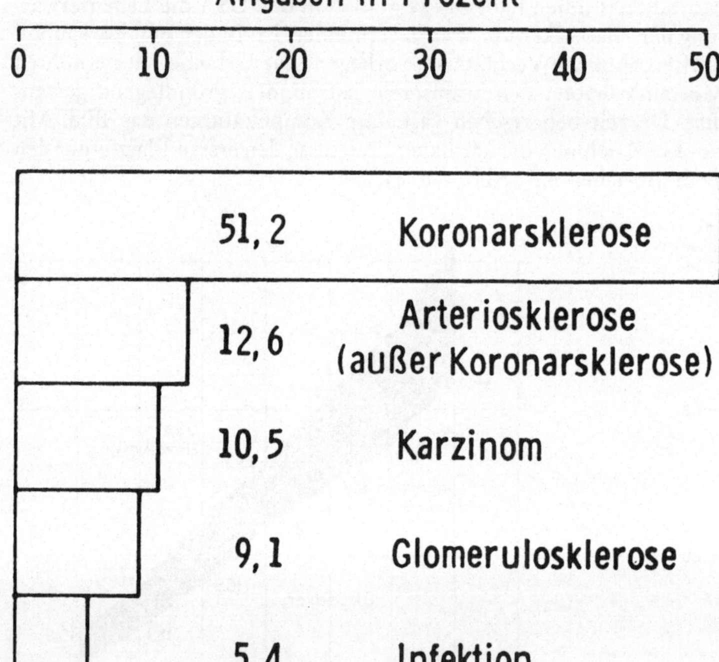

Abb. 2 Todesursachen von Diabetikern (Joslin Clinic 1956–1962)

Es bedeutet also zweifellos ein hohes Gesundheitsrisiko, einen Diabetes zu haben. Eine solche allgemeine Aussage ist erlaubt und richtig. Sie ist ein wichtiges Argument, das uns verpflichtet, den Diabetes mellitus als bedeutendes individual- und sozialmedizinisches Problem zu sehen. Sie ist aber auch geeignet, die ihr zugrunde liegende Problematik eher zu verschleiern als zu verdeutlichen.

Probleme der Risikowertung

Zielgröße des Risikos: Vor jeglicher Erörterung der Bedeutung des Diabetes als Risikofaktor ist zu fragen, welches Risiko gemeint ist. Die einleitend gegebenen Beispiele verdeutlichen ohne nähere Erläuterung, daß die Antwort für die verschiedenen Zielgrößen sehr unterschiedlich ausfallen wird.

Heterogenität des Diabetes mellitus

Auf den ersten Blick möglicherweise weniger einleutend ist die Problematik, die sich aus der Heterogenität des Diabetes ergibt.

Unter dem Begriff Diabetes mellitus werden verschiedene Erkrankungen subsummiert, die durch eine Glukoseintoleranz mit hyperglykämischer Stoffwechselstörung charakterisiert sind. Die derzeit anspruchsvollste und umfassenste Klassifizierung dieser Krankheiten durch die National Diabetes Data Group, NHI 1979 unterscheidet zwei Hauptgruppen des primären Diabetes:

den Typ I oder insulinbedürftigen Typ (IDDM) und den Typ II oder nicht insulinbedürftigen Typ, der in die Subgruppen a) ohne Adipositas und b) mit Adipositas differenziert wird. Der Typ II umfaßt auch eine weitere Subgruppe, das bisher als MODY (maturity onset diabetes in the young) bezeichnete Krankheitsbild. Die besondere Heredität dieses Diabetestyps läßt zumindest eine Diskussion darüber zu, ob es nicht als 4. Klasse betrachtet werden müßte.

Neben diesen 3 bzw. 4 Klassen des primären Diabetes mellitus werden 6 Hauptklassen sekundärer Diabeteserkrankungen unterschieden: 1. durch Pankreaserkrankungen ausgelöst, 2. endokrin bedingt, 3. durch Arzneimittel oder chemisch induziert, 4. durch Störung am Insulinrezeptor bedingt, 5. bei bestimmten genetischen Syndromen, 6. Sonstige.

Sie umfassen rund 70 verschiedene Syndrome und aetiologische Faktoren.

Weitere Klassen sind der Gestationsdiabetes und die pathologische Glukosetoleranz.

Die Mehrzahl der sekundären Diabeteserkrankungen ist selten und daher von geringerem sozialmedizinischen Interesse. Ihre unter Um-

ständen schicksalsbestimmende Bedeutung für das betroffene Individuum sollte darüber aber nicht vergessen werden.
Die Bedeutung der Heterogenität für die Risikobetrachtung möchte ich an Beispielen des primären Diabetes mellitus aufzeigen:
Wird ein Diabetes mellitus in frühen Lebensphasen manifest, so ist potentiell eine lange Krankheitsdauer zu erwarten. Bei Typ I Diabetes mellitus ist aufgrund dieser Tatsache in etwa 80% der Fälle mit dem Auftreten mikroangiopathischer Komplikationen zu rechnen. Handelt es sich dagegen um einen MODY, ist die Prognose günstig. Mikro- und makroangiopathische Komplikationen sollen bei diesem Diabetestyp auch nach jahrzehntelangem Verlauf eine Rarität sein. Dies spricht dafür, daß unabhängig vom Manifestationsalter das Risiko vasculärer Komplikationen vom Genom abhängt. Darüber hinaus ist bei Typ I Diabetes behauptet worden, allerdings nicht unwidersprochen geblieben, daß das Risiko der Mikroangiopathie bei Vorliegen des HLA-B8 größer sei als bei HLA-B18.
Definitionsgemäß liegt bei Typ I Diabetes ein hohes Risiko des diabetischen Koma vor, während dieses Risiko bei Typ II Diabetes gering ist. Dieser Diabetestyp ist dagegen durch ein besonders hohes Risiko makroangiopathischer Komplikationen belastet. Das gleiche gilt auch für die Klasse der pathologischen Glukosetoleranz. Allerdings ist auch diese Aussage zu differenzieren, wie Ergebnisse der prospektiven Beobachtungen in Framingham zum cardiovaskulären Risiko deutlich machen. Mit Vorbehalt können in dieser Studie die insulinbehandelten Patienten als Typ I, die übrigen als Typ II Diabetiker angesehen werden. Es zeigt sich, daß Frauen mit Typ I Diabetes mit einem wesentlich höheren Risiko belastet sind als alle übrigen Gruppen. Bereits diese wenigen Beispiele zeigen, daß der Risikocharakter des Diabetes mellitus entscheidend vom Krankheitstyp bestimmt wird (Abb. 3).

Multifaktorielle Genese der Risiken

Ein wesentlich schwierigeres Problem ist die Frage, ob die Assoziation der verschiedenen Klassen des Diabetes mellitus mit den verschiedenen Risiken als Hinweis auf Kausalbeziehung gewertet werden darf. Sie ist relativ klar für die sogenannten diabetesspezifischen Komplikationen zu beantworten, obwohl hier auf die Möglichkeiten genetischer Einflüsse hinzuweisen ist. Sie ist aber nur schwierig beantwortbar für die makroangiopathischen Komplikationen, also die Arteriosklerose des Diabetikers. Es bedarf keiner weiteren Begründung, daß die Pathogenese der Arteriosklerose multifaktoriell ist und mit Sicherheit wesentliche diabetesunabhängige Einflüsse einschließt

(Tab. 1). (Das diabetesabhängige Exzeßrisiko der Makroangiopathie ist besonders deutlich in Überflußgesellschaften mit insgesamt hohem Arterioskleroserisiko, aber auch in Populationen mit niedrigem allgemeinen Arterioskleroserisiko nachweisbar.)

Die Analyse von Einzeleinflüssen ist dadurch erschwert. Dieses Problem stellt sich bei anderen Risikofaktoren der Arteriosklerose auch. Die besondere Schwierigkeit beim Diabetes mellitus besteht jedoch darin, daß die Hyperglykämie mit Störungen, die ebenfalls als Risikofaktoren diskutiert werden, kausal verknüpft ist.

Das ist besonders deutlich beim Typ IIb Diabetes, der durch Adipositas, Insulinresistenz und Veränderungen im Lipoproteinmuster charakterisiert ist. Ob die Adipositas unabhängig von anderen Risikofaktoren mit einem erhöhten Gefäßrisiko korreliert, kann in Frage gestellt werden. Anerkannt ist aber, daß die Insulinresistenz bzw. die daraus folgende Hyperinsulinämie sowie der Anstieg des LDL/HDL-Quotienten mit erhöhtem Risiko korrelieren. Aus pathophysiologischen Gründen ist zumindest einer dieser beiden Risikofaktoren bei Typ IIb Diabetes unvermeidbar. Die multifaktorielle Analyse der Framingham-Daten durch KANNELS Arbeitsgruppe selbst und durch Epstein haben denn auch gezeigt, daß der Anteil des erhöhten

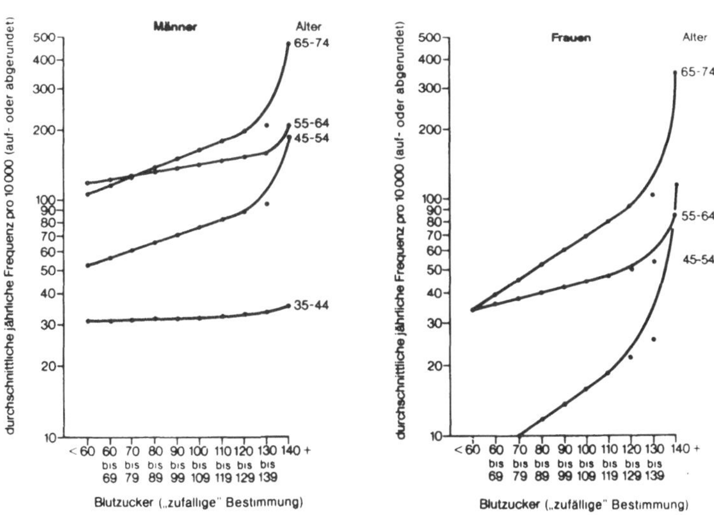

Abb. 3 Blutzucker und koronare Herzerkrankung (außer Angina pectoris): Framingham-Studie: 16 Jahre Beobachtung („zufällig": zu jeder beliebigen Tageszeit). (EPSTEIN, Triangel *12*, S. 3 1973)

kardiovaskulären Risikos, der nicht durch begleitende Risikofaktoren erklärt werden kann, bei Diabetes mellitus nur klein ist.
Die Bedeutung der Hyperglykämie als isoliertem Risikofaktor der Makroangiopathie ist demnach noch nicht abschließend zu beurteilen, wie auch aus prospektiven Untersuchungen bei pathologischer Glukosetoleranz hervorgeht.

Therapieabhängigkeit der Risiken
Dies führt schließlich zum letzten Aspekt des Problems, der Abhängigkeit des Gefäßrisikos von der Güte der Diabetestherapie. Daß solche Zusammenhänge bestehen, liegt aufgrund pathophysiologischer Überlegungen nahe. Sie konnten für die Mikroangiopathie im Tierversuch und beim Menschen überzeugend bestätigt werden. Ähnlich sichere Beobachtungen besitzen wir für die Makroangiopathie aber nicht. Der Grund scheint darin zu liegen, daß wir bis vor kurzem das Risikoprofil nicht kontinuierlich beobachten konnten, im besonderen kein integrales, repräsentatives, über die Momentaufnahme einer Blutglukosebestimmung hinausgehendes Kriterium der Hyperglykämie in Händen hatten. Ein solches Maß steht nunmehr durch den Nachweis glykosilierter Proteine zur Verfügung, und man darf erwarten, daß kommende Studien eine abschließende Antwort darauf

Risikofaktor	Risiko	Ref.
Cholesterin (mg/dl)		
<200	100	Stamler
>300	312*	u. Epstein (1972)
Zigaretten		
Nichtraucher	100	Stamler
> 20 pro Tag	327*	u. Epstein (1972)
Blutdruck (mmHg)		
diastolisch <75	100	Stamler
>105	391*	u. Epstein (1972)
Diabetes		
Bevölkerungsdurchschnitt	100	Garcia et
alle Diabetiker	392**	al. (1974)

* Infarkt ** cardio-vaskuläre Mortalität

Tab. 1 Steigerung des Coronarrisikos (relative Inzidenz)

geben werden, ob die Hyperglykämie unabhängig von begleitenden Risikokonstellationen das Risiko der Makroangiopathie erhöht oder nicht.

Zusammenfassung
Ziel dieser kurzen Einführung war es, darauf hinzuweisen, daß der Diabetes mit verschiedenartigen, z.T. fatalen, z.T. die Lebensqualität schwerwiegend beeinträchtigenden Risiken belastet ist. Die Bewertung des Diabetes mellitus als Risikofaktor hängt stark von der Art der Komplikationen ab, die als Zielgröße in Betracht gezogen werden.
Der Diabetes mellitus darf jedoch nicht als nosologisch einheitliches Krankheitsbild angesehen werden. Die einzelnen Typen des Diabetes mellitus sind mit unterschiedlich hohem Risiko für die verschiedenen Komplikationen belastet. Das makroangiopathische Risiko ist bei Diabetes mellitus sicher erhöht. Es ist derzeit aber nicht zu entscheiden, ob und in welchem Ausmaß hierfür die Hyperglykämie oder assoziierte Risikoeinflüsse verantwortlich sind.
Das mikroangiopathische Risiko ist von der Güte der Stoffwechseleinstellung, d.h. der Höhe der Hyperglykämie abhängig. Ein Zusammenhang zwischen der Güte der Stoffwechseleinstellung und dem makroangiopathischen Risiko ist wahrscheinlich. Es ist bisher aber nicht gesichert, ob die Hyperglykämie einen unabhängigen Risikofaktor dieser Komplikation darstellt.

Diskussion

Epstein:
Welcher Prozentsatz von Typ 2-Diabetes ist adipös und zu welchem Grad, glauben Sie, daß der Zusammenhang zwischen Adipositas und Diabetes, vom Standpunkt der Verhütung des Diabetes selbst, kausal ist?

Gries:
Der Anteil der adipösen Typ 2-Diabetiker ist mit Zahlen exakt nicht belegt. Das hängt wesentlich damit zusammen, daß es mit der Diabetesmanifestation wie wir wissen, häufig zu einer rasanten Gewichtsabnahme kommt. Sie hängt u.a. vom Zeitpunkt der Diagnosestellung ab. So unterscheiden sich denn auch die Zahlen der Assoziation zwischen Adipositas und Diabetes ganz entscheidend, je nach dem, ob man das aktuelle relative Körpergewicht zu Grunde legt, oder ein maximales relatives Körpergewicht vor der Diagnosestellung. Tut man letzteres, so findet man bei 80% der Erwachsenen-Diabetiker — dies sind ältere Studien, auf die die neue Nomenklatur noch nicht angewandt wor-

den ist —, also bei 80% der im Erwachsenenalter manifest gewordenen Diabetiker, die vermutlich überwiegend dem Typ 2 zuzurechnen sind, eine Adipositas. Der Anteil der Typ 2-Diabetiker mit Normgewicht ist relativ klein. Nach unseren eigenen Erfahrungen — wir besitzen keine eigene Feldstudie, ich kann also nur aus klinischer Erfahrung sprechen — dürfte er bei etwa 15% liegen. Und Ihre zweite Frage?

Epstein:
Die Frage der Kausalität vom präventiven Standpunkt aus. In anderen Worten: Wieviel Diabetes bei Adipösen? Bei diesen 80% Adipösen vom Typ 2, um wieviel könnte die Inzidenz des Diabetes durch Gewichtsreduktion oder Reduktion bzw. Verhütung der Adipositasentwicklung herabgesetzt werden?

Gries:
Bemerkenswerterweise liegen auch hierzu nur wenige prospektive Studien vor, und die Kollektive, die untersucht worden sind, sind klein. Ich möchte unsere eigenen Erfahrungen schildern. In der Phase der Gewichtsreduktion kann man in praktisch allen Fällen eine Verbesserung des Glukosestoffwechsels erreichen. Anders sieht es aus, wenn man nach Phasen der Gewichtsreduktion eine Langzeitbeobachtung durchführt. Bei Personen mit einem mäßigen Übergewicht — etwa 20 bis 25% nach Broca — gibt es auch in der Literatur keine verläßlichen Daten darüber. Wir haben jedoch nunmehr über 10 Jahre massiv Adipöse untersucht, die mehr als 50% Übergewicht hatten, bei denen wir das Übergewicht im Schnitt um etwa 20% zu senken vermochten, so daß ein Übergewicht von etwa 30% bestehen blieb. Bei diesen Personen, die zu Beginn nach alter Nomenklatur alle eine pathologische Glukosetoleranz hatten, nach neuer Nomenklatur der WHO nur zu 50%, fanden wir in 30 bis 40% nach 10 Jahren eine Diabetesmanifestation. Also, zusammengefaßt: Akute Gewichtsabnahme, die Phase der Gewichtsreduktion, ist eine sehr gute Interventionsmaßnahme. Eine partielle Gewichtsreduktion, zumal, wenn sie nicht fortschreitet, ist unzureichend. Sie kann die Diabetesmanifestation auf Dauer nicht verhindern.

Identifizierung von Risikofaktoren: Klinische Beobachtungen

von K. H. Rahn

Mehr oder minder zufällige Beobachtungen an Patienten haben sicherlich häufiger den Anlaß zu Vermutungen über Risikofaktoren gegeben, als später aus den Publikationen sichtbar geworden ist. Dies gilt insbesondere auch für Risikofaktoren für das Entstehen einer Hypertonie. Sorgfältig beobachtenden Klinikern ist immer wieder aufgefallen, daß Kinder und Jugendliche mit einem hochnormalen Blutdruck später zu Hypertonie neigen. Beweisen ließ sich dieser Verdacht nur durch gezielte Untersuchungen. Julius und Schork (1971) haben hierzu Studien zusammengefaßt, bei denen eine Gruppe von Menschen mit Grenzwerthypertonie mit einem Kollektiv Normotoner gleich lang beobachtet wurde. Im Laufe der Beobachtungszeit entwickelte sich bei 4% der ursprünglich normotonen Menschen eine Hypertonie. Bei den Grenzwerthypertonikern kam es häufiger, nämlich in 16%, zu hypertonen Blutdruckwerten.
Auch der Verdacht eines Zusammenhangs zwischen Adipositas und Hochdruckerkrankung hat sich offenbar zunächst aufgrund von klinischen Beobachtungen ergeben. Hierbei ist allerdings auch stets die Möglichkeit von fälschlich bei der üblichen indirekten Blutdruckmessung infolge der Oberarmdicke zu hoch bestimmten Werten erwogen worden. Diese Bedenken haben Anlaß zu vergleichenden Untersuchungen mit direkten und indirekten Blutdruckmeßmethoden gegeben. Der Zusammenhang zwischen Kochsalzzufuhr und Hochdruckerkrankung wurde vor allem durch einen Vergleich verschiedener Populationen mit unterschiedlichen Eßgewohnheiten demonstriert. Hierbei hat sich ergeben, daß die Häufigkeit der Hypertonie mit steigender täglicher Kochsalzzufuhr zunimmt. Der Zusammenhang zwischen starkem Alkoholkonsum und Hypertonie wurde seit langem aufgrund von klinischen Beobachtungen vermutet, war jedoch auch lange Zeit umstritten (Mathews 1979). Vielen Ärzten, die über längere Zeit einen umschriebenen Patientenkreis betreuten, fiel auf, daß Hypertonie in einigen Familien gehäuft vorkommt.
Auffallend für den klinischen Beobachter sind Risikofaktoren, deren Folgen gut objektivierbar sind und innerhalb einer relativ kurzen Zeit sichtbar werden. Ein Beispiel hierfür ist die maligne Hypertonie als Risikofaktor für Herz- und Gefäßerkrankungen. Wie eine Reihe anderer Autoren beobachteten Hany et al. (1965), daß 20 ihrer Patien-

ten mit einer malignen Hypertonie, die sich nicht behandeln ließen, innerhalb von 3 Jahren starben — meist infolge von cerebrovasculären und cardialen Komplikationen. Dagegen lebten von 53 Kranken mit maligner Hypertonie, bei denen durch eine antihypertensive Therapie eine Blutdrucksenkung erreicht wurde, nach 3 Jahren noch 55%. Derartige Studien zeigten deutlich die Bedeutung des Risikofaktors maligne Hypertonie und zugleich die Konsequenzen seiner Ausschaltung durch eine diätetische und medikamentöse Intervention.
Anders ist die Situation, wenn typische Komplikationen bei einer mit einem Risikofaktor behafteten Gruppe nicht viel häufiger bzw. nicht viel früher auftreten als bei einer Kontrollgruppe. Ein Beispiel hierfür sind leichte Hochdruckformen, mit diastolischen Blutdruckwerten bis 100 mm Hg. Aufgrund von Lebensversicherungsdaten kann man annehmen, daß die Lebenserwartung derartiger Patienten nicht sehr viel geringer ist als die von Menschen mit diastolischen Blutdruckwerten unter 90 mm Hg. Man kann sich daher vorstellen, daß es außerordentlich schwierig ist nachzuweisen, daß eine medikamentöse Hochdrucktherapie die Lebenserwartung von Patienten mit einer leichten Blutdruckerhöhung verbessert. Es ist dann auch nicht überraschend, daß dieser Nachweis bisher noch nicht überzeugend gelungen ist.
Ganz ohne Zweifel entgehen Risikofaktoren nicht selten lange Zeit der klinischen Beobachtung, oder sie werden nicht richtig gedeutet. Ein Beispiel hierfür bietet die Geschichte der Arzneimittelinteraktionen, die man durchaus als einen Risikofaktor bei der medikamentösen Therapie ansehen kann. Seit Jahrzehnten wurden wiederholt verschiedenartige Herzrhythmusstörungen nach gleichzeitiger Gabe von Digoxin und Chinidin beschrieben. Seit gut einem Jahrzehnt ist es möglich, die therapeutischen Plasmaspiegel des Herzglykosids radioimmunologisch zu bestimmen. Dennoch wurde erst vor kurzem gezeigt, daß Chinidin die Plasmakonzentrationen gleichzeitig gegebenen Digoxins erhöht (ARONSON 1980).
Selbstverständlich sind zur Verifikation eines aufgrund klinischer Beobachtungen vermuteten Risikofaktors häufig Untersuchungstechniken nötig, die erst im Laufe der Zeit verfügbar werden. Offensichtlich bedarf es aber gelegentlich, selbst wenn klinische Beobachtungen vorliegen und die erforderlichen Methoden zur Verfügung stehen, eines Denkens in bislang unüblichen Kategorien, um die bestehenden Beziehungen klarzusehen und einen adäquaten Untersuchungsgang zum Beweis des Zusammenhangs zu ersinnen.

Literatur

ARONSON J. A.: Clinical Pharmacokinetics of Digoxin 1980, Clin. Pharmacokin. *5*, 137—149 (1980)
HANY A., SCHAUB F. und NAGER F.: Die Prognose der behandelten malignen Hypertonie, Dtsch. med. Wschr. *50*, 18—26 (1965)
JULIUS S. and SCHORK A.: Borderline Hypertension — a Critical Review, J. chron. Dis. *23*, 723—754 (1971)
MATHEWS J. D.: Alcohol and Hypertension, Austr. & New Zeal. J. Med. *9*, 124 (1979)

Diskussion

Laaser:
Herr Rahn, Sie haben darauf hingewiesen, daß im Bereich der milden Hypertonie, diastolisch um 100 mm Hg oder darunter, die Unterschiede in der Lebenserwartung nicht so groß wären und daß deshalb auch die Schwierigkeiten plausibel seien, im klinischen Bereich therapeutisch-interventiv Erfolge nachzuweisen.
Aufgreifend eine Bemerkung von Herrn Bock vorhin bei der Cholesterin-Diskussion glaube ich in diesem Zusammenhang, daß es schon wichtig ist zu unterscheiden zwischen kleinen Unterschieden, die zwar für die klinisch individuelle Behandlung vielleicht tatsächlich keine Rolle spielen oder nicht ausnutzbar sind und solchen Unterschieden auf Bevölkerungsebene. Wenn z. B. vorhin gefragt wurde, ob die Zahl 100 000 als Stichprobengröße etwa für Cholesterin-Interventionsstudien nicht unnötig groß sei, dann würde ich antworten: Um das Ergebnis einer solchen Untersuchung individuell therapeutisch aufzugreifen, gut, das mag sein. Aber auch kleine Unterschiede können eben, weil so viele Personen in der Gesamtbevölkerung mit einem geringen Risikozuwachs leben, auf Bevölkerungsebene schon Konsequenzen haben. Und da sind dann solche großen Studien notwendig, um das Ergebnis zu sichern.
Das andere, was mich verwundert hat in diesem Zusammenhang: Sie sagten, deswegen wäre eben auch im Bereich der milden Hypertonie ein Erfolg, ein therapeutischer Ansatz, bisher nicht genügend geprüft. Ich meine dagegen, wir haben vorhin etwas ausgelassen: die Ergebnisse des Hypertension Detection and Follow-up Programs. Wie würden Sie die in diesem Zusammenhang bewerten?

Rahn:
Wenn Sie genau zugehört haben, habe ich sicherlich nicht gesagt, daß Studien überflüssig sind, die sich mit der Behandlung der milden Hypertonie befassen. Ich würde sagen, daß sie sehr nötig sind. Ich habe lediglich zum Ausdruck gebracht, daß sie außerordentlich schwierig sein werden, weil die Unterschiede zwischen einem normotonen Kontrollkollektiv und einem Patientenkollektiv mit einer milden Hypertonie sehr gering sein werden, und weil bei den Hypertonikern mit einer leichten Blutdruckerhöhung die Komplikationen erst nach

vielen Jahren, ja Jahrzehnten, zu erwarten sind. Ich stimme Ihnen völlig zu, daß solche Studien, weil sie große Konsequenzen haben könnten für große Teile der Bevölkerung, unbedingt durchgeführt werden sollen. Nun Ihre zweite Frage. Sie beziehen sich auf diese zwei Arbeiten, die im letzten Jahr im JAMA publiziert worden sind. Da kann ich Ihnen nur sagen, das ist für mich lediglich der Beweis für etwas, woran ich immer geglaubt habe, nämlich, daß Menschen, die intensiv ärztlich betreut werden, auch die beste Chance haben, relativ alt zu werden — wenn es auch immer mal wieder Zweifel an dieser Aussage geben mag. Was beweist, was zeigt diese Studie nämlich? In dieser Studie wurde einer Gruppe von Hypertonikern, nachdem die Diagnose leichte Blutdruckerhöhung gestellt worden war, empfohlen, sich vom Arzt ihrer Wahl behandeln zu lassen. In den meisten Fällen wird das bedeutet haben, daß sie praktisch keine ärztliche Betreuung hatten. Die andere Gruppe wurde einer intensiven Kontrolle und Behandlung durch speziell an Hochdruckkranken interessierten Ärzten unterzogen. Es verwundert mich gar nicht, daß in der letzteren Gruppe weniger schwerwiegende Komplikationen aufgetreten sind. Wenn man regelmäßig die Blutzuckerwerte kontrolliert, wird man einen Diabetes mellitus früher erfassen, als wenn man das nicht tut. Und ich glaube, insofern kann man aus dieser Studie sicherlich nicht den Schluß ziehen, daß die Lebenserwartung oder die Zahl der Komplikationen bei einer Gruppe von Hypertonikern mit einer leichten Blutdruckerhöhung, daß die vermindert werden kann bzw. die Lebenserwartung verlängert werden kann, wenn man sie medikamentös oder diätetisch behandelt. Also, ich würde sagen, auch diese Studie ist nicht schlüssig.

Kruse:
Meine Frage an Herrn Rahn: Würden Sie die Ovulationshemmer nicht auch als Risikofaktor der Hypertonie ansehen? Mir fällt bei Frauen, die regelmäßig Ovulationshemmer einnehmen, auf, daß sie das Risiko der Medikamenteneinnahme nicht immer einsehen wollen. Die Bereitschaft, andere antikonzeptionelle Maßnahmen zu bedenken, ist nach meiner Erfahrung doch sehr gering.

Rahn:
Ich habe nur eine Auswahl gegeben. Das soziale Niveau spielt offensichtlich auch eine Rolle, ob kausal oder nicht. Aber es ist sicherlich ein Indikator. Menschen mit einer schlechteren Ausbildung haben häufiger eine Hypertonie als Menschen, die eine Hochschulausbildung haben.

Keil:
Ich möchte noch einmal auf die HDFP-Studie, also das High Blood Pressure Detection and Follow up Program, zurückkommen, weil ich diese Studie wirklich für sehr wichtig für unser weiteres praktisches Vorgehen betreffs Hypertonie halte. Ich möchte die HDFP-Studie mit der UGDP-Studie (University Group Diabetes Program) vergleichen, die vor fast 10 Jahren, wenn ich mich richtig erinnere, die Gemüter bewegte. Ich erinnere auch daran, welch groteske Urteile damals über die UGDP-Studie gefällt wurden und wie lange

es gedauert hat, bis einige Ergebnisse dieser Studie hierzulande akzeptiert wurden (u.a. wurde damals auch behauptet, daß diese Studie die deutsche Pharmaindustrie angreife). Ich kann nur hoffen, daß wir uns bei der HDFP-Studie besser verhalten und uns redlich um eine Interpretation bemühen. Vor allem müssen wir schon bald zu einem Konsens darüber kommen, welche Bedeutung diese Studie für das praktische Vorgehen bei der Bekämpfung der Hypertonie in der Bundesrepublik hat.
Meine Interpretation der HDFP-Studie ist, daß es sich in gewisser Weise um eine Weiterführung der Veterans-Administration-Studie auf Bevölkerungsebene handelt, wobei der Frage nach der Effektivität der Behandlung der milden Hypertonie besondere Bedeutung zukommt. Die Veterans-Administration-Studie hatte ja an einer Krankenhauspopulation gezeigt, daß in der Gruppe mit diastolischen Werten zwischen 105 und 114 mm Hg eine Behandlung die Zahl der Schlaganfälle gegenüber der unbehandelten Gruppe reduziert. Für mich sind statistische Trends im Datenmaterial, zumal wenn sie so konsistent sind wie in dieser Studie, wichtiger als statistische Signifikanz. In diesem Falle hängt die statistische Signifikanz von der Größe der Gruppe ab.

Epstein:
Darf ich in diesem Zusammenhang fragen, Herr Rahn, was Sie von der australischen Studie halten? (Im „Lancet", vor etwa sechs Monaten.) Sie war doppelblind und zeigte trotzdem positive Resultate in bezug auf leichte Hypertonie. Es existieren, außer dem „Lancet"-Artikel, auch unveröffentlichte Daten über diastolischen Druck zwischen 95 und 104. Mortalität *und* Morbidität wurden gesenkt — und das ist ein wichtiger Unterschied, denn bisher ist nur die Mortalität in der amerikanischen Studie ausgewertet worden.

Rahn:
Bei der australischen Studie, die Herr Epstein meint, handelt es sich offensichtlich um den „Australian therapeutic trial in mild hypertension". Dabei wurde eine milde Hypertonie dann angenommen, wenn diastolische Blutdruckwerte von 95—110 mm Hg gemessen wurden. Dabei muß noch angemerkt werden, daß es sich um den diastolischen Blutdruck, Phase V, handelt. Diese Blutdruckwerte entsprechen nach den bei uns üblichen Kriterien bereits einer mittelschweren Hypertonie. Im Grunde genommen ist die australische Studie — was die Blutdruckwerte angeht — vergleichbar mit der Veterans-Administration-Studie aus dem Jahr 1970.

Anlauf:
Herr Rahn, Ihr Referat erinnert etwas an die Diskussion des vergangenen Jahres, als es darum ging, ob es möglich ist, unabhängig von großem statistischem Aufwand und ohne Inanspruchnahme großer Probandengruppen noch Fortschritte zu machen. Damals ging es um die Wirksamkeitsanalyse von Medikamenten, jetzt um die Identifikation von Risikofaktoren. Zudem ist deutlich geworden, daß sich bei vielen Faktoren die klinischen Ansätze offenbar historisch nicht mehr nachvollziehen lassen.

Bock:
Ich möchte das ergänzen: Die maligne Hypertonie war den alten Klinikern als ein Krankheitsbild geläufig, an dem alle Patienten innerhalb von zwei Jahren starben. Nachdem es wirksame blutdrucksenkende Medikamente gab, starben sie plötzlich nicht mehr. Dies war ein Hinweis auf die pathogenetische Bedeutung der Blutdrucksteigerung. Und dieser Hinweis wurde weiter dadurch gestützt, daß es ganz gleich war, womit sie den Blutdruck senkten, in jedem Falle wurde die Letalität dieser Hypertoniker geringer.
Man kann die therapeutischen Studien bei der Hypertonie grob in drei Gruppen einteilen: Bei der malignen Hypertonie ist neben der klinischen Evidenz auch mit kleinen statistischen Studien gezeigt worden, daß die Prognose durch die Therapie verbessert wird. Es gibt weiter die Studien über mittelschwere Hypertonien, wo das ähnlich ist. Und es gibt eigentlich keinen vernünftigen Grund jetzt anzunehmen, daß das bei leichten Hypertonien grundsätzlich anders sein sollte. Nur ist eben der Nachweis aus den Gründen, die Herr Rahn nannte, hier außerordentlich schwierig geworden. Man könnte aber durchaus diskutieren, ob man auch bei diesen Fällen die Behandlung, sofern sie selbst nicht Risiken in sich birgt, aufgrund solcher indirekten Evidenz beginnt.

Rahn:
Es ist ja eben auch die Studie der Veterans Administeration aus dem Jahr 1970 genannt worden. Ich glaube, man sollte da auch sehr vorsichtig sein. Es sind einige Probleme in dieser Studie, die auch erst im Laufe der Diskussion deutlich geworden sind. Zunächst einmal sind nur Patienten untersucht worden, die nach einem dreitägigen Krankenhausaufenthalt Blutdruckwerte bis 114 mm Hg hatten. Das würde bedeuten, daß es Patienten gewesen sein müssen, die ambulant deutlich höhere Blutdruckwerte hatten. Der zweite Punkt, und der ist in der Tat erst bei einer Diskussion von Herrn Fries einmal erwähnt worden, ist die Tatsache, daß man bei dieser Studie die Phase 5 für den diastolischen Blutdruck verwendet hat.
Wir, oder zumindest viele von uns, legen im allgemeinen bei unseren Messungen der diastolischen Blutdruckwerte die Phase 4 zugrunde. Und das bedeutet wiederum, daß man es im Grunde genommen in dieser Veterans-Administration-Studie mit einem Kollektiv von Hypertonikern zu tun hat, die nach unseren Maßstäben höhere Blutdruckwerte haben. Ich würde Herrn Bock zustimmen, eigentlich ist es plausibel, daß man auch bei leichten Blutdruckerhöhungen durch eine Therapie einen günstigen Effekt haben wird. Aber es ist dann natürlich immer zu fragen, ob die Therapie auch Komplikationen hat. Wird dieser geringe Effekt nicht durch die Nebenwirkungen wieder völlig aufgehoben oder vielleicht sogar in sein Gegenteil verkehrt?

Laaser:
Ich möchte Ihre Bemerkung über die Messung in Phase 4 oder 5 als Aufhänger benutzen, um zu formulieren, daß es doch gar nicht so sehr auf das absolute Niveau ankommt, sondern darauf, daß in diesen Studien gezeigt wird,

daß eine differentielle Blutdrucksenkung zwischen zwei oder sonstwelchen Vergleichsgruppen zu einer differentiellen Mortalität oder gegebenenfalls auch Morbidität führt. Womit diese Blutdrucksenkung erreicht wird, ob das jetzt die Medikamente sind oder die psychologische Zuwendung durch den Arzt, das würde ich hier erst in zweiter Linie diskutieren. Und da gebe ich Ihnen in einem Punkt recht: Die HDFP-Studie wird sicher vielfach mißinterpretiert, indem man sagt, sie habe gezeigt, daß eine pharmakologische Behandlung der milden Hypertonie erforderlich sei. Das würde ich so auch nicht unterschreiben. Aber sie hat gezeigt, m. E., daß eine Blutdrucksenkung, wenn sie nur stärker ist als in der Vergleichsgruppe, zu einer differentiellen Mortalität führt.

Rahn:
Ich glaube, ich sollte doch noch mal antworten. Ich halte das nicht für richtig. Überspitzt gesagt hat die HDFP-Studie nur gezeigt, daß Patienten bei einer intensiven ärztlichen Betreuung eine höhere Lebenserwartung haben als Patienten, denen eine solche Betreuung nicht zuteil wird. Bei der HDFP-Studie erfolgte die Intervention nicht nur in Form einer antihypertensiven Therapie, sondern zusätzlich in Form einer besseren allgemeinen ärztlichen Betreuung. Welcher dieser beiden Faktoren ausschlaggebend war, bleibt ungeklärt.

Laaser:
Nein, das kann ich so nicht sehen. Was sich daraus ergibt ist, daß die Blutdrucksenkung für diese Leute einen Nutzen hat. Womit ich dies erreiche, ist eine ganz andere Diskussion.

Identifizierung von Risikofaktoren: Pathophysiologische Beobachtungen

von D. Ganten
Unter Mitarbeit von: W. Rascher, R. Dietz, Th. Unger, R. Lang

Pathophysiologische Überlegungen zum Thema der Identifizierung und Bedeutung von Risikofaktoren können prinzipiell nach zwei unterschiedlichen Gesichtspunkten gegliedert werden: 1. Untersuchungen zum pathophysiologischen Mechanismus der Einwirkung eines Risikofaktors auf den Organismus und die Ursachen für seine krankmachende Wirkung. 2. Pathophysiologische Untersuchungen, die Hinweise für die frühzeitige Entdeckung von Risikopersonen liefern können.

Diese Verhältnisse sind auf der ersten Abbildung schematisch dargestellt (Abb. 1). Folgender Ablauf kann vereinfachend beschrieben werden. Ein exogener oder endogener (evtl. genetischer) Risikofaktor wirkt auf eine Reihe von regulatorischen Systemen ein und bewirkt Abweichungen von der Norm, die, wenn sie persistieren, d.h. wenn der exogene Faktor fortwährend einwirkt, oder wenn sich die Fehlregulation verselbständigt, im weiteren Verlauf zur Krankheit führen. Anhand dieses generellen Schemas sollen die obengenannten Fragen besprochen werden.

Pathophysiologische Mechanismen

Zur Frage des kausalen Zusammenhanges zwischen der Einwirkung exogener Faktoren und dem Auftreten der manifesten Krankheit liegen eine große Zahl von Untersuchungen auf dem Gebiet der Fettstoffwechselstörungen, des Diabetes mellitus und des hohen Blutdruckes vor. Es ist aber letztendlich in den meisten Fällen ungeklärt, wie die Noxe in die pathophysiologischen Mechanismen eingreift und regulatorische Systeme beeinträchtigt. Die zellulären und molekularen Bindeglieder zwischen den einzelnen Etappen vom Einwirken des Faktors bis hin zur Krankheit sind trotz aller intensiven Forschung bisher nicht ausreichend bekannt. Es ist ebenfalls zumeist unklar, weshalb eine Gruppe von Menschen auf einen Risikofaktor mit einer Abweichung von der Norm reagiert und krank wird, während bei einer anderen Gruppe von Menschen — bei gleichen Außeneinwirkungen — keine Abweichungen in den regulatorischen Systemen auftreten, bzw. gegenregulatorische Mechanismen das Entstehen einer manifesten Krankheit verhindern (Abb. 1).

Diese Fragen der pathophysiologischen Kausalketten und ihrer zellulären und molekularen Bindeglieder sind wichtig. Sie sind Gegenstand der Grundlagenforschung, und Detaildiskussionen hierüber gehören in ein Gremium von Spezialisten und nicht in ein interdiszi-

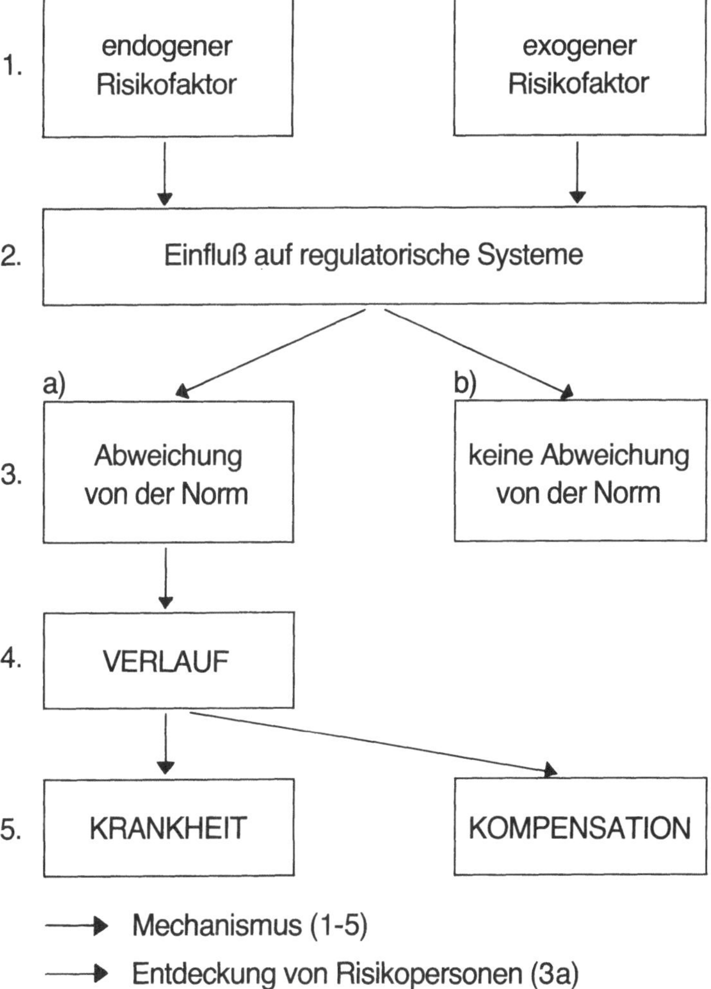

Abb. 1 Schematische Darstellung des möglichen Ablaufes von der Einwirkung eines Risikofaktors auf einen Organismus bis hin zur Krankheit.

plinäres Gespräch wie dieses; ich möchte sie daher jetzt nicht vertiefen, sondern mich vielmehr der in diesem Zusammenhang vielleicht relevanteren zweiten Frage zuwenden, nämlich der Entdeckung von Risikopersonen.

Erkennung von Risikoträgern

Uns interessiert die möglichst spezifische Erfassung einer Abweichung von der Norm, der „kritische Parameter", der aufgrund pathophysiologischer Zusammenhänge eine Aussage darüber erlaubt, ob zu erwarten ist, daß eine Person eine Krankheit entwickelt oder nicht.

An einem praktischen Beispiel aus der experimentellen Bluthochdruckforschung kann das Gesagte verdeutlicht werden. Ich werde Ihnen zunächst zeigen, daß ein exogener Risikofaktor den Verlauf der Hochdruckkrankheit dramatisch verschlechtern kann. Sodann möchte ich beispielhaft demonstrieren, wie man vielleicht durch Untersuchungen pathophysiologischer Art zu einer frühzeitigen Charakterisierung solcher Populationen kommen kann, bei denen später eine Abweichung von der Norm, d. h. Krankheit, zu erwarten ist.

Nehmen wir das Beispiel jener Ratten, die einen genetisch bedingten Bluthochdruck entwickeln und die als das beste tierexperimentelle Modell für die menschliche essentielle Hypertonie angesehen werden (1). Wenn wir die spontan hypertonen Ratten kochsalzreich ernähren, so steigt der Druck bei diesen Tieren noch schneller an als dies bei normaler Kochsalzzufuhr der Fall ist und erreicht Werte weit über 200 mm Hg. Bei einem besonderen Unterstamm dieser spontan hypertonen Ratten, den sogenannten „stroke-prone spontaneously hypertensive rats" (SHR-sp), die sich von den Wistar Kyoto Ratten herleiten, sind unter den Bedingungen der zusätzlichen Salzbelastung gehäuft Hirnblutungen und die typischen Zeichen des Schlaganfalls festzustellen (2,3).

Diese Ratten sind somit besonders gefährdet, wenn sie vermehrt Salz aufnehmen, und es wäre wünschenswert, pathophysiologische Kriterien zu erarbeiten, die es erlauben, Gefährdungen durch exogene Noxen frühzeitig zu erkennen, bevor eine Blutdruckerhöhung überhaupt manifest ist. Dafür ist die Erarbeitung von pathophysiologischen Kriterien, die es möglich machen, Risikopopulationen a priori zu charakterisieren, erforderlich. Hierzu bieten sich unter anderem endokrinologische Untersuchungen an. Es kann aber aus grundsätzlichen Erwägungen heraus nicht erwartet werden, daß durch die Messung der Konzentration eines einzelnen Hormones im Plasma, z. B. des Renin, des Antidiuretischen Hormons oder des Corticosterons, oder durch die Erfassung der Aktivität eines einzigen blutdruckregulierenden Systems wie z. B. des sympathischen Nervensystems, eine Aussage über die spätere Entwicklung eines hohen Blutdruckes gemacht werden kann.

Die Erfassung des Aktivitätszustandes eines regulatorischen Systems und die Möglichkeit der Interaktionen mit anderen Mechanismen sind zu vielschichtig, als daß von punktuellen Messungen Aufschluß über so komplexe Vorgänge wie z. B. die Blutdruckregulation erwartet werden könnte. Nehmen wir z. B. die häufig benutzte Messung des Noradrenalin (NA) als Parameter für die Aktivität des sympathischen Nervensystems (Abb. 2), so wird deutlich, daß das NA neben dem Dopamin und dem Adrenalin nur ein Effektorhormon des sympathischen Nervensystems ist. Die drei biogenen Amine Dopamin, Adrenalin und NA kommen zudem sowohl im zentralen Nervensystem als auch im peripheren Gewebe und im Blut vor. Sie haben neuronale und hormonale Funktionen. Die lokalen Konzentrationen am Rezeptor und die Konzentrationen im Blutplasma, z. B. von NA, werden durch die Syntheserate, die Freisetzung in den synaptischen Spalt und die neuronale und extraneuronale Wiederaufnahme (Inaktivierung) bestimmt. Die Effektivität des Sympathikus wird weiterhin beeinflußt durch die Art, die Zahl und die Affinität der Rezeptoren und durch die Ansprechbarkeit eines Zielorgans auf zellulärer Ebene (z. B. der glatten Muskelzelle der Gefäße) und durch die Möglichkeit der stimulierten Einheit, im Gewebsverband zu reagieren. Eine sympathisch stimulierte glatte Muskelzelle im Bereich eines arteriosklerotisch veränderten Gefäßes wird beispielsweise nur noch wenig zur Veränderung des peripheren Widerstandes beitragen.

Diese Verhältnisse veranschaulichen die Schwierigkeit, die tatsächliche Aktivität eines regulierenden Systems aufgrund von punktuellen Messungen der Einzelkomponenten (z. B. Urin- oder Plasmamessungen von NA) zu erfassen.

Hier bieten sich drei Auswege an: 1) Durch pharmakologische Blokkade des zu untersuchenden Systems auf verschiedenen Ebenen (Synthesehemmung, Rezeptorblockade) kann die biologische Aktivität und damit der relative Anteil dieses Systems an der Blutdruckregulation erfaßt werden. 2) Durch Registrierung komplexer, integrierender Meßwerte kann der Funktionszustand eines regulierenden Systems besser erfaßt werden als durch punktuelle Einzelmessungen von Hormon-Plasmakonzentrationen. Die Herzfrequenz, die Kontraktilität des Herzmuskels oder der periphere Widerstand sind beispielsweise bessere integrierende Indikatoren für die Gesamtaktivität des sympathischen Nervensystems als Plasma-NA-Bestimmungen al-

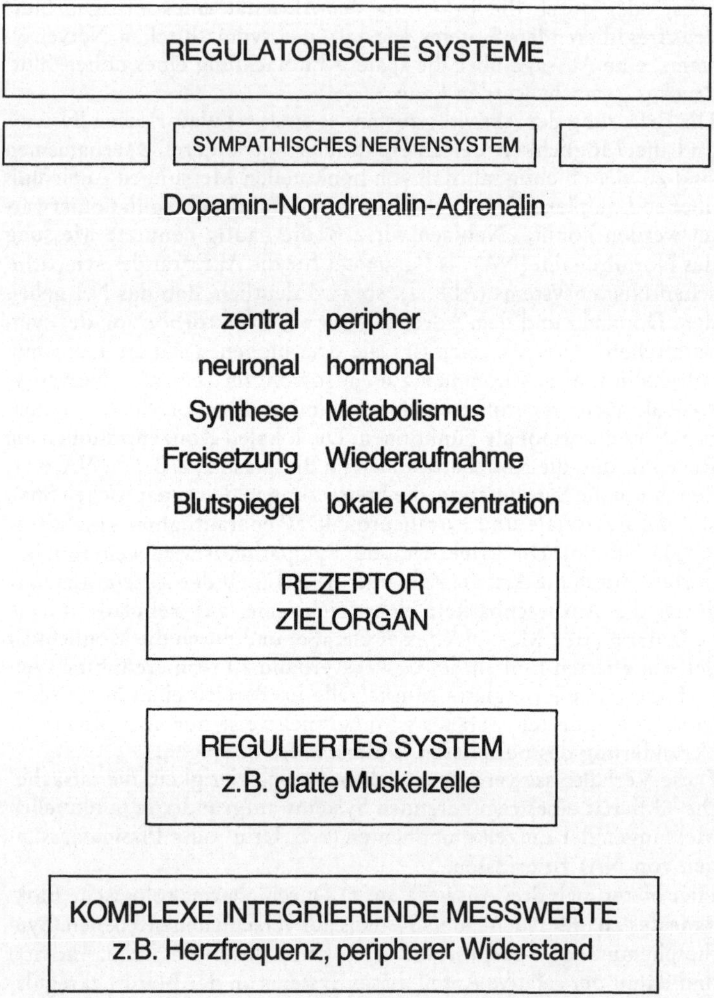

REGULATORISCHE SYSTEME

SYMPATHISCHES NERVENSYSTEM

Dopamin-Noradrenalin-Adrenalin

zentral	peripher
neuronal	hormonal
Synthese	Metabolismus
Freisetzung	Wiederaufnahme
Blutspiegel	lokale Konzentration

REZEPTOR
ZIELORGAN

REGULIERTES SYSTEM
z.B. glatte Muskelzelle

KOMPLEXE INTEGRIERENDE MESSWERTE
z.B. Herzfrequenz, peripherer Widerstand

Abb. 2 Schematische Darstellung einiger Einzelfaktoren, welche die Aktivität des sympathischen Nervensystems bestimmen, und durch deren Messung der Aktivitätszustand erfaßt werden kann.

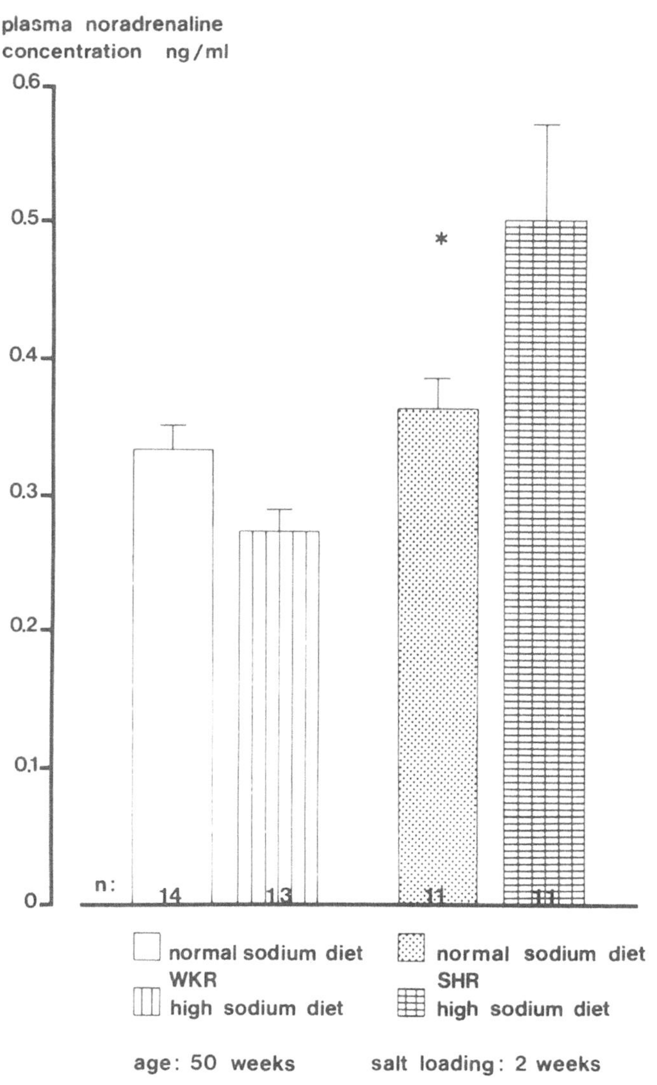

Abb. 3 Der Einfluß von salzreicher Diät auf die Plasma-NA-Konzentration in spontan hypertonen Ratten (SHR) und in normotonen Wistar Kyoto Kontrollratten (WKR) (*statistisch signifikanter Unterschied $p < 0.05$).

CENTRAL PEPTIDERGIC STIMULATION

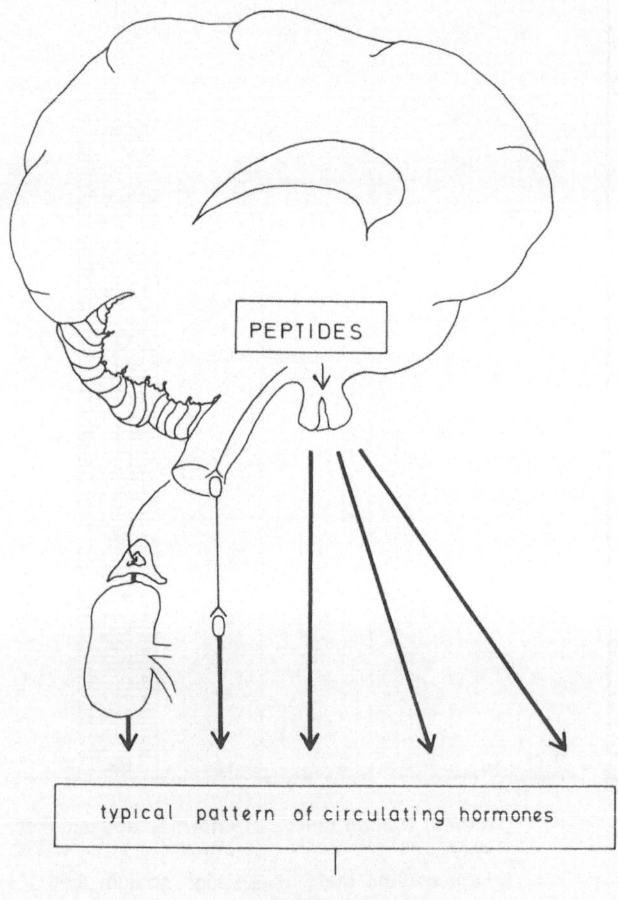

Abb. 4 Allgemeine Darstellung des blutdruckerhöhenden Mechanismus nach zentraler peptiderger Stimulation. Verschiedene, im zentralen Nervensystem vorkommende Peptide bewirken die Stimulation eines für jedes Peptid typischen Musters peripher blutdruckwirksamer Mediatoren wie z. B. Plasmakatecholamine, antidiuretisches Hormon, Corticosteron.

lein. 3) Es besteht die Möglichkeit, die Reaktionsfähigkeit eines Systems auch durch punktuelle Messungen zu erfassen. So ist es möglich, die Aktivität des sympathischen Nervensystems in unserem gewählten Beispiel der spontan hypertonen Ratte unter definierten Stimulationsbedingungen durch verschiedene Stressoren zu beeinflussen. Wir haben gefunden (Abb. 3), daß Salzbelastung bei normotonen Wistar Kyoto Ratten zu einer Erniedrigung des Plasma-NA führt, während bei spontan hypertonen Ratten die gleiche Salzbelastung über denselben Zeitraum eine Erhöhung des Plasma-NA zur Folge hat. Die Stimulation des sympathischen Nervensystems, die durch diesen Belastungstest deutlich wird, ist unter Ruhebedingungen der Katecholaminspiegel im Plasma allein nicht eindeutig festzustellen. Weitere pathophysiologische Daten (4) bestätigen, daß in der Tat in diesen Ratten ein erhöhter Sympathikotonus die wesentliche Ursache für die Entwicklung des hohen Blutdruckes zu sein scheint. Weitere dynamische Stimulationstests wie z. B. körperliche Belastung oder pharmakologische Beeinflussung blutdruckregulierender Systeme wären denkbar, Abweichungen von der Norm zu entdecken, die durch statische Messungen nicht deutlich werden.

Eine weitere Möglichkeit, Abweichungen von der Norm bei Risikopersonen zu erfassen, ist die gleichzeitige Analyse mehrerer regulatorischer Systeme. So haben wir z. B. festgestellt, daß eine Ursache für die Erhöhung des Sympathikotonus in spontan hypertonen Ratten eine zentrale peptiderge Stimulation sein könnte, die unter geeigneten experimentellen Bedingungen gleichzeitig mit einer erhöhten Freisetzung des Antidiuretischen Hormons (ADH) und des Adrenocorticotrophen Hormons (ACTH) sowie einer Stimulation des Sympathikotonus einhergeht. In der Tat liegt bei ausgewachsenen spontan hypertonen Ratten eben dieses für zentrale peptiderge Stimulation typische humorale Hormonmuster vor (5). Darüber hinaus kann durch Hemmung eines zentralen Peptidsystems, nämlich des Angiotensin, mit Hilfe von Rezeptorenblockern oder Synthesehemmstoffen der Blutdruck bei diesen Tieren erniedrigt werden. Die Feststellung eines typischen Musters der Hormonfehlregulation bietet also eine weitere Möglichkeit, Abweichungen von der Norm zu erfassen (Abb. 4). Hier wirken sich allerdings sekundäre Veränderungen besonders leicht störend aus.

Wir haben also gesehen, daß die einmalige Messung eines Hormons im Plasma oder Urin für die Erfassung einer Abweichung von der Norm vor dem Manifestwerden einer Krankheit aus prinzipiellen Gründen wenig erfolgversprechend ist. Eine Alternative ist die gleichzeitige Messung mehrerer Hormonsysteme. So haben wir gezeigt, daß z. B. eine zentrale peptiderge Stimulation mit der gleichzeitigen Erhöhung einer Reihe blutdruckwirksamer Hormonsysteme einhergeht. Diese humorale Konstellation scheint für die Entwicklung der Hypertonie in dem hier besprochenen Tiermodell, der spontan hypertonen Ratte vom stroke-prone Unterstamm, charakteristisch zu sein.

Die bekannte Tatsache, daß bereits aktivierte Systeme empfindlicher reagieren, d. h. leichter zu stimulieren sind, wurde ausgenutzt, um dynamische Tests einzuführen, die in möglichst spezifischer Weise das mit der Krankheit in Zusammenhang stehende regulatorische System, in unserem Fall das sympathische Nervensystem, auf seine Stimulierbarkeit hin zu prüfen.

So haben wir durch Salzbelastung oder durch Salzbelastung mit zusätzlichem Kältestreß den erhöhten Sympathikotonus, der vorher in den hypertonen Tieren nicht erkennbar war, demaskiert (4). Diätetische Salzbelastung erlaubt damit eine Unterscheidung, ob das sympathische Nervensystem adäquat oder von der Norm abweichend reguliert wird, zu einem Zeitpunkt, an dem Blutdruckmessungen oder Hormonkonzentrationen im Plasma allein noch keine eindeutigen Entscheidungskriterien liefern können. Mit Hilfe solcher Parameter können im Tierversuch gefährdete Populationen von gesunden getrennt werden.

Diese Art von Befunden ist natürlich an ingezüchteten Rattenstämmen unter strikt standardisierten Laborbedingungen erhoben worden; das muß aber nicht dagegen sprechen, daß diese pathophysiologischen Ergebnisse zumindest teilweise und prinzipiell auf die Humanpathologie übertragbar sind. Als Pathophysiologe würde man sich wünschen, daß in Longitudinalstudien geprüft werden könnte, ob metabolische, hormonelle oder neuronale Fehlregulationen der exemplarisch beschriebenen Art tatsächlich im Einzelfall ein erhöhtes Risiko bedeuten. Tierversuche machen eine solche Annahme wahrscheinlich.

Literatur

1. Hazama, F., Tanaka, T., Ooshima, A., Haebara, H., Amano, S., Yamazaki, Y., Okamoto, K., Dietary effects on cardiovascular lesions in spontaneously hypertensive rats, In: Spontaneous Hypertension. K. Okamoto (Hrsg.). Igaku Shoin Ltd., S. 134, 1972.
2. Dietz, R., Haebara, H., Lüth, B., Mast, G., Nemes, Z., Schömig, A., Szokol, M., Does the renin-angiotensin system contribute to the vascular lesions in renal hypertensive rats? Clin. Sci. Mol. Med. 51: 33s, 1976.

3. Haebara, H., Dietz, D., Mann, J. F. E., Lüth, J. B., Gefäßveränderungen beim genetischen Hochdruck der Ratte, Verh. dtsch. Ges. Kreisl. Forsch. 43: 15, 1977.
4. Dietz, R., Schömig, A., Rascher, W., Strasser, R., Kübler, W., Enhanced sympathetic activity caused by salt loading in spontaneously hypertensive rats. Clin. Sci. 59: in press, 1980.
5. Ganten, D., Unger, Th., Rockhold, R., Schaz, K., Speck, G., Central peptidergic stimulation: Its possible contribution to blood pressure regulation. In: Radioimmunoassay of Drugs and Hormones in Cardiovascular Medicine. A. Albertini, M. da Prada, B. A. Peskar (Hrsg.). Elsevier, Amsterdam, S. 33, 1979.

Diskussion

Gries:
Herr Ganten, darf ich noch einmal auf Ihr spezielles Modell zurückkommen? Ich sehe sehr wohl, daß es interessant, sinnvoll und nützlich ist, sich auf einzelne Faktoren zu beschränken. Aber ich habe auch Bedenken, daß wir uns vielleicht in manchen Punkten die Sache zu einfach machen. Es gibt Beispiele, wo die Dinge sich gänzlich anders entwickeln. Ich möchte noch einmal auf den Diabetes zurückkommen. Nehmen wir an, Adipositas führt zu einer Abweichung der Norm, nämlich einer Glukosetoleranzstörung. Und diese Normabweichung wird kompensiert. Wir erkennen, der Patient entwickelt eine Hyperinsulinämie und seine Glukosetoleranzstörung ist nicht mehr nachweisbar. Und trotzdem ist gerade dieser Kompensationsmechanismus ein Prozeß, der zum erhöhten Risiko führt. Der Adipöse kompensiert seine Insulinresistenz mit einem Hyperinsulinismus. Dieser wird nun nicht als Krankheit erkannt und ist trotzdem einer der Risikofaktoren, der heute als wesentlich in epidemiologischen Studien erkannt worden ist. Also, Kompensation einer Störung — ich will hier nicht widersprechen, sondern nur ergänzen — Kompensation einer Störung braucht nicht Verhinderung von Krankheit zu sein, sondern kann im Gegenteil zu einer neuen Krankheitserscheinung führen, die nun den pathologischen Prozeß auslöst.

Ganten:
Wenn Sie diese Gegenregulation mit unter dem Begriff Kompensation subsummieren, stimme ich Ihnen zu. Es spricht aber nichts dagegen, Kompensation so zu definieren, daß damit ein Zustand gemeint ist, in dem keine Normabweichung, in Ihrem Beispiel also Hyperinsulinismus, erkennbar ist.

Gries:
Nein. Das ist falsch gesehen. Entschuldigung!

Schlierf:
Herr Ganten, ich wollte Ihr Schema nicht ändern, sondern mit dem Hinweis ergänzen, daß wiederum der Zeitfaktor hineinkommt. Kompensation, wie lange? Kompensation, wann? Und selbst wenn Sie biochemisch erkennen oder vorhersagen könnten, wer wird kompensieren und wer wird nicht kom-

pensieren, können Sie noch nicht vorhersagen, wie lange er kompensieren kann.

Rahn:
Sie finden erhöhte Katecholaminwerte vor allen Dingen während Kälteexposition bei den SHR-Ratten bei hoher Natriumzufuhr. Sie schließen daraus auf einen kausalen Zusammenhang zwischen diesem Parameter und den Komplikationen, dem hohen Blutdruck. Kann das nicht genau umgekehrt sein? Daß der hohe Blutdruck und die arteriosklerotischen Veränderungen, die dadurch aufgetreten sind, die erhöhten Katecholaminspiegel verursachen? Oder wie wollen Sie das ausschließen?

Ganten:
Prinzipiell kann natürlich die Erhöhung der Katecholamine reaktiv sein. Ich glaube das allerdings nicht, denn wenn man die Experimente zu einem Zeitpunkt durchführt, wo diese Sekundärveränderungen noch nicht auftreten, findet man im Prinzip ähnliche Resultate. Mir ging es aber weniger darum, den Kausalzusammenhang zwischen Plasma-Katecholaminen und Blutdruck herzustellen. Das hatte ich zu Beginn gesagt, sondern mir ging es darum, Tests einzuführen, die als Marker dienen können, um die Risikopopulation herauszufinden, auf eine Weise, wie wir es bisher in der Humanmedizin nur selten tun können. Dazu kann man diese pathophysiologischen Untersuchungen auswerten und ausnutzen.

Rahn:
Steigt das Noradrenalin auch in ähnlicher Weise an? Oder gilt das nur für das Adrenalin?

Ganten:
Ja, Noradrenalin steigt in ähnlicher Weise an.

Epstein:
Man könnte das vielleicht prüfen. Das sind alles Durchschnittsresultate. Bei manchen Ratten jedoch geht der Blutdruck rauf, und bei manchen geht er runter. Nur im Durchschnitt ist es so, wie angezeigt. Und man könnte in bezug auf die Frage von Herrn Rahn die einzelnen Daten anschauen und sehen, ob bei den Ratten, bei denen der Blutdruck nicht oder weniger anstieg, die Noradrenalinbeziehungen die gleichen sind oder anders.

Ganten:
Das ist ein wichtiger Punkt. Bei diesen experimentellen Studien mit ingezüchteten Ratten unter Laborbedingungen gleicht allerdings jede Ratte sehr genau der anderen Ratte, da das Tiermaterial genetisch homogen ist und die Umweltbedingungen standardisiert sind. Daher können wir es uns leisten, mit kleinen Endzahlen zu arbeiten. Worauf es mir aber ankam, das war der letzte Punkt, den ich deutlich machen wollte, nämlich in der Humanpathologie zu

versuchen, ob die Einzelabweichung von Meßwerten in Longitudinalstudien dann tatsächlich pathophysiologisch und für die Vorhersage des Risikos relevant ist.

Passarge:
Ich wollte mir nur erlauben, darauf hinzuweisen, daß der Wert dieser Untersuchung darin liegt, auf die Dauer zum Verständnis pathophysiologischer Zusammenhänge mit genetischen Faktoren zu kommen. Das befreit von der Notwendigkeit, mit sehr breiten, diffusen Populationsstudien zu arbeiten, die immer den Nachteil haben, daß man das mit pauschalen Durchschnittswerten zu tun hat. Hier, bei einem homogenen Background wie bei den Ratten, wo wir den einen Faktor Kochsalz/Umwelt herausgearbeitet haben, zeigt sich das sehr schön. Wenn die Ratten homogen reagieren, ist das natürlich ein Umstand, mit dem wir es in der Humanpopulation nicht zu tun haben. Aber hier ist es eben möglich, dieses feine Zusammenspiel zu zeigen. Ich muß sagen, daß man sich auf die Dauer von dem Herausarbeiten bestimmter Risikopopulationen mehr versprechen kann, wenn sie pathophysiologische Zusammenhänge erkennen lassen. Das bringt mehr als Querschnittsuntersuchungen großer Bevölkerungszahlen.

Anlauf:
Im klinischen Bereich haben Belastungsuntersuchungen bis jetzt zumindest bei großen Populationen weitgehend enttäuscht. Es stellt sich die Frage, ob bei einfachen Belastungstests nicht soviel involviert ist an anderen Faktoren, daß bei einer genetischen Vermengung der Kollektive die diagnostische Spezifität sehr niedrig wird. Wie sind die Ergebnisse von Belastungsuntersuchungen, wenn Sie Ihre beiden Rattenstämme kreuzen?

Ganten:
Wir sind gerade dabei, diese Art von Untersuchungen durchzuführen.

Losse:
Herr Ganten, bei unserem Rattenstamm tritt nach NaCl-Belastung in kurzer Zeit eine maligne Hypertonie auf, jedoch kein cerebraler Insult wie bei Ihrem Stamm.
Meine Frage ist nun: Welches ist Ihrer Ansicht nach der determinierende Faktor für den unterschiedlichen Ablauf der Hypertonie bei verschiedenen Rattenstämmen?

Ganten:
Wenn wir das wüßten, Herr Losse, dann würden wir das Hochdruckinstitut vielleicht gar nicht mehr brauchen, aber ich glaube schon, daß der Sympathikotonus ein ganz wichtiger Faktor für die Erhöhung und Aufrechterhaltung des hohen Blutdruckes ist, und daher habe ich den auch jetzt hier spezifisch herausgestellt. Zusätzlich haben die spontan hypertensiven Ratten vom stroke-prone Unterstamm Mikroaneurysmen der Hirngefäße, die bei hohen Drucken rupturieren und zu hämorrhagischen Infarkten führen.

Identifizierung von Risikofaktoren: Pathologisch-anatomische Beobachtungen

von W.-W. Höpker

Wenn ich meine Aufgabe richtig verstehe, soll ich vom Standpunkt des Pathologen zur Frage der Identifizierung und damit des morphologischen Nachweises von Risikofaktoren Stellung nehmen. Anders ausgedrückt: Welches morphologische Korrelat entspricht bestimmten Risikofaktoren (hier Risikofaktoren im engeren Sinne, bezogen auf die Herz-Kreislaufkrankheiten)?
Formuliere ich das Thema in dieser Form, impliziert es Widersprüche. Ich möchte die Widersprüche aufzeigen und den Begriff des Risikofaktors aus zwei Richtungen beleuchten:

1. von Seiten der Pathologie als einer allgemeinen Krankheitslehre;
2. von Seiten der Pathomorphologie als einer Lehre jener krankhaften Veränderungen, die sich durch ein bestimmt charaktersierbares morphologisches Korrelat auszeichnen.

Begriffsbestimmungen
Man kann den Organismus als ein System verschachtelter mehr oder weniger funktionell gekoppelter Regelkreise auffassen. Gesundheit ist das Funktionieren der Regelkreise in der vorgesehenen Schwankungsbreite bei erhaltener Integrität des Organismus. Krankheit liegt vor, wenn das Regelsystem gestört ist und gleichzeitig einen quasistationären Zustand einnimmt. Krankheit (oder besser Krankheitseinheit) ist ein Teil eines Klassifikationssystemes. Es gibt Krankheiten, die zwingend und ohne zeitlichen Verzug behandelt werden müssen (z. B. akute Appendicitis), es gibt aber auch Krankheiten, die nach heutigem Wissen keiner Therapie bedürfen (z. B. Cholesteatose der Gallenblase). Der Begriff der Krankheit (bzw. der Krankheitseinheit) ist zunächst von einer möglichen therapeutischen Intervention unabhängig zu betrachten. Er ist auch unabhängig davon, ob ihm ein bestimmtes morphologisches Korrelat zugeordnet werden kann (Gross 1969, 1979; Höpker 1979).
Diagnose ist eine praktische Handlungsanleitung für den Arzt, selbstverständlich mit dem Ziel, die Krankheitseinheit als operationalen Anteil möglichst widerspruchslos widerzugeben (Höpker 1977). Diagnosen stehen immer unter dem Zwang des Handlungsauftrages (z. B. akutes Abdomen) und implizieren das noch im Einzelfalle unvollständige Wissen des Arztes wie auch die konkreten therapeuti-

schen Konsequenzen. So gesehen kann jeder Befund aktuell zu einer Diagnose erhoben werden.

Risiko beschreibt die Verlust- oder Schadensgefahr, das Risiko ist entscheidungstheoretisch der Erwartungswert der Verlustfunktion. Risiko ist eine zusätzliche Eigenschaft von Diagnose und Krankheitseinheit als Resultat einer unvollkommenen Information über die Zukunft. Die Wahrscheinlichkeit des letalen Ausganges der Krankheit Cholesteatose der Gallenblase ist praktisch gleich Null, diejenige der Diagnose akutes Abdomen (oder der Krankheit perforierte Appendicitis) ist praktisch gleich 1 (PFLANZ, 1973).

Uns interessieren heute diejenigen Einflußfaktoren, welche an der Gestaltung des zukünftigen Ausganges eines Krankheitsprozesses (z. B. dessen letalem Ausgang) oder aber zu dessen Entstehung beitragen.

Risikofaktoren sind in diesem Zusammenhang:

1. vom betrachteten Krankheitsprozeß unabhängige weitere Erkrankungen (z. B. das Vorhaben eines Chirurgen sei die Cholezystektomie; das zusätzliche Risiko des Patienten ein abgelaufener Herzinfarkt);
2. Krankheiten, die einen bestimmten Stellenwert an der pathophysiologischen Ereigniskette haben (z. B. Hyperlipidämie und Coronararteriensklerose) und damit in einem gemeinsamen Zusammenhang zu sehen sind;
3. äußere Einflußfaktoren, die direkt Krankheiten erzeugen oder über einen noch unbekannten Mechanismus zu deren Entstehung bzw. zu deren Fortschreiten beitragen.

Ein Risiko bezieht sich immer nur auf eine Krankheit oder aber auf einen Expositionsvorgang. Eine gleichartige Krankheit oder eine gleichartige Exposition kann für verschiedene Zielkrankheiten durchaus ein unterschiedliches Risiko bedeuten. So ist z. B. das Rauchen für die Coronararteriensklerose ein nur geringes (beinahe vernachlässigbares) Risiko (HÖPKER et al. 1977), für die Entstehung eines Herzinfarktes ist das Rauchen jedoch eines der entscheidendsten Risikofaktoren.

Fragestellung

Im Hinblick auf unser Rahmenprogramm erlaube ich mir, das mir gestellte Thema wie folgt zu präzisieren:

Der Begriff des Risikos zielt ab auf die Möglichkeit, Entstehung und Ablauf einer Krankheit zu beeinflussen. Eine Exposition alleine ist noch keine Krankheit, eine Krankheit kann, braucht aber nicht im Gefolge einer bestimmten Exposition zu entstehen. An dieser Fest-

stellung ändert auch das möglicherweise zeitlich sehr lange Intervall zwischen Exposition und Krankheitsmanifestation nichts.
Sehen wir von Expositionsfaktoren ab, so sind vom Standort einer allgemeinen Krankheitslehre folgende Fragen von Bedeutung:

1. Durch Eliminieren welcher Krankheiten (oder auch äußerer Einflüsse) kann eine weitere Progression des Krankheitsverlaufes insgesamt verhindert werden?
   Stichwort: Erzwingung einer stationären Phase des Krankheitsverlaufes.
2. Welche Faktoren sind in der Lage, Kompensations- und Umstellungsvorgänge des Organismus zu fördern, um die Auswirkungen der Krankheit zu limitieren?
   Stichwort: Förderungen von Umstellungen des Organismus, die bisherigen Auswirkungen der Krankheit zu kompensieren.
3. Sind die Krankheit und ihre Auswirkungen rückbildungsfähig? Welche Einflüsse bestimmen die Rückbildungsfähigkeit, bis zu welcher Phase eines Krankheitsprozesses kann mit einer Rückbildung gerechnet werden?
   Stichwort: Reversibilität.

In dem uns vorgegebenen thematischen Zusammenhang muß darauf hingewiesen werden, daß Hypertonie, Fettstoffwechselstörungen und Diabetes mellitus Krankheiten unterschiedlichen Risikocharakters sind. Es handelt sich unserer Definition entsprechend um Sollwertverstellungen des Organismus. Die angestrebte Risikoverminderung für den Patienten aufgrund ärztlicher oder sonstiger Intervention zielt auf den Krankheitsverlauf nach den Kriterien der Reversibilität, der Kompensation und dem Erzwingen einer stationären Phase.

Morphogenese der Arteriosklerose

1. Tierexperiment

Durch Fütterungsversuche an verschiedenen Spezies von Versuchstieren ist man über die Morpho- als auch die Pathogenese der Arteriosklerose (sofern die Beobachtungen überhaupt auf den Menschen übertragbar sind) recht gut orientiert. Es ist bekannt, daß durch verschiedene Diäten unterschiedliche Formen der Arteriosklerose im Tierexperiment erzeugt werden können (vgl. Schettler et al. 1977). Vor diesem experimentellen Hintergrund können drei charakteristische arteriosklerotische Läsionen unterschieden werden (Wissler, 1977):

1. Präproliferative Phase:
   Lipidspeicherung in den glatten Muskelzellen (den pluripotenten Mesenchymzellen), die sich zu Schaumzellen umwandeln.

2. Proliferative Phase:
   Die Vermehrung von glatten Muskelzellen durch mitotische Teilung.
3. Atheromatöse Phase:
   Nekrose der Intimaläsion mit extrazellulären Fettablagerungen, Fibrose, Hyalinose, Verkalkung etc.

Unter verschiedenen experimentellen Bedingungen (Übersicht: GOTTO et al. 1980) ist es möglich, an der Gefäßwand zu erzeugen (Abb. 1):

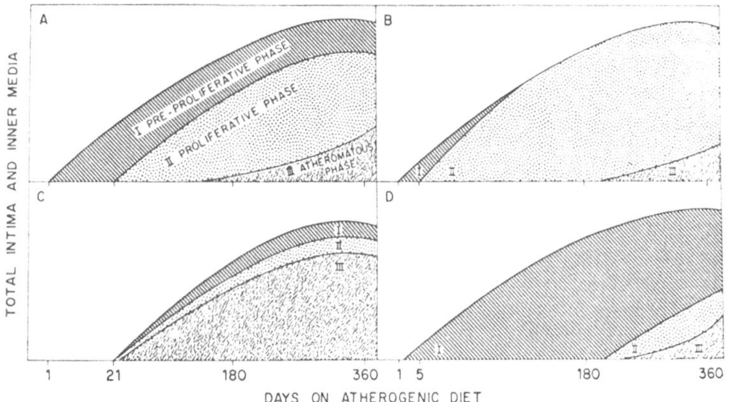

Abb. 1 Morphogenese der Arteriosklerose unter verschiedenen experimentellen Bedingungen.

A: Fütterung eines Kokusnußöl-Butter-Cholesterol-Gemisches an Rhesusaffen für die Dauer von einem Jahr. Fettspeicherung, zelluläre Proliferation und Nekrose sind etwa gleichmäßig ausgebildet.

B: Prototyp nach Fütterung von Erdnußöl-Cholesterol-Gemisch an Rhesusaffen. Der größere Teil der arteriosklerotischen Plaques besteht aus proliferierenden Zellen und einer Fibrose.

C: Die prolongierte Fütterung von Kokusnußöl und Erdnußöl an Rhesusaffen führte zu einer im Vordergrund stehenden Nekrose der Intimaläsion.

D: Nach Fütterung eines Butterfett-Cholesterol-Gemisches an Rhesusaffen wird eine auffällige Lipidspeicherung beobachtet.

(Nach THOMAS et al. Arch. Path. 96, 621 (1968), vgl. WISSLER 1978).

1. eine etwa gleichmäßige Volumenzunahme aller drei morphologischer Komponenten der arteriosklerotischen Gefäßwandläsion. (A).
2. ein Überwiegen der Proliferation. (B)
3. ein Überwiegen der Ausbildung atheromatöser Beete. (C)
4. eine im Vordergrund stehende Speicherung von Lipid- sowie Lipid-Eiweiß-Substanzen (D).

Uns sind die Bedingungen der jeweiligen Tierexperimente bekannt, unter denen verschiedene Formen der Arteriosklerose erzeugt werden können. Übertragen wir diese Experimente auf den Menschen, so können wir diese Bedingungen der Tierexperimente als Risikofaktoren bezeichnen.

Die Frage, die sich uns stellt, ist: Sind derart verstandene Risikofaktoren (als Äquivalentphänomene des Tierexperimentes) bezüglich seines morphologischen Korrelates auch beim Menschen nachweisbar? Mit anderen Worten: Sind die als sogenannte Risikofaktoren für den Menschen bekannten Krankheiten bzw. äußere Einflüsse für die Arteriosklerose tatsächlich relevant auch im Sinne der Morphogenese der arteriosklerotischen Gefäßwandveränderungen? Können ihnen jeweils unterschiedliche morphologische Prozesse zugeordnet werden?

2. Pathoanatomisch-klinische Vergleichsstudie

In einer größeren Kooperationsstudie mit dem Herzinfarktregister und der Medizinischen Universitätsklinik Heidelberg wurden die für die Arteriosklerose und ihre Folgekrankheiten bekannten sogenannten klinischen Risikofaktoren dem systematisch erhobenen Autopsiebefund gegenübergestellt. Die klinischen Daten wurden nach den Kriterien der WHO erhoben, die morphologischen Gefäßbefunde wurden qualitativ bestimmt bzw. planimetrisch vermessen (Höpker et al. 1977).

Aus den Analysen habe ich (Abb. 2; Tab. 1) eine größere herausgegriffen. Hier hat sich ergeben (Methodik vergleiche Höpker et al. 1977):

Analyse I: Atherom und Ödem

1. Ödem und Atherom der Intima zeigen eine enge Bündelung;
2. das Coronarsystem weist ein anderes Risikomuster als die Gefäße der übrigen geprüften Körperregionen auf;
3. die Atheromatose des Coronargefäßsystems bündelt eng mit Angina pectoris, Herzinfarkt und Sudden death;
4. es gibt jedoch Formen von Herzinfarkt und Coronararteriensklerose, die jeweils unabhängig voneinander und ohne die entsprechenden Folgekrankheiten vorkommen.

Analyse II: Atherom und Fibrose

1. Alter und Fibrose gehen sehr eng, Alter und Atheromatose nur mäßig eng miteinander;
2. klinisches Risiko (hier fallen auch „klinische" Krankheiten darunter) und coronare Herzkrankheit bündeln eng;

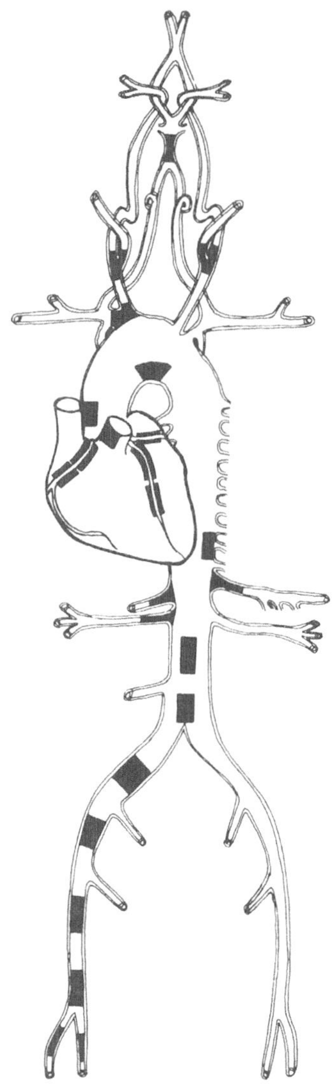

Abb. 2 Gefäßteststellen der Herz- und Gefäßstudie (genaue Lokalisationsangabe vgl. Tab. 1). Die histologischen Schnitte wurden nach einem standardisierten Verfahren planimetrisch vermessen und befundet.

		ATHEROM-ÖDEM			ATHEROM-FIBROSE			ATHEROM-LAM.ELAST.INT.		
		I	II	III	I	II	III	I	II	III
	%	64.7	19.2	16.1	54.0	24.3	21.7	56.7	24.8	18.5
RISIKO.somatisch	Alter	**		*	**		-**	**	*	
	BROCA-Index		*							*
RISIKO.klinisch	Diabetes mellitus		*			**				**
	Hypertonie		**	*		**				**
	Hyperlipidämie	-**	***			**	**	-*		**
RISIKO.exponentiell	Rauchen	*					**		*	
RISIKO.symptomatisch	Angina pectoris		***			*	**			**
	Claudicatio intermittens						*			
HERZ	Infarkt	*	***			**				***
	Sudden death		*			*				**
	Gesamtgewicht		**	*		*				**

		Ö I (A)	Ö I (B)	Ö II (A)	Ö II (B)	Ö III (A)	Ö III (B)	F I (A)	F I (B)	F II (A)	F II (B)	F III (A)	F III (B)	L I (A)	L I (B)	L II (A)	L II (B)	L III (A)	L III (B)
AORTA	Aorta ascend.		*						*				**			●	**		
	Arc. aortae	●●	**					●●	***				*			●●	**		
	Aorta abdom. 1cm oberhalb Tripus Halleri	●●	**					●	**	●						●●	**		
	Aorta abdom. 3cm unterhalb Tripus Halleri	●	**	●●						●●	*		*	●	***	●		●●	
	Aorta abdom. Bifurkation	●●	*	●					*	●●						●●		●	
ABGÄNGE ARC. AORTAE	Trunc. brachiocephalicus	●●	*		*			●●	***				*			●●	***		
	Bulbus carot. dextr.	●		●		●			**	●●	*				**			●	
	Bulbus carot. sin.	●●	**					●	**				*			●	*		
ABGÄNGE AORTA ABDOM.	Tripus Halleri	●		●				●●	**		*				**	●	*	●	
	A. mesent. sup.			●●		●		●	***	●					*	●		●●	
	A. renalis dextr.	●●	**					●●	**						*	●●	**		
BECKEN-, BEINGEFÄSSE	A. iliaca comm. dextr.	●	*			●	*	●	*	●●				●●	**	●			
	A. iliaca ext. dextr.	●					*	●	**	●					**	●●			
	A. femoralis dextr. dist. des Lig. inguinale	●●	**					●	**	●	*			●	***	●			
	A. poplitea dextr.	●	*			●●	**	●	**		*			●	***	●			
	A. tibialis post. dextr.	●	**	●				●●	**						*	●●	*	●	
	A. tibialis ant. dextr.	●						●	**	●						●	*	●	
LUNGENSTROMBAHN	A. pulmonalis								**		*								
CORONARGEFÄSSE	Ram. descend. ant. 1–3cm			●		●●	**			●●					*			●●	
	Ram. descend. ant 4–6cm			●		●●	**			●					**			●●	
	Ram. circumfl. sin. 1–3cm			●		●●	**			●●				●	**			●●	
	A. coron. dextr. 1–3cm			●●		●●	**	●		●●	**		-**	●	**			●●	
	A. coron. dextr. 4–6cm			●●		●●	**	●		●●	*		-*		***			●●	
GEHIRN	A. basilaris			●				●	*	●				●	**			●	

Tab. 1 Multivariate Auswertung (Faktorenanalyse) der klinischen und morphologischen Befunde. Abgebildet sind drei Faktorenanalysen (Atherom-Ödem; Atherom-Fibrose; Atherom-Lamina elastica interna) mit jeweils drei Faktoren (I, II, III). Die Analysen wurden unter der Fragestellung erstellt, ob Ödem, Fibrose und Zerspleißung der Lamina elastica interna mit dem Befund des Atheromes korrelieren. Außerdem sollte die Frage beantwortet werden, welche Risikofaktoren das Ausbreitungs- und Proliferationsmuster der Arteriosklerose bestimmen. Zur besseren Übersicht ist jeder Faktor zweispaltig dargestellt, die Ladungen für das Atherom erscheinen mit grauem Untergrund, weiß die jeweils gegenübergestellte Variable (Ödem, Fibrose, Lamina elastica interna). Als Ergebnis darf festgehalten werden, daß die histologischen Charakteristika in Abhängigkeit von der jeweiligen Gefäßlokalisation und dem Gesamt„risiko" unterschiedliche Propagations- und Ausbreitungsmuster erkennen lassen.

3. auch hier gibt es Anteile des Risikos, denen kein morphologisches Äquivalent zugeordnet werden kann.

Analyse III: Atherom und Zerstörung der Lamina elastica interna

1. Die Zerstörung der Lamina elastica interna korreliert nur mit dem Alter und betrifft erstaunlicherweise alle Gefäßprovinzen gleichmäßig;
2. Alter und Rauchen gehen eng mit der Zerstörung der Lamina elastica interna zusammen. Hiervon ist jedoch das Coronargefäßsystem nicht betroffen.
3. Die Coronaratheromatose (sie geht mit der coronaren Herzkrankheit zusammen) hat keine Beziehung zur Zerstörung der Lamina elastica interna.

Ohne auf die Detaildiskussion dieser Ergebnisse einzugehen, wird festgehalten, daß

1. dem klinischen Risikospektrum ein differenzierter morphologischer Befund gegenübergestellt werden kann;
2. mit den bisher bekannten sog. Risikofaktoren (überwiegend klinische Krankheiten) nur ein Teil des arteriosklerotischen Gefäßprozesses beschrieben wird;
3. es Anteile des klinischen Risikos, aber auch des morphologischen Befundes gibt, die als unabhängig voneinander erachtet werden müssen;
4. erstaunlicherweise über den Angriffsort und den morphologischen Effekt sowie des zeitlichen Verhaltens noch weitgehend unbekannter Faktoren summarisch Aussagen gemacht werden können.

In der soeben besprochenen Analyse (Tab. 1) wurden die sog. klinischen Risikofaktoren dem quantitativ und qualitativ erhobenen Gefäßbefund verschiedener Lokalisationen gegenübergestellt. Der morphologische Befund der Arteriosklerose war hier Zielkrankheit. Die Arteriosklerose ist jedoch nur ein Faktor (wenn auch der bedeutendste und zudem eine nicht wegzudenkende Voraussetzung) für Folgekrankheiten wie arterielle Durchblutungsstörungen der Extremitäten, Hirninfarkt und Herzinfarkt (um nur die drei wichtigsten zu nennen). Zwischen Coronararteriensklerose, den klinischen Risikofaktoren und dem Herzinfarkt bestehen komplexe Beziehungen (Abb. 3). Eine Coronararteriensklerose starken Ausmaßes ist in der Regel (nicht aber unbedingt) Voraussetzung für das Angehen eines Herzinfarktes (hier nicht nach Größe unterschieden).

Die Ergebnisse dieser Studien legen zwar nahe, fortschreitende, stationäre und regressive Vorgänge der Arteriosklerose auch beim Menschen zu unterscheiden. Dies erscheint auch aus der Sicht weiterer

Folgekrankheiten (wie zum Beispiel des Herzinfarktes) gerechtfertigt. Grundsätzlich gelten folgende Einwände:

1. ein geweblich fortschreitender Prozeß kann eine echte Vermehrung von Zahl oder Volumen der Zellen bedeuten, es kann aber auch eine echte Verminderung der Zellzahl dahinter stehen wie es z.B. bei der sog. Ödemnekrose bei gleichzeitiger Volumenvermehrung der Fall ist;
2. ein anatomisch stationärer Zustand sagt grundsätzlich nichts aus über die funktionelle Wertigkeit und dessen Änderung nach der Zeit bezogen auf das befallene Gesamtorgan (in unserem Beispiel der Herzinfarkt oder die histologisch inaktive Leberzirrhose bei fortschreitender portaler Hypertension).

Grundsätzlich ist festzuhalten, daß Regressions- und Reperationsvorgänge der Arteriosklerose nicht ohne Änderungen des entsprechenden morphologischen Befundes vorgestellt werden können. Es scheint so zu sein, als ob verschiedene äußere Einflüsse und manifeste klinische Krankheiten unterschiedliche Teilvorgänge des arteriosklerotischen Gesamtprozesses steuern.

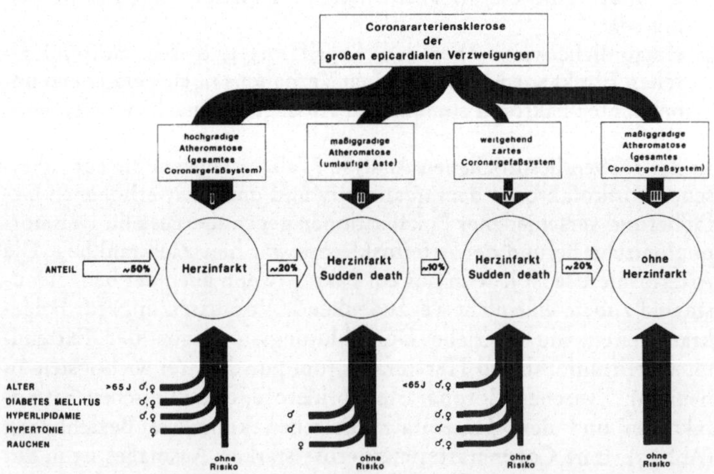

Abb. 3 Beziehungen zwischen Koronararteriensklerose und Herzinfarkt. Oben: unterschiedliche morphologische Schweregrade der Koronararteriensklerose („zartes" Koronargefäßsystem entspricht etwa der Altersnorm). Unten: Anteil des jeweiligen „Risikos". Mitte: Herzinfarkte mit jeweiligem morphologischem und klinischem Befund. – Es wird deutlich, daß klinisches Risiko, morphologischer Befund des Koronargefäßsystems und pathoanatomisch nachweisbarer Herzinfarkt nur teilweise zusammengehen.

Lokalisation	Vernetzung in FA	Möglichkeit zur Prävention
Aorta abdominalis	–	∅
Bulbus caroticus	–	
A. basilaris	*	
Trip. Halleri	*	*
A. mesent. sup.	* *	
R. descend. I	* *	* *
R. descend. II	*	
R. circumfl. sin.	* * *	
R. circumfl. dext. I	* * *	
R. circumfl. dext. II	* *	
Myocard (li), Index	* * *	* * *
Papillarmuskel, Index	*	
Myocard (re), Index	* * *	
A. iliaca com.	* * *	* * *
A. iliaca ext.	* * *	
A. femoralis	* * *	
A. poplitea	* *	

Abb. 4 Schema zur Verdeutlichung einer möglichen Prävention der Arteriosklerose. Klinische Risikofaktoren und morphologischer Befund korrelieren unterschiedlich (Vernetzung in der Faktorenanalyse). In den Gefäßprovinzen, in denen eine enge Vernetzung gefunden wird, kann aus morphologischer Sicht ein größerer Anteil der Arteriosklerose „erklärt" werden, hier sind die Möglichkeiten zur Prävention in besonderem Maße gegeben. Beachte, daß die Coronararterien nur eine „mittelgradige" Vernetzung mit dem bisher bekannten Risikospektrum zeigen.

Schluß

Ich darf mein zuvor präzisiertes Thema wie folgt zusammenfassen. Bei den meisten sog. klinischen Risikofaktoren zur Arteriosklerose bzw. zu deren Folgekrankheiten handelt es sich nach meiner Auffassung um echte Krankheiten im Sinne einer pathologischen Sollwertverstellung des Organismus. Exogene Faktoren wie z. B. das Rauchen oder eine berufliche Exposition können ein Risiko bezüglich der Entstehung einer bestimmten Krankheit darstellen. Sie sind aber nicht die Krankheit selbst. Die Frage nach dem Zeitpunkt und dem Umfang der therapeutischen Intervention ist eine andere und von dem oben abgegrenzten Begriff zu unterscheiden. Diese Frage hat sich an dem zu orientieren, was wir als Risiko (der Krankheit selbst, der Diagnosestellung und auch der Therapie) hinzunehmen bereit sind.

Die Beeinflussung des Risikos (Abb. 4) setzt die Kenntnis der Pathogenese der Arteriosklerose (unser Beispiel) und deren Morphogenese voraus. Auch morphologisch handelt es sich nicht um ein monolithisches Geschehen, vielmehr liegt ein in Phasen und Intervallen ablaufender Proliferations-, Speicherungs- und Nekrotisierungsprozeß vor, dessen Bedingungen und Wechselwirkungen großenteils als unbekannt angesehen werden müssen. Mir erscheint es prinzipiell möglich, durch Eliminierung wegbereitender Krankheiten und äußerer Risiken Einfluß auf den Fortgang des arteriosklerotischen Gefäßwandprozesses nehmen zu können.

Literatur

Gotto, A. M., Smith, L. C., Allen, B., Atherosclerosis V. Springer-Verlag, New York—Heidelberg—Berlin 1980

Gross, R., Medizinische Diagnostik. Grundlagen und Praxis. Heidelberger Taschenbücher, Band 48. Springer-Verlag, Berlin—Heidelberg—New York 1969

Gross, R., Zur Gewinnung von Erkenntnissen in der Medizin. Deutsches Ärzteblatt *40*: 2571 bis 2578 (1979)

Höpker, W.-W., Das Problem der Diagnose und ihre operationale Darstellung in der Medizin. Springer-Verlag, Berlin—Heidelberg—New York 1977

Höpker, W.-W., Nüssel, E., Prawitz, R., Propagations- und Progressionsfaktoren der Arteriosklerose. Ergebnisse einer interdisziplinären Verbundstudie. Virch. Arch. Path. Anat. and Histol. *374*, 317 bis 388 (1977)

Pflanz, M., Allgemeine Epidemiologie. Aufgaben, Technik, Methoden. Thieme Verlag, Stuttgart 1973

Schettler, G., Stange, E., Wissler, R. W., Atherosclerosis — is it reversible? Springer-Verlag, Berlin—Heidelberg—New York 1978.

Wissler, R. W., Risk factors and Regression. In: Atherosclerosis — is it reversible? Hrsg.: G. Schettler et al., Springer-Verlag, Berlin—Heidelberg—New York 1978. Seite 93 bis 101

Diskussion

Schmahl:
Wenn ich Sie richtig verstanden habe, legen Sie einen sehr allgemeinen Krankheitsbegriff zugrunde, in dem Sie Krankheit als Sollwertverstellung definieren. Habe ich das richtig verstanden?

Höpker:
Ja.

Schmahl:
Würden Sie wirklich alle Krankheiten aus dem außerordentlich weiten Spektrum möglicher menschlicher Erkrankungen einbeziehen, z.B. Hautekzem, Verlust eines Beines, endogene oder reaktive Depressionen, Schizophrenie, bösartige Tumoren, usw.? Glauben Sie, daß Sie das alles unter dem einen Begriff der Sollwertverstellung subsumieren können?

Höpker:
Ob ich das kann, weiß ich letztlich nicht. Nur, wenn ich es tue, kann ich relativ gut mit dem Begriff der Krankheit, mit dem Begriff der Gesundheit und mit dem Begriff des Risikos arbeiten.
Wenn für mich Krankheit eine Sollwertverstellung bei möglicherweise zerstörter oder erhaltener Integrität des Organismus ist, dann ist für mich Gesundheit genau das Gegenteil, nämlich erhaltene Integrität des Organismus bei einem im Normbereich (was Norm auch immer sein mag) pendelnden Regelsystem. Risiko ist eine Eigenschaft der Krankheit, und das Risiko ist eine, ich möchte sagen, eine Fortschreibung in die Zukunft, einfach deshalb, weil ich nicht weiß, was aus diesem Prozeß wird. Risiko ist der Erwartungswert einer Risikofunktion, und ich kann eigentlich ganz gut damit arbeiten. Dann ist für mich auch die Cholesteatose der Gallenblase eine Krankheit. Ob das eine therapiebedürftige Krankheit ist, ist eine ganz andere Frage. Aber eine Krankheit wäre dann auch eine chronische Gastritis. Eine Krankheit wäre jede Form der Hypertonie, und eine Krankheit wäre auch der noch latente klinische Diabetes.

Schmahl:
Entsprechend Ihrer verallgemeinernden Definition von Krankheit wäre z.B. die Schwangerschaft eine „Krankheit“, denn diese ist ja ohne Zweifel mit erheblichen Sollwertverstellungen verbunden.

Höpker:
Die Schwangerschaft wäre eine „physiologische Krankheit“.

Schmahl:
Ich glaube, daß es zu Widersprüchen führt, wenn man versucht, die ganze Vielfalt menschlicher Erkrankungen unter der einfachen Definition „Soll-

wertverstellung" zusammenzufassen. Bei den sehr schwierigen Abgrenzungen, ob ein Mensch „gesund" oder „krank" ist, sind meiner Auffassung nach auch andere Aspekte wichtig, wie z. B. die von Herrn Anlauf heute bereits erwähnte Hilfsbedürftigkeit von kranken Menschen.

Anlauf:
Uns fallen in der Klinik immer wieder Patienten mit schwerster Arteriosklerose im Bereich der Extremitätengefäße auf, obgleich nur geringe, wenn nicht sogar überhaupt keine Veränderungen im Risikofaktorenprofil vorliegen.

Höpker:
Eben dies ist das wichtigste Ergebnis unserer Studie, daß es einerseits morphologische Veränderungen gibt, die mit einer solchen Methode relativ gut mit Hilfe des erfaßten Risikospektrums erklärt werden können. Auf der anderen Seite kommen Anteile des klinischen Risikos vor, die nicht mit einem entsprechenden morphologischen Befund einhergehen. Drittens werden morphologische Veränderungen beschrieben, die regelmäßig nicht mit dem bisher bekannten klinischen Risikospektrum korrelieren.

Schwartz:
Ich finde die Vorgehensweise dieser Studie zur Ermittlung arteriosklerotischer Risiken im Vorfeld des Koronartodes sehr attraktiv. Ich denke aber nicht, daß man auf Grund dessen auch generelle Aussagen machen kann über die Risikoverteilung und Möglichkeiten zur Prävention arteriosklerotischer Veränderungen an der Aorta, der Aorta abdominalis, am Bulbus-Caroticus und anderen wichtigen Prädilektionsstellen. Sie haben ja ganz bewußt eine spezifische Fälleauswahl getroffen, nämlich, wenn ich Sie recht verstanden habe, Koronartote, das heißt, Sie haben auch in Ihrer Kontrollgruppe andere arteriosklerotisch bedingte Todesfälle ausgeklammert. Deshalb sind Aussagen zur Verteilung dieser Risiken nur sehr begrenzt möglich.

Höpker:
Genau dies wollte ich andeuten. Es lassen sich unserer Ansicht nach Gefäßbereiche herausarbeiten, in denen das bisher gekannte klinische Risikospektrum sehr eng mit dem morphologischen Befund vernetzt ist. Andererseits ergeben sich Gefäßprovinzen, in denen man dies nicht beobachten kann.

Epstein:
Zuerst, wenn ich das sagen darf, finde ich es ungeheuer eindrucksvoll, was man mit neueren Methoden auf der Ebene der Pathologie machen kann. Die andere Bemerkung bezieht sich auf die Bemerkung von Herrn Anlauf: „Keine Risikofaktoren". Erstens hängt das davon ab, wie man Risikofaktor definiert. Zweitens, glaube ich, darf man nicht vergessen, wie ich zu zeigen versuchte, daß es eine Anzahl von Risikofaktoren gibt, die wir noch nicht kennen. Wenn man z. B. Faktoren messen könnte, die mit Endothelschäden oder einer Tendenz zur Thrombose in Beziehung stehen, dann könnte man sicher eine bessere Treffsicherheit erzielen. Mit großem Endothelschaden können schon niedrige Lipide viel Schaden anrichten.

Anlauf:
Inwieweit haben Sie, Herr Höpker, berücksichtigt, ob Verstorbene nur eine schwere Arteriosklerose in der Peripherie hatten oder ob gleichzeitig eine schwere Arteriosklerose der Hirn- und Herzkranzgefäße vorlag, die möglicherweise sogar als Todesursache zu betrachten ist?

Höpker:
Zunächst zur Frage der Definition der Risikofaktoren. Wir haben uns (in Zusammenarbeit mit Herrn Nüssel) an das Schema der WHO gehalten. Die zweite Frage betrifft unbekannte Einflußfaktoren. Natürlich sind unbekannte Faktoren in dem somatischen Risiko „Alter" enthalten. In diesem Zusammenhang ist das Alter nur ein Zeitfaktor, und man kann sagen, daß unbekannte Faktoren nur innerhalb dieses Zeitfaktors ablaufen können. Was im einzelnen geschieht, wissen wir nicht. Es kann jede banale Infektion sein. Denken wir an die Grippeinfektion, die im Zusammenhang mit den Thesen von BENDIT vielleicht eine gewisse Rolle spielt. Zur Frage der Kontrollfälle: Es liegen unseren Untersuchungen 417 Fälle zugrunde. Davon sind 204 Fälle Kontrollfälle. Bei den übrigen handelt es sich um Fälle, die an einem Herzinfarkt verstorben sind. Die Kontrollfälle sind streng gewichtet, gewonnen aus Unfällen, aus Fällen mit einer Leberzirrhose, aus Fällen mit einem bösartigen Tumor usw. Es ist also genau geschichtet. Hier spielen demnach Auslesefaktoren, die Sie genannt haben, keine Rolle. Sensitivitätsschätzungen haben wir bei diesen Untersuchungen noch nicht gemacht. Wir verfügen aber noch über das gesamte Material und werden es wahrscheinlich nachholen.

Identifizierung von Risikofaktoren: Epidemiologische Befunde

von F. W. Schmahl

Eine kurze und pragmatische Definition der Epidemiologie wird von MacMahon und Pugh in ihrem bekannten Lehrbuch „Epidemiology, Principles and Methods" (1) gegeben: „Epidemiology is a study of the distribution and determinants of disease frequency in man."
Die Epidemiologie nicht-infektiöser Erkrankungen ist ein noch verhältnismäßig junger Sproß an dem weitverzweigten Baum der medizinischen Wissenschaften.
Im folgenden soll am Beispiel von Störungen des Fettstoffwechsels und arteriosklerosebedingten cardiovasculären Erkrankungen aufgezeigt werden, daß bei der Erforschung der Risikofaktoren von chronisch-degenerativen Krankheiten epidemiologische Studien neben klinischen, pathophysiologischen, pathologisch-anatomischen und genetischen Untersuchungen ein unentbehrlicher Bestandteil im methodischen Spektrum der modernen Medizin sind.
Zunächst sei eine klinische Beobachtung erwähnt: Wir untersuchten in Zusammenarbeit mit Huth und Stöhr die Serumlipide bei 181 Patienten der Medizinischen Universitätsklinik Gießen, die aufeinanderfolgend wegen eines frischen Herzinfarktes zur stationären Aufnahme kamen. Bei 80% dieser Patienten fand sich eine als pathologisch zu bezeichnende Konstellation in der Lipoproteinelektrophorese. Bei 53% lag das Gesamtcholesterin im Serum oberhalb des auch heute noch in vielen Lehrbüchern und Publikationen als „obere Grenze der Norm" bezeichneten Wertes von 250 mg/100 ml (Tab. 1). Solche klinischen Beobachtungen können nur Hinweise auf Zusam-

Patholog. Lipoproteinelektrophorese	80 Prozent
Serum-Gesamtcholesterin 250 mg/100 ml	53 Prozent

Tab. 1 Häufigkeit von pathologischen Lipoproteinelektrophoresen sowie von Werten des Serum-Cholesterins über 250 mg/100 ml bei 181 Patienten mit frischem Herzinfarkt der Medizinischen Universitätsklinik Gießen.

menhänge von Störungen des Fettstoffwechsels und koronarer Herzkrankheit (KHK) geben. Für die Abklärung der *Ursachen* von Krankheiten des Menschen, die sich wie die KHK im Verlaufe von Jahren und Jahrzehnten zunächst häufig unbemerkt entwickeln, sind prospektive epidemiologische Studien erforderlich. 1950 wurde in Framingham, einem kleinen Ort des Staates Massachusetts, USA, die erste umfassend geplante prospektive epidemiologische Untersuchung begonnen, in die 5127 in Framingham ansässige Männer und Frauen einbezogen wurden. Diese werden in regelmäßigen zweijährigen Abständen auf ihren Gesundheitszustand mit zusätzlicher Analyse verschiedener klinisch-chemischer Parameter untersucht. Es sei erwähnt, daß der Begriff „Risikofaktor“ („risk factor“), der in der heutigen medizinischen Wissenschaft eine so wichtige Rolle spielt und auch das „Leitmotiv“ unserer Tagung ist, in den ersten Berichten über die Framingham-Studie geprägt und definiert wurde.
Bei der Framingham-Untersuchung und anderen großen epidemiologischen Studien, wie z. B. dem Tecumseh-Projekt, ergaben sich Erhöhungen des Serumcholesterins ebenso wie die arterielle Hypertonie und das Zigarettenrauchen als erstrangige Risikofaktoren für die Entwicklung einer KHK, vor allem das Auftreten eines Herzinfarktes.
Abb. 1 zeigt die Inzidenz der klinisch manifesten KHK in 22 Jahren in Beziehung zum Spiegel des Gesamtcholesterins im Serum anhand von Daten der Framingham-Studie bei Männern, die bei Beginn der Untersuchung ein Lebensalter von 30 bis 39 Jahren hatten. Man erkennt in der graphischen Darstellung, daß die Inzidenz der KHK bereits im Bereich solcher Cholesterinspiegel eine deutlich ansteigende Tendenz hat, die wesentlich unter dem Wert von 250 mg/100 ml liegen, der auch heute noch häufig in medizinischen Lehrbüchern und Publikationen als „obere Normgrenze“ für das Serumcholesterin angegeben wird.
Es ist zu betonen, daß zur Beantwortung der sich hier stellenden Frage: „Oberhalb welcher Werte stellen Erhöhungen des Gesamtcholesterins im Serum ein Risiko für die Entwicklung einer KHK dar?“, epidemiologische Untersuchungen unbedingt erforderlich sind. Dasselbe gilt ebenso für die Beurteilung anderer Parameter, wie z. B. Blutdruckerhöhungen und Zigarettenrauchen im Zusammenhang mit der Entstehung cardiovasculärer Erkrankungen (Abb. 2). Weder klinische Beobachtungen allein, noch pathophysiologische und pathologisch-anatomische Studien würden eine Lösung dieser Problematik ermöglichen. Insbesondere ist zu beachten, daß die Ergebnisse tierexperimenteller Untersuchungen zu diesen und ähnlichen Frage-

stellungen nicht ohne weiteres auf den Menschen übertragen werden können.
Neue Untersuchungen haben in den letzten Jahren unsere Kenntnisse über den Risikofaktorencharakter des Gesamtcholesterins im Serum durch die Entdeckung der unterschiedlichen Wertigkeit des Cholesterinanteils in den einzelnen Fraktionen der Gesamtlipoproteine erweitert und modifiziert. Alle Lipoproteine des Serums enthalten Cholesterin — allerdings in sehr unterschiedlichen prozentualen Anteilen. Im Kontext unserer Erörterung sind die in den Lipoproteinen niedriger Dichte (low density lipoproteins, LDL) und hoher Dichte (high density lipoproteins, HDL) transportierten Cholesterinanteile besonders wichtig: „LDL-Cholesterin bzw. HDL-Cholesterin".
Prospektive epidemiologische Studien haben ergeben, daß — bei multivariater Analyse nach dem von TRUETT et al. angegebenen Verfahren (2) — der LDL-Cholesterinspiegel im Serum mit der Inzidenz der klinisch manifesten KHK signifikant positiv, der HDL-Chole-

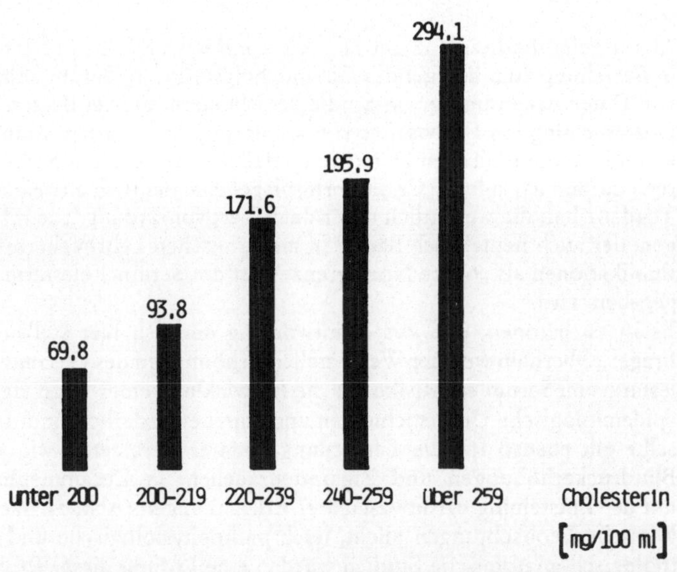

Abb. 1 Inzidenz/1000 von klinisch manifester KHK in 22 Jahren in Beziehung zum Spiegel des Gesamtcholesterins nach Daten der Framingham-Studie (Männer, 30–39 Jahre bei Beginn der Studie)

sterinspiegel dagegen negativ korreliert ist. Das HDL-Cholesterin wird deshalb in der neueren Literatur häufig auch als ein „negativer Risikofaktor“ bzw. „Schutzfaktor“ bezeichnet.

Besonders aufschlußreich ist es, die Werte des HDL-Cholesterins zu denen des Gesamtcholesterins oder LDL-Cholesterins in Beziehung zu setzen: Bestimmung der Quotienten Gesamtcholesterin/HDL-Cholesterin oder LDL-/HDL-Cholesterin (sog. „atherogener Index“) (3, 4, 5, 6).

Die besondere Bedeutung des Quotienten LDL-/HDL-Cholesterin spiegelte sich auch bei einer von uns durchgeführten Studie über die Häufigkeit von „Risikofaktoren“ bei sehr alten Menschen wider. Unter Umkehrung der üblichen Fragestellung nach vorzeitiger Erkrankung oder Tod bei Vorliegen von Risikofaktoren arteriosklerosebedingter cardiovasculärer Erkrankungen haben wir die Einwohner der Stadt Gießen untersucht, die ein Lebensalter von 90 und mehr Jahren

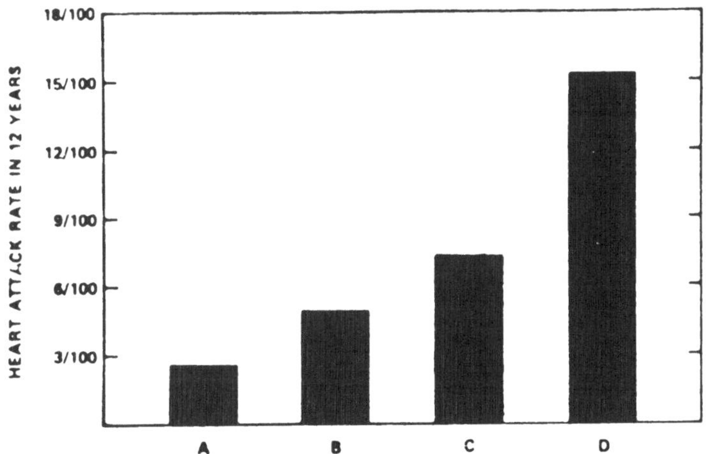

Abb. 2 Darstellung des Risikos eines 46jährigen Mannes, unter verschiedenen Bedingungen in einem Zeitraum von 12 Jahren eine „heart attack“ (Herzinfarkt bzw. Angina-pectoris-Anfall) zu erleiden.
A: Nichtraucher, RR 120/70 mm Hg, Gesamtcholesterin 170 mg/100 ml
B: Raucher (20 Zigaretten/Tag), RR und Gesamtcholesterin wie A
C: Raucher (20 Zigaretten/Tag), RR im „oberen Normbereich“ (140/88 mm Hg), Gesamtcholesterin wie A
D: Raucher (20 Zigaretten/Tag) RR 140/88 mm Hg, Gesamtcholesterin 250 mg/100 ml
(Persönliche Mitteilung von W. P. Castelli, Framingham; Daten aus der Framingham-Studie)

erreicht haben, und mit einer nach dem Zufallsprinzip erhobenen Stichprobe der Gießener 70jährigen verglichen (Tab. 2). Eine ausführliche Darstellung der Untersuchungsergebnisse und ihrer Problematik wird an anderer Stelle gegeben (7, 8).

		70 Jahre (n_M = 48; n_F = 61)	>90 Jahre (n_M = 33; n_F = 70)	P
Gesamtcholesterin [mg / 100 ml]	M	235,6 ± 62,8	203,5 ± 42,1	<0,02
	F	268,4 ± 48,6	219,0 ± 46,4	<0,001
LDL-Cholesterin [mg / 100 ml]	M	152,6 ± 56,5	133,8 ± 38,5	n.s.
	F	175,7 ± 48,0	137,8 ± 37,5	<0,001
HDL-Cholesterin [mg / 100 ml]	M	47,3 ± 15,5	51,8 ± 14,3	n.s.
	F	59,8 ± 17,6	54,4 ± 15,5	n.s.
LDL-Chol. / HDL-Chol.	M	3,66 ± 1,97	2,76 ± 1,15	<0,025
	F	3,29 ± 1,60	2,76 ± 1,14	<0,05

(Mittelwerte $\bar{x}$ und Standardabweichung s ; M = Männer, F = Frauen)

Tab. 2 Vergleich der bei Gießener Personen im Alter von 90 Jahren und darüber ermittelten Werte von Gesamtcholesterin, LDL- und HDL-Cholesterin und des Quotienten LDL-/HDL-Cholesterin mit den entsprechenden Werten bei einer Stichprobe von Gießener 70jährigen.
Signifikanzprüfung nach dem t-Test. Es wurde eine Signifikanzschranke von P = 0,05 gewählt.
(Nach Daten aus [7])

Bei der Gewinnung der neuen Erkenntnisse über die unterschiedliche Bedeutung der Teilfraktionen LDL- und HDL-Cholesterin haben epidemiologische Untersuchungen eine Schlüsselrolle gespielt. Als Beispiel sind in Abb. 3 zur Illustration des „Schutzfaktorencharakters" des HDL-Cholesterins Daten der Framingham-Studie graphisch dargestellt. In dieser Abbildung kommt die negative Korrelation von HDL-Cholesterinspiegel und Inzidenz der KHK zum Ausdruck, die sich — wie oben erwähnt — auch bei Anwendung multivariater Analyseverfahren bestätigte.
Die Ergebnisse epidemiologischer Studien auf diesem Sektor haben in den letzten Jahren eine Vielzahl von fruchtbaren pathophysiologischen und tierexperimentellen Untersuchungen über die Pathophysiologie des HDL-Cholesterinstoffwechsels und seiner funktionellen

Beziehungen zur Gefäßwand ausgelöst. Nach dem jetzigen Erkenntnisstand nimmt man an, daß die HDL den Eintritt der LDL in verschiedene Gewebe, vor allem in die Wand der Blutgefäße, hemmen. Außerdem sprechen neue pathobiochemische Befunde dafür, daß die HDL eine wesentliche Bedeutung für den Abtransport von Cholesterin aus den verschiedenen Organen und Geweben zur Leber als dem Organ haben, das den Abbauort des Cholesterins darstellt (4, 9).
Um einem zur Zeit weitverbreiteten Mißverständnis vorzubeugen, sei an dieser Stelle betont, daß es — ungeachtet unserer heute differenzierteren Kenntnisse über das HDL- und LDL-Cholesterin — sinnvoll ist, in der ärztlichen Praxis und bei epidemiologischen Studien auch weiterhin das Gesamtcholesterin zu bestimmen. Vom Gesamtcholesterin entfallen allein ca. ⅔ bis ¾ auf das LDL-Cholesterin, nur ca. ⅕ auf das HDL-Cholesterin sowie geringe prozentuale Anteile

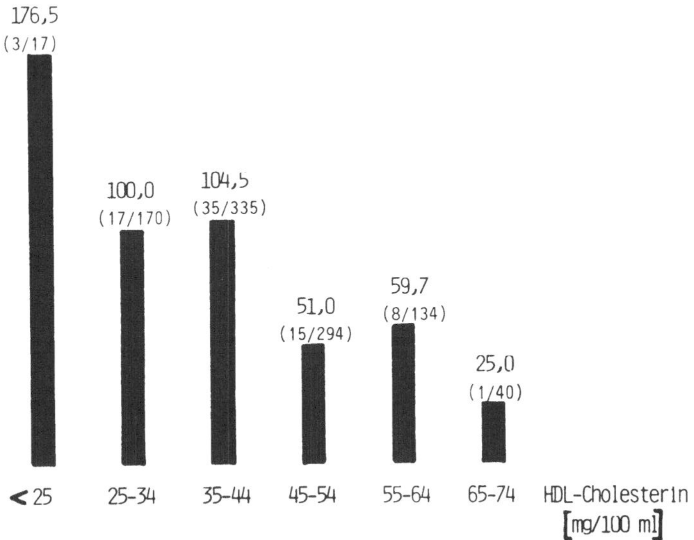

Abb. 3 Inzidenz von klinisch manifester KHK bei Männern in 4 Jahren in Beziehung zum HDL-Cholesterinspiegel im Serum, gezeichnet nach Daten der Framingham-Studie, „Examination 11" (vgl. [3])
Über den Säulen sind angegeben: Inzidenz/1000 sowie in Klammern die Fallzahlen/„population at risk" (Zahl der Personen im entsprechenden Bereich des HDL-Cholesterins)

auf das Cholesterin in den Lipoproteinen sehr niedriger Dichte (VLDL) und in eventuell vorhandenen Chylomikronen. Starke Erhöhungen des Gesamtcholesterins spiegeln daher in der Regel ein deutlich vermehrtes LDL-Cholesterin wider. Man sollte auch in Zukunft Analysen des Gesamtcholesterins durchführen und diese je nach den Erfordernissen und Möglichkeiten durch die Bestimmung des Cholesterins in den Teilfraktionen der Serum-Lipoproteine ergänzen.

In den bisherigen Darstellungen wurde der besondere Stellenwert von epidemiologischen Studien im Rahmen der Erforschung von Risikofaktoren von arteriosklerosebedingten cardiovasculären Erkrankungen, insbesondere der KHK, dargestellt. Bekanntlich hat es in den letzten Jahren häufig Auseinandersetzungen im Zusammenhang mit Fehlinterpretationen von epidemiologischen Untersuchungsergebnissen gegeben. Es muß betont werden, daß auch mit großem Aufwand durchgeführte epidemiologische Untersuchungen nur dann Aussagekraft haben, wenn sie sinnvoll in ein Bezugssystem mit klinischen, pathologisch-anatomischen und pathophysiologischen Befunden integriert werden.

Heftige Kontroversen gab es in den letzten Jahren in der medizinischen Fachliteratur, aber auch in der allgemeinen Presse, Rundfunk und Fernsehen, zwischen „Anhängern" eines sehr starken bzw. ausschließlichen Einflusses von somatischen Risikofaktoren der KHK und „Verfechtern" einer überwiegenden Bedeutung von psycho-sozialem Streß (vgl. 10, 11, 12). Im Eifer dieser Gefechte hat es viele Fehlinterpretationen von Untersuchungen auf dem Gebiet der Risikofaktorenforschung gegeben, wie beispielhaft anhand von Abb. 4 gezeigt werden soll.

In den letzten Jahren hat sich in den USA das Profil der somatischen Risikofaktoren besonders durch eine Abnahme des Zigarettenrauchens in den stark gefährdeten Altersgruppen der Männer „verbessert"; ebenso ist die Herzinfarkt-Mortalität in den USA zurückgegangen (13, 14). Dagegen besteht Einigkeit darüber, daß in den USA ebenso wie in den anderen hochindustrialisierten Ländern die Gesamtbelastungen durch psycho-sozialen Streß nicht abgenommen haben. Wenn daraufhin dem psycho-sozialen Streß eine wesentliche Bedeutung für die KHK abgesprochen wird, liegt hier keine logische Schlußfolgerung zugrunde (s. Abb. 4). Aus den Aussagen 1—3 in Abb. 4 kann vielmehr zur Frage der Abhängigkeit der Herzinfarkt-Mortalität von psycho-sozialem Streß gar keine Schlußfolgerung abgeleitet werden.

Auch an dem folgenden Beispiel wird die Notwendigkeit einer Integration von Befunden epidemiologischer Studien in ein Bezugssystem mit klinischen Erfahrungen und pathophysiologischen Untersuchungsergebnissen deutlich. Analog zu der in Abb. 2 gegebenen graphischen Darstellung wurden aus den epidemiologischen Daten der Framingham-Studie auch für Personen im höheren Lebensalter Darstellungen von Risikoprofilen erarbeitet. Derartige Tabellen sind z. B. in einer Broschüre zusammengefaßt, die aufgrund der Framingham-Daten von der American Heart Association herausgegeben und verteilt wird: „Coronary Risk Handbook — Estimating Risk of Coronary Heart Disease in Daily Practice" (15). Bei der Benutzung dieser Tabellen für ältere Personen muß berücksichtigt werden, daß im höheren Lebensalter mäßiggradige Erhöhungen des systolischen

Herzinfarkt-Mortalität in den USA

Aussagen:

1. Herzinfarkt-Mortalität (X) im letzten Jahrzehnt rückläufig
2. „Somatische Risikofaktoren" (Y), z. B. Zigarettenrauchen, im gleichen Zeitraum rückläufig
3. „Psychosozialer Streß" (Z) im gleichen Zeitraum nicht wesentlich verändert

Schlußfolgerung:

Verneinung einer Abhängigkeit der Herzinfarkt-Mortalität (X) von psychosozialem Streß

Abb. 4 Hier wird an einem Beispiel eine logisch unzulässige Schlußfolgerung gezeigt: Wenn eine Größe X von 2 Variablen Y und Z abhängig ist, kann sie sich in einem bestimmten Zeitraum auch dann verändern, wenn sich in diesem Zeitraum nur *eine* der beiden Variablen verändert. Wenn sich also X und Y in diesem Zeitraum verändern, Z aber gleich bleibt, kann daraus nicht geschlossen werden, daß X von Z unabhängig sein muß.

Blutdrucks bei gleichbleibendem oder sogar leicht vermindertem diastolischem Druck Anzeichen der nachlassenden „Windkesselfunktion" der Aorta sein können. Die Windkesselfunktion wird mit zunehmendem Alter bereits infolge der physiologischerweise abnehmenden Elastizität der Blutgefäße abgeschwächt; dieser Prozeß kann durch schon eingetretene zusätzliche arteriosklerotische Wandveränderungen verstärkt werden. Diese pathophysiologischen Erkenntnisse sind bei der Beratung und Therapie von älteren Patienten mit mäßiggradigen Blutdruckerhöhungen in die ärztlichen Überlegungen einzubeziehen. Im Rahmen dieser kurzen Einführung zum Thema der Bedeutung von epidemiologischen Untersuchungen für die Identifizierung von Risikofaktoren konnten nur wenige Probleme — beispielhaft — als Basis für die folgende Diskussion in knapper und notwendigerweise unvollständiger Form skizziert werden. Zusammenfassend ist festzustellen, daß epidemiologische Studien ein unverzichtbarer Bestandteil des methodischen Spektrums der modernen Medizin für die Aufdeckung von Risikofaktoren sind.

Literatur

1. MacMahon, B. u. T. Pugh: Epidemiology, principles and methods, Little, Brown and Company: Boston 1970
2. Truett, J., J. Cornfield, W. B. Kannel: A multivariate analysis of the risk of coronary heart disease in Framingham. J. Chron. Dis. 20 (1967) 511—524
3. Gordon, T., W. P. Castelli, M. C. Hjortland, W. B. Kannel, T. R. Dawber: High density lipoprotein as a protective factor against coronary heart disease. Am. J. Med. 62 (1977) 707—714
4. Castelli, W. P., J. T. Doyle, T. Gordon, C. G. Hames, M. C. Hjortland, S. B. Hulley, A. Kagan, W. J. Zukel: HDL cholesterol and other lipids in coronary heart disease. The cooperative lipoprotein phenotyping study. Circulation 55 (1977) 767—772
5. Castelli, W. P., G. R. Cooper, J. T. Doyle, M. Garcia-Palmieri, T. Gordon, C. Hames, S. B. Hulley, A. Kagan, M. Kuchmak, D. McGee, W. J. Vicic: Distribution of triglyceride and total LDL and HDL cholesterol in several populations: a cooperative lipoprotein phenotyping study. J. Chron. Dis. 30 (1977) 147—169
6. Heckers, H., W. Burkard, H. Farohs, F. W. Schmahl, D. Platt: „Risikofaktoren" bei Neunzigjährigen. Verh. Dtsch. Ges. Inn. Med. 85 (1979) 622—629
7. Schmahl, F. W., H. Heckers, W. Burkard, P. Prickler: „Risikofaktoren" atherosklerosebedingter cardiovasculärer Erkrankungen bei Personen, die sehr alt werden (Neunzigjährigen). Verhandlungen Jahrestagung Dtsch. Ges. f. Angiologie, 1980, im Druck
8. Heckers, H., W. Burkard, F. W. Schmahl, W. Fuhrmann, D. Platt: Hyper-alpha-lipoproteinemia and hypo-beta-lipoproteinemia are no markers for a high life expectancy. In Vorbereitung
9. Assmann, G., H. Schriewer: Role of low-density and high-density lipoproteins in atherogenesis. Nutr. Metab. 24 (1980) 19—25

10. HEYDEN, S.: Streß im Arteriosklerosegeschehen. Internist 19 (1978) 642—648
11. SCHAEFER, H., M. BLOHMKE: Herzkrank durch psychosozialen Streß. Dr. Alfred Hüthig Verlag, Heidelberg 1977
12. HALHUBER, M. J. (Hrsg.): Psychosozialer „Streß" und koronare Herzkrankheit 2. Therapie und Prävention. Verhandlungsbericht vom 2. Werkstattgespräch am 7. und 8. Juli 1977 in Höhenried. Springer-Verlag, Berlin—Heidelberg—New York 1978
13. Editorial: Changing United States life-style and declining vascular mortality: cause or coincidence? N. Engl. J. Med. 297 (1977) 163—165
14. SCHETTLER, G., H. GRETEN: Koronare Herzkrankheiten: Entwicklung in der Bundesrepublik Deutschland und in den USA. Deutsches Ärzteblatt 75 (1978) 2263—2266
15. Coronary risk handbook. Estimating risk of coronary heart disease in daily practice. American Heart Association, Inc. 1973

Diskussion

Epstein:
Herr Schmahl, Sie wollten provozieren, aber ich habe ein schlechtes Gewissen, daß ich mich nicht provoziert fühle, obwohl ich es offenbar sollte. Darf ich Sie fragen: worauf bezieht sich dieser enorme epidemiologische Aufwand, von dem Sie sprachen, der zu falschen Schlußfolgerungen führt? Das ist mir nicht klar.

Schmahl:
Ich wollte mit meinen Bemerkungen auf die Gefahr hinweisen, daß bei Berichten über die Ergebnisse von großen biostatistischen Erhebungen und epidemiologischen Studien sich oft Fehlinterpretationen einschleichen. Solche Fehlinterpretationen sind z. B. bei dem von mir in meinem Referat erwähnten Beispiel aufgetreten, wenn in bezug auf den Rückgang der Mortalität an koronarer Herzkrankheit in den USA ohne ausreichende „Beweisführungen" die Behauptung aufgestellt worden ist, psychosozialer Streß könne nicht in ursächlicher Beziehung zur koronaren Herzkrankheit stehen.

Epstein:
Also, um das klarzustellen, da haben Sie natürlich vollkommen recht. Ich glaube, die 25%ige Reduktion der Mortalität an Koronarkrankheiten in den Vereinigten Staaten ist nicht auf psycho-soziale Faktoren zurückzuführen. Das heißt aber absolut nicht, daß psycho-soziale Faktoren keinen Einfluß auf die Koronarkrankheit haben. Das wollten Sie sagen?

Schmahl:
Ja.

Epstein:
Ich wollte nur sicher sein, daß nicht der falsche Eindruck erweckt wird, daß diese enormen Anstrengungen in bezug auf epidemiologische Studien nicht zu sehr, sehr wichtigen Resultaten geführt haben. Wenn Leute verkehrte Schlußfolgerungen ziehen, ist das ihre Sache.

Robra:
Ich wollte auf die Bemerkung eingehen, daß es fraglich ist, was eine Risikofaktorreduktion im hohen Alter noch bewirken kann. Man weiß aus primärpräventiven Studien darüber relativ wenig, aus sekundär-präventiven Studien vielleicht etwas mehr. Rein rechnerisch ist es durchaus möglich, daß man Gewinne erzielt, indem man auch alten Leuten noch rät, z. B. das Rauchen aufzugeben, wie ABRAMSON gezeigt hat.*

Fülgraff:
Herr Schmahl, man kann Ihnen nur zustimmen, wenn Sie sagen, daß man mit epidemiologischen Untersuchungen Ergebnisse erhalten kann, die man mit keiner anderen Methode auch nur annähernd gewinnen kann. Das Problem ist dann nur, so sehe ich es, wie kann man die Epidemiologen davon zurückhalten, aus ihren Ergebnissen, die bestenfalls zeitliche Zusammenhänge aufgrund von statistischen Korrelationen bedeuten, jeweils auf Kausalität zu schließen? Daß also aus der Anwesenheit eines Kaninchens auf die Existenz eines Hutes geschlossen wird. Und zu meinem Vorredner nur noch ein kurzes Wort, weil das, glaube ich, auch in ein Kernproblem der Intervention — über die wir morgen diskutieren müssen — hineinreicht. Man muß natürlich aufpassen als Epidemiologe, daß man nicht aufgrund von Rechenmodellen in die Lebensumstände von Menschen eingreift, möglicherweise sehr tief eingreift, und im übrigen keine weiteren Anhaltspunkte dafür hat, daß es wirklich gut für sie ist — außer seinem Rechenmodell.

Schmahl:
Herr Robra: Ich habe meine Bemerkungen nicht auf das Einstellen des Zigarettenrauchens im höheren Lebensalter bezogen. Meine Ausführungen nahmen Stellung zu dem von der American Heart Association herausgegebenen Tabellenwerk: „Coronary Risk Handbook".** In dieser Broschüre sind für 65jährige Männer und Frauen ebenso wie z. B. für 45jährige Männer und Frauen „Risikofaktoren-Profile" dargestellt. Diese Tabellen sind für die 65jährigen ebenso wie für die 45jährigen für das Serumcholesterin stufenweise für Werte von 185 bis 335 mg/100 ml und für den systolischen Blutdruck stufenweise in Bereiche von 105 bis 195 mm Hg gegliedert. Für beide Lebensalter — ebenso wie für dazwischenliegende Altersstufen — wird mit steigenden Werten des Cholesterins und des systolischen Blutdrucks ein steigendes Risiko der koronaren Herzkrankheit mit Zahlenwerten angegeben, ohne einen Hinweis darauf, daß mäßiggradige Erhöhungen des Cholesterins bzw. des systolischen Blutdrucks in höherem Lebensalter nicht mehr denselben Stellenwert haben wie in jüngeren Jahren.
Zu der veränderten Wertigkeit der Hypercholesterinämie im Alter über 50—55 Jahre liegen vielfache Untersuchungen aus den letzten Jahren vor, z. B. aus den Arbeitskreisen von FREDERICKSON und LEVY sowie CASTELLI.
Die Bedeutung von mäßiggradigen Erhöhungen des systolischen Blutdrucks

* ABRAMSON, J. H.: Am J Med Sci 274: 35, 1977
** S. Nr. 15 im Lit.-Verzeichnis des Referats von Schmahl

im höheren Lebensalter wird durch die in meinem Referat erwähnte Abnahme der Elastizität der großen Arterien, insbesondere der Aorta, und der Abnahme ihrer Windkesselfunktion modifiziert. Ich möchte darauf besonders hinweisen, da ich einen Teil meiner physiologischen Ausbildung dem Erlanger Physiologen RANKE und damit der Physiologenschule OTTO FRANK, BRÖMSER, RANKE verdanke, in der wesentliche Befunde über die Beziehungen von Veränderungen der Gefäßelastizität zur Blutdruckregulierung erarbeitet worden sind.
Im fortgeschrittenen Lebensalter kann eine mäßiggradige Erhöhung des systolischen Blutdrucks bei unverändertem — oder sogar leicht reduziertem — diastolischen Druck unter Umständen auch ein Indikator für eine bereits stärker fortgeschrittene Arteriosklerose und damit für einen über das altersbedingte Maß hinausgehenden Elastizitätsverlust der großen Arterien sein.
Die erwähnten klinischen und pathophysiologischen Befunde müssen insbesondere berücksichtigt werden, wenn von Ärzteverbänden oder medizinischen Institutionen Informationen und Verhaltensmaßregeln für ganze Bevölkerungsgruppen erarbeitet werden.

Laaser:
Herr Fülgraff, ich weiß nicht, welche offenen Türen Sie einrennen, wenn Sie fragen, wie man die Epidemiologen davon zurückhalten könne, falsche Kausalitätsschlüsse zu ziehen aus den neuesten Assoziationen. Ich habe das bisher immer so erlebt, daß gerade die Epidemiologen darauf hinweisen — wie wir das heute früh gesehen haben —, daß eine epidemiologisch anhand vieler Kriterien halbwegs belegte Korrelation noch nicht unbedingt Kausalität bedeutet; schon gar nicht in dem Sinne, daß dieser Zusammenhang notwendigerweise durch präventiv-interventive Maßnahmen umkehrbar sei. Gerade deswegen brauchen wir Untersuchungen, die die Umkehrbarkeit durch Intervention zeigen. Ich glaube, wenn man falsche Konsequenzen, wie sie Herr Schmahl geschildert hat, aus „Rechenmodellen" zieht, dann belegt das doch nicht die Falschheit der Rechenmodelle.

Schwartz:
Ja, ich möchte zurückkommen auf das zuletzt gezeigte Dia. Wenn ich die Sache ganz naiv betrachte, dann war es doch wohl so, daß hier das Phänomen des generellen Rückgangs kardiovaskulärer Mortalität in der amerikanischen Bevölkerung zugrunde lag. Es waren nicht die Zahlen aus einem Interventionsprogramm. Da kann man doch eigentlich schlicht sagen, hier wurde weder Y noch Z gemessen, so daß man von vornherein auf kausale Schlußfolgerungen verzichten sollte, auch ohne aufwendige methodische Begründung für einen solchen Verzicht. Die Spekulationen über die Vorgänge in der amerikanischen Bevölkerung werden z. B. durch die Meinung eines amerikanischen Gesundheitsökonomen konterkariert, der diese Mortalitätsverbesserungen auf die hohen Krankenversicherungskosten des Durchschnittsamerikaners als dem wichtigsten Motiv für vernünftigeres Gesundheitsverhalten zurückführte.

Jesdinsky:
Ich vermute, daß die Tabellen so erstellt wurden, daß nicht empirische Ergebnisse eingetragen wurden, sondern bei gewissen Risikokonstellationen der Voraussagewert aufgrund der multiplen logistischen Funktion errechnet wurde. Und die hat gewisse Eigenschaften, da sie ein bestimmtes Modell oktroyiert. Das muß nicht überall stimmen. Es stimmt vielleicht an einigen Stellen ganz schön, aber es muß nicht überall stimmen. Es ist wie bei jeder Regressionsanpassung.

Schmahl:
Zu dem Diskussionsbeitrag von Herrn Schwartz: Zu den von mir in der angesprochenen Abbildung meines Referats erwähnten Veränderungen im Bereich somatischer Risikofaktoren (Y) liegt konkretes Zahlenmaterial vor (vgl. z.B. New England Journal of Medicine *297*, 163—165 [1977]; Deutsches Ärzteblatt *75*, 2263—2266 [1978]). Im übrigen glaube ich, daß wir im Grunde alle auf derselben Linie liegen: Ich habe ja in meinem Referat stark betont, daß epidemiologische Methoden bei der Erforschung der Ursachen chronischer Erkrankungen unbedingt erforderlich sind. Bei kritischer Indikationsstellung und sorgfältiger Planung ist für epidemiologische Studien auch ein großer finanzieller Aufwand gerechtfertigt. Ich möchte nur davor warnen, bei der Erstellung von Risikofaktoren-Profilen ein und dasselbe Modell ohne kritische Würdigung eventueller zusätzlicher pathophysiologischer Bedingungen über sehr weite Altersbereiche anzuwenden.
Insbesondere muß man sich den Schritt von der Erhebung epidemiologischer Befunde bis zur Veröffentlichung von „Anweisungen“ für die Bevölkerung eines Landes sehr sorgfältig überlegen.

Identifizierung von Risikofaktoren: Genetische Aspekte

von E. Passarge

Risikofaktor als Ausdruck genetischer Variation

Als Humangenetiker könnte man einen Risikofaktor definieren als ein oder gegebenenfalls mehrere genetisch bedingte Merkmale, die für eine bestimmte Erkrankung prädisponieren. Ob und wann die Erkrankung tatsächlich auftritt, hängt von vielen anderen Umständen ab, wie Lebensalter, Umwelteinflüssen und anderem. Genetisch bedingte Risikofaktoren sind theoretisch berechenbar und wirken nach definierten Gesetzmäßigkeiten. Ist der Risikofaktor ein einzelnes Gen, so gelten die Mendelschen Gesetzmäßigkeiten, und er manifestiert sich weitgehend unabhängig von anderen Faktoren. An- oder Abwesenheit eines solchen Risikofaktors bedeutet einen qualitativen Unterschied (qualitative genetische Variation). Er kann aber auch nahezu gleichwertig neben zahlreichen anderen Faktoren auftreten, so daß genetische Gesetzmäßigkeiten nicht erkennbar sind (quantitative genetische Variation).

In der Ätiologie vieler Krankheitsprozesse stehen sich nicht einfach seltene, genetisch bedingte und häufige, nicht-genetisch bedingte Faktoren gegenüber, sondern viel häufiger bilden sie ein Äquilibrium, das auf mancherlei Weise gestört werden kann. Ein Umweltfaktor wie z. B. das in Zigarettenrauch entstehende Benzpyren stellt nicht einen stets gleichen Risikofaktor dar, sondern das Ausmaß seiner Wirkung wird von genetischen Faktoren beeinflußt.

Qualitative genetische Variation (monogener Erbgang)

Rund 3000 genetisch determinierte normale Merkmale und Erkrankungen mit Mendelschem Erbgang sind beim Menschen bekannt (McKusick, 1978). Dies entspricht rund 5—10% der beim Menschen vermuteten Anzahl von Genen, die für die Struktur von Genprodukten mit verschiedenen spezifischen Funktionen codieren (Bodmer & Cavalli-Sforza, 1976; Passarge, 1979; Vogel & Motulsky, 1979). Eine monogen bedingte Erkrankung bedeutet eine qualitativ faßbare genetische Variation (individuelle Unterschiede). Erkrankt und nicht erkrankt sind leicht zu unterscheiden. In einer Population beobachtet man eine bimodale Verteilung der beiden Phänotypen, glegentlich sogar eine trimodale Verteilung der drei möglichen Genotypen (z. B. AA, Aa, aa für ein Allelenpaar *A* und *a*).

Monogen bedingte Erkrankungen sind im Durchschnitt seltener als 1:10000. Wegen der relativen Seltenheit treten sie meist unvermutet auf und werden deshalb oft nur verspätet diagnostiziert. Für einige Erkrankungen sind Suchtests entwickelt worden (Screening), wie z.B. für Phenylketonurie.
Genetisches Screening bedeutet die systematische Suche nach einzelnen, genetisch bedingten Risikofaktoren, die nach den Mendelschen Gesetzmäßigkeiten vorhersehbar auftreten und als solche klar definiert werden können (PASSARGE, 1978).

Quantitative genetische Variation (polygene Vererbung)
Es gibt viele Merkmale, die weitgehend genetisch determiniert sind, aber nur quantitativ faßbar sind, z.B. Blutdruck, Blutzucker, Lipidspiegel, Körperhöhe, Intelligenz und anderes. In diesem Falle beobachtet man in der Regel eine unimodale Verteilung, z.B. eine Normalverteilung des Merkmals. Eine scharfe Grenze zwischen „normal" und „abnorm" kann dann nicht gezogen werden oder sie ist definitionsabhängig.
Während bei Merkmalen dieser Art zwar eine gewisse familiäre Häufung eine genetische Grundlage nahelegt, bezeugt die Abwesenheit erkennbarer MENDELscher Gesetzmäßigkeiten, daß auch andere, nicht sicher genetische Einflüsse ihre Ausprägung mitbestimmen. Eine nähere Definition des genetisch bedingten Anteils ist jedoch wichtig, weil mit ihrer Erkenntnis gewisse Gesetzmäßigkeiten und Voraussagen über die Höhe eines möglichen Risikos getroffen werden können.

Schwierigkeiten bei der Bestimmung genetisch bedingter Risikofaktoren
Folgende prinzipielle Schwierigkeiten stehen einer direkten Bestimmung genetisch bedingter Risikofaktoren entgegen: (1) das betrachtete Merkmal ist nicht klar definiert, sondern mehr oder weniger willkürlich festgelegt, z.B. ein systolischer Blutdruck einer bestimmten Höhe, (2) die An-, vor allem aber Abwesenheit eines Merkmals ist im Einzelfall schwerer feststellbar, z.B. infolge Altersabhängigkeit des Auftretens, (3) das beobachtete Merkmal kann ätiologisch heterogen sein, (4) Unterschiede in familiärem Auftreten eines Merkmals können auch durch äußere Umweltbedingungen entstehen, (5) es kann oft nicht unterschieden werden, ob ein Merkmal eine extreme Manifestation einer normalen Verteilung in einer Population darstellt oder das Ergebnis eines spezifischen Krankheitsprozesses im Frühstadium ist.
Eine Normalverteilung läßt nicht erkennen, ob genetische Faktoren

beteiligt sind, schon gar nicht ein Mendelsches Gen. Ein scheinbar normal-verteiltes Merkmal schließt jedoch nicht aus, daß wenige Gene eine Rolle spielen. Beispielsweise folgt die Gesamtaktivität des Enzyms Glutamat-Pyruvat-Transaminase (GPT) annähernd einer Normalverteilung (Abb. 1). Berücksichtigt man aber die Aktivitäten der drei wesentlichen Genotypen 1-1, 2-1 und 2-2, so findet man eine erkennbar trimodale Verteilung, weil das GPT² Genprodukt in Erythrocyten etwa die dreifache Aktivität des GPT¹ Allels hat (Brock & Mayo, 1978). Hinter einer Normalverteilung kann somit eine bi- oder trimodale Verteilung versteckt sein. Aus diesem Grunde ist die Suche nach einzelnen Genen oft vielversprechend, wenn es aus pathophysiologischer Sicht einen Ansatz dafür gibt.

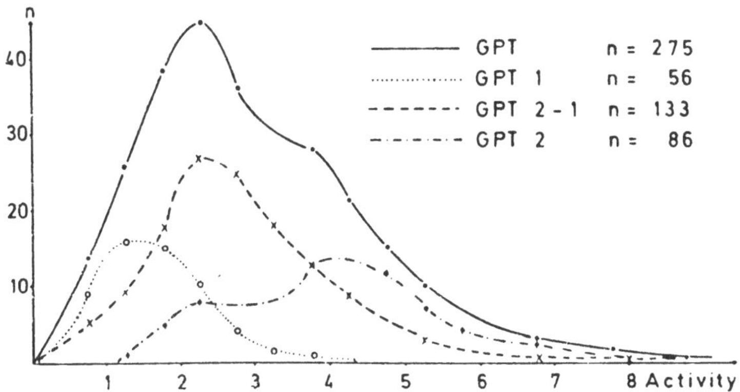

Abb. 1 Verteilung der Aktivität des Enzyms Glutamat-Pyruvat-Transaminase (GPT). Die Gesamtaktivität (Summe aller Allele) entspricht etwa einer unimodalen Normalverteilung. Die Aktivitäten, aufgeschlüsselt nach einzelnen Allelen, unterscheiden sich und lassen eine trimodale Verteilung erkennen (aus Vogel & Motulsky, 1979; nach Brock & Mayo, 1978).

Umgekehrt kann eine bi- oder trimodale Verteilung vorgetäuscht sein, wenn z. B. jenseits eines bestimmten Blutdruckwertes durch Nierenschädigung eine separate Population mit Hypertonie entsteht.

Genetische Verfahren zur Analyse eines normal verteilten Merkmals oder einer bimodalen Verteilung sind deshalb zunächst darauf gerichtet, die Echtheit einer ein- oder mehr-modalen Verteilung zu prüfen.

Für die Beteiligung genetisch bedingter Faktoren sprechen demgemäß Befunde in folgenden Bereichen: (1) Unterschiede in der Häufigkeit in bestimmten Familien und in der Population, (2) Nachweis eines sogenannten multifaktoriellen Erbsystems oder eines monogenen Erbgangs, (3) Erkennbarkeit eines sogenannten Schwellenwerts zur Unterscheidung verschiedener Populationsanteile, (4) Zwillingsuntersuchungen, (5) Schätzung der Heritabilität. Keine Methode kann eine direkte Antwort geben. Deshalb bleibt die Identifizierung einzelner Gene mit monogenem Erbgang innerhalb eines scheinbar normal verteilten Merkmals der vielversprechendste Ansatz. Drei Beispiele sollen dies verdeutlichen.

Beispiel 1: Hypertension
Eine genetische Komponente in der Ätiologie des essentiellen Bluthochdrucks wird durch familiäre Häufung und höhere Konkordanzrate bei eineiigen als bei zweieiigen Zwillingen (63 ± 6% gegenüber 23 ± 6%) nahegelegt (JÖRGENSEN, 1972). Andererseits bilden die Bluthochdruckwerte in der Bevölkerung eine Normalverteilung. Zwei extreme Positionen könnten lauten: (a) Blutdruck sei normal verteilt und Individuen mit essentiellem Bluthochdruck stellen lediglich das extreme Ende der Verteilungskurve dar, und (b) essentielle Hypertension sei durch ein Gen (A) mit dominanter Wirkung hervorgerufen und die Normalverteilung wird durch die Verteilung der Genotypen aa, Aa und AA vorgetäuscht, die sich überlappen und durch andere Faktoren so beeinflußt werden, daß sie nicht gut trennbar sind.
Träfe die Hypothese (a) zu, so dürfte keine bimodale Verteilung zu beobachten sein, träfe Hypothese (b) zu, so müßte eine bimodale Verteilung erkennbar sein.
Sieht man sich entsprechende Daten an (PLATT, 1959, 1964; MORRISON & MORRIS, 1960; MIALL & OLDHAM, 1963), so zeigen sich die Schwierigkeiten. Im Gegensatz zur Normalverteilung in der Bevölkerung zeigen die Blutdruckwerte (systolisch) bei Geschwistern von Personen im Alter von 45 bis 60 Jahren (PLATT, 1959) eine bimodale Verteilung (Abb. 2). Dies würde man von einem Merkmal erwarten, das ganz oder überwiegend auf der Wirkung eines dominanten Gens beruht. Bei Familienuntersuchungen findet man aber keine einfache Segregation.
Ähnlich fanden MORRISON & MORRIS (1959 u. 1960) eine Normalverteilung des systolischen Blutdrucks. Wenn sie die untersuchten Personen danach einteilten, ob die Eltern länger als 65 Jahre gelebt hatten oder ob ein Elternteil (bzw. beide) im Alter von 40—64 Jahren gestorben waren, so resultierte eine bimodale Verteilung. Der Blutdruck von Personen mit Eltern über 65 Jahren war normal verteilt und nahm nicht mit dem Alter zu. Demgegenüber zeigt die Gruppe

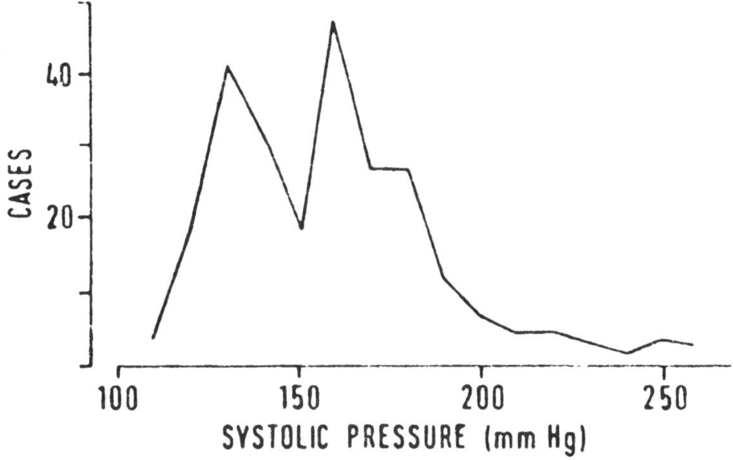

Abb. 2 Systolische Blutdruckwerte bei Geschwistern (Alter 45-60) von Hypertonikern gleichen Alters (nach PLATT, 1959).

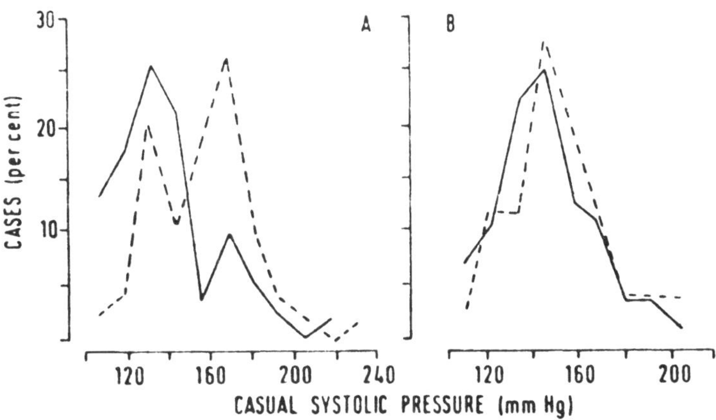

Abb. 3 B zeigt systolische Blutdruckwerte bei Personen (glatte Kurve), deren Eltern (gestrichelte Kurve) älter als 65 Jahre geworden waren, im Vergleich zu Personen, von denen einer der Eltern oder beide vor dem 65. Lebensjahr gestorben waren (A). Gestrichelte Linie = Alter 55-60, ausgezogene Linie = Alter 45-54 (aus: MORRISON & MORRIS, 1959).

mit einem oder beiden verstorbenen Elternteilen eine bimodale Verteilung mit einer Spitze von 140 und einer anderen von 175 mmHg. In dieser Gruppe nahm der Blutdruck mit steigendem Alter zu (Abb. 3). Diese Befunde ließen sich durch Annahme eines, zumindest aber weniger Gene für essentielle Hypertonie erklären. Die Frage wird jedoch solange nicht sicher gelöst, wie ein einzelnes Gen nicht formalgenetisch oder pathophysiologisch nachgewiesen werden kann. Die eben zitierten Hinweise sind bestenfalls indirekt und können nicht individuell zugeordnet werden. Wäre der systolische Blutdruck ausschließlich genetisch determiniert, d.h. durch multiple Gene ohne Dominanz, so müßte die Regression von Verwandten 1. Grades auf Propositi gleich dem gemeinsamen Anteil ihrer Gene sein, d.h. 0,5. Für den Fall dominanter Genwirkung müßte der Grad der Ähnlichkeit geringer sein als der Anteil gemeinsamer Gene. In jedem Fall würde die Abweichung der Regression von Geschwistern von 0,5 die Hälfte der Abweichung der Regression von Eltern auf Kinder betragen (0,25).

Miall & Oldham (1963) ermittelten folgende durchschnittliche Regressionskoeffizienten von Geschwistern und Eltern bei einer Studie von 623 Probanden und Verwandten ersten Grades:

Geschwister:	r = 0,333 (systolisch) und 0,265 (diastolisch)
Eltern und Kinder:	r = 0,237 (systolisch) und 0,183 (diastolisch).

Tatsächlich weichen die Werte von Geschwistern weniger voneinander ab als die von Kindern von den Eltern. Der Unterschied ist aber nicht signifikant. Cavalli-Sforza & Bodmer (1971) haben aus diesen Daten ermittelt, daß nur 14% der Gesamtvarianz aus Umwelteinflüssen herrühre und Dominanzvarianz fast 45% der gesamten genetischen Varianz ausmache.

Aussagen dieser Art können jedoch bestenfalls etwas über das Verhältnis der in der untersuchten Population vorherrschenden individuellen genetischen Unterschiede zu den vorherrschenden individuellen Unterschieden infolge Umgebungseinflüssen aussagen. Sie sagen nur etwas Grundsätzliches über relative Wichtigkeit genetischer und äußerer Faktoren aus. Sie sind nicht auf andere Populationen und auf Individuen übertragbar. Wirkliche Fortschritte in der Kenntnis zugrundeliegender genetischer Faktoren sind nur dann zu erwarten, wenn einzelne genetische Komponenten herausgearbeitet werden können, ihre Mendelsche Gesetzmäßigkeit nachweisbar ist und ihre pathophysiologische Bedeutung für den jeweiligen Krankheitsprozeß erkennbar wird.

In dieser Hinsicht sind in letzter Zeit Fortschritte in der Kenntnis genetischer Faktoren bei Hyperlipidämien und bei Diabetes mellitus gemacht worden. Sie bilden Beispiel 2 und 3.

Beispiel 2: Hyperlipidämien
Atherosklerose wird als multifaktoriell bedingte Erkrankung aufgefaßt. Prädisponierende Faktoren sind Hypertonie, Adipositas, Diabetes mellitus, Rauchen sowie erhöhte Serumkonzentrationen von Cholesterin und Triglyzeriden. In der Bevölkerung ist die Serumkonzentration für verschiedene Lipide normal verteilt, jedoch altersabhängig. Untersucht man Männer mit einem Koronarinfarkt vor dem 60. Lebensjahr, so findet sich bei ca. 30% eine Hyperlipidämie. Von diesen Patienten sind 10% heterozygot für eine autosomal dominant erbliche Erkrankung (kombinierte Hyperlipidämie).
Unter den Patienten mit prämaturem Herzinfarkt haben 20% eine monogen erbliche Erkrankung mit Hyperlipidämie (GOLDSTEIN et al., 1973; BROWN & GOLDSTEIN, 1979). Ein wesentlicher Anteil von Patienten mit einer Hyperlipidämie läßt sich also auf einzelne, monogen bedingte Risikofaktoren zurückführen. Obwohl nur 0,2% der Bevölkerung das Gen für kombinierte Hyperlipidämie (frühere Bezeichnung Hypercholesterinämie Typ II) tragen, entfallen auf diese Gruppe 5% aller vorzeitigen Koronarinfarkte. Hypercholesterinämie, jetzt unterteilt in mehrere verschiedene genetische Typen, und Hypertriglyzeridämie stellen einen Anteil von 4 bzw. 5% bei jüngeren Männern mit einem Koronarinfarkt dar. Insgesamt entfallen mehr als die Hälfte aller hyperlipidämischen Patienten auf eine monogen bedingte Erkrankung. Scheinbar normal verteilt, wurde hier durch gezielte genetische biochemische Untersuchungen ein wesentlicher Anteil genetischer Variation erkannt und einem monogenen Erbgang zugeordnet.

Beispiel 3: Diabetes mellitus
Der berühmte Ausspruch von NEEL über Diabetes mellitus als „Alptraum des Genetikers" (Nightmare of the geneticist) gilt im Prinzip noch immer (NEEL, 1976). Der Phänotyp „Diabetes" ist nicht feststehend definierbar. Die Blutzuckerkonzentration ist in der Population normal verteilt. Diabetes ist altersabhängig. Monozygote Zwillinge unterhalb des 45. Lebensjahres sind zu 52%, oberhalb des 45. Lebensjahres zu 89% konkordant für Diabetes mellitus (PYKE, 1979; TATTERSALL et al., 1980).
Die Prädisposition zu Diabetes mellitus bei einer großen Zahl monogen bedingter Erkrankungen und die Assoziation mit bestimmten HLA-Antigenen (vor allem HLA-B8, B15 und B18) sowie die noch

stärkere Assoziation von insulinabhängigen Diabetes mellitus mit HLA-Dw4 zeigen deutlich, daß Diabetes mellitus ätiologisch heterogen ist. Familiäres Auftreten von Diabetes mellitus kann somit entweder durch Heterogenität erklärt werden, und zwar auf der Grundlage eines oder mehrerer prädisponierender Gene oder auf der Grundlage eines monogenen Erbganges. TATTERSALL und FAJANS (1975) haben einen nicht-insulinabhängigen Diabetes bei jungen Patienten mit autosomal dominantem Erbgang gefunden (maturity onset diabetes of young people, MODY). Aber auch diese Gruppe dürfte genetisch heterogen sein. Also auch das Beispiel Diabetes mellitus zeigt, daß hinter einem anscheinend multifaktoriell bedingten Phänotyp eine Reihe monogener Defekte versteckt sein können.

Schlußfolgerung. Aus genetischer Sicht laufen somit alle Fragen in Zusammenhang mit der Beurteilung von Risikofaktoren auf direkte, am jeweiligen Krankheitsprozeß orientierte Analyse genetischer Faktoren hinaus. Risikofaktoren können gänzlich oder weitgehend genetischer Natur sein. Ätiologische (genetische) Heterogenität muß gebührend berücksichtigt werden. Hypertension, Hyperlipidämie und Diabetes mellitus illustrieren die Komplexität des Problems.

Literatur

BODMER, W. F. & CAVALLI-SFORZA, L. L.: Genetics, Evolution, and Man. W. H. FREEMAN, San Francisco, 1976

BROCK, D. J. H. & MAYO, O., editors: The Biochemical Genetics of Man. Second edition. Academic Press New York, 1978

BROWN, M. S. & GOLDSTEIN, J. L.: Familial hypercholesterolemia: Model for genetic receptor disease. Harvey Lectures, Series 73, 163—201, Academic Press, New York, 1979

CAVALLI-SFORZA, L. L. & BODMER, W. F.: The Genetics of Human Populations. W. H. Freeman, San Francisco, 1971

GOLDSTEIN, J. L., HAZZARD, W. R., SCHROTT, H. G., BIERMAN, E. L., MOTULSKY, A. G.: Hyperlipidemia in coronary heart disease. II. Genetic analysis of lipid levels in 176 families and delineation of a new inherited disorder: combined hyperlipidemia. J. Clin. Invest. 52, 1544, 1973

JÖRGENSEN, G.: Blutdruckkrankheiten, Seite 485—507. In: Humangenetik. Ein kurzes Handbuch in fünf Bänden, Band III/2, P. E. BECKER, Herausgeber, G. Thieme Verlag, Stuttgart, 1972.

MCKUSICK, V. A.: Mendelian Inheritance in Man. Catalogs of Autosomal Dominant, Autosomal Recessive, and X-linked Phenotypes. 5th Edition, Johns Hopkins University Press, Baltimore and London, 1978

MIALL, W. E. & OLDHAM, P. D.: The hereditary factor in arterial blood-pressure. Brit. Med. J. 1, 75—80, 1963

MORRISON, S. L. & MORRIS, J. N.: Epidemiological observation on high blood pressure without evident cause. Lancet 2, 864—870, 1959

MORRISON, S. L. & MORRIS, J. N.: Nature of essential hypertension. Lancet 2, 829—832, 1960

NEEL, J. V.: Diabetes mellitus — A Geneticist's nightmare, p. 1—11, In: The Genetics of Diabetes Mellitus. W. CREUTZFELDT, J. KÖBBERLING, J. V. NEEL, Editors, Springer-Verlag, Berlin—Heidelberg—New York, 1976
PASSARGE, E.: Elemente der Klinischen Genetik. Grundlagen und Anwendung der Humangenetik in Studium und Praxis. G. Fischer, Stuttgart, 1979.
PASSARGE, E.: Screening populations for genetic disease, p. 19—36, In: Towards the Prevention of Fetal Malformation, J. B. SCRIMGEOUR, Editor, Edinburgh University Press, 1978
PLATT, R.: The nature of essential hypertension. Lancet 2, 55—57, 1959
PLATT, R.: The natural history and epidemiology of essential hypertension. Practitioner 193, 5, 13, 1964
PYKE, D. A.: Diabetes: The genetic connections. Diabetologia 17, 333—343, 1979
TATTERSALL, R. B. & FAJANS, S. S.: Diabetes and carbohydrate tolerance in 199 offspring of 37 conjugal diabetic parents. Diabetes 24, 452, 1975
TATTERSALL, R. B. & FAJANS, S. S.: A difference between the inheritance of classical juvenile-onset and maturity-onset diabetes of young people. Diabetes 24, 44, 1975
TATTERSALL, R. B., PYKE, D., NERUP, J.: Genetic patterns in diabetes mellitus. Hum. Pathol. 11, 273—283, 1980
VOGEL, F. & MOTULSKY, A. G.: Human Genetics. Problems and Approaches. Springer-Verlag, Berlin—Heidelberg—New York, 1979

Diskussion

Keil:
Ich möchte Herrn Passarge zustimmen. Man kann nicht genügend betonen, daß Epidemiologen und Genetiker zusammenarbeiten sollen. Wenn man 30 Jahre Herzinfarktforschung betreibt, wie das die Epidemiologen getan haben, und dann nur etwa 40%—50% der Herzinfarktmortalität mit den bekannten Risikofaktoren „erklären" kann, dann liegt ja klar auf der Hand, daß bei der Genese des Herzinfarktes weitere Faktoren eine Rolle spielen müssen, wobei genetische Faktoren nicht unterschätzt werden sollten. Darf ich noch kurz auf die von Ihnen angesprochene Kompartmentalisierung eingehen? Solange es um ätiologische Forschung geht, stimme ich Ihnen zu. Es ist ganz klar, daß man nach weiteren Untergruppen suchen muß. Aber die Epidemiologie betreibt ja nicht nur ätiologische Forschung, sondern auch Medical-Care-Forschung, und es stellt sich die Frage, ob wir es uns leisten können, um mal beim Beispiel Hypertonie zu bleiben — weitere 20 Jahre voll darauf zu konzentrieren, die „wirklichen" Ursachen der essentiellen Hypertonie zu finden. Oder müssen wir nicht doch sehr bald eine Entscheidung treffen, ab welchem Punkt auf der Verteilungskurve behandelt werden soll?

Passarge:
Wir müssen wahrscheinlich beides machen.

Keil:
Ja, wir müssen beides tun. Aber wir können uns — und deshalb komme ich

immer wieder auf die HDFP-Studie zurück — nicht länger vor der Entscheidung drücken, ob und wenn ja, ab welchem Blutdruckwert die Hypertonie auf Bevölkerungsebene behandelt werden soll.

Gries:
Ich glaube, was Herr Passarge gesagt hat, ist ein Plädoyer dafür, daß wir eben nicht aus epidemiologischen Studien solche pauschalen Schlüsse ziehen. Denn er hat ja gerade mit seinem ersten Diapositiv gezeigt, daß Interventionen im einen Fall sinnvoll sein können, im andern Falle nicht, weil wir bei Mittelwertsbetrachtungen, wenn es sich um einen Polymorphismus eines Phänomens handelt, unter Umständen eine große Population intervenieren, die völlig normal ist. Das habe ich als einen wesentlichen Teil Ihrer Botschaft verstanden.

Passarge:
Ja, das ist richtig.

Keil:
Was ich angesprochen habe, sind ja doch Empfehlungen. Bei der Hypertoniebekämpfung auf Bevölkerungsebene geht es doch um Empfehlungen des Präventivmediziners und Epidemiologen an den niedergelassenen Arzt. Ob der Arzt dann auch in jedem einzelnen Fall behandelt, ist seine fachliche Entscheidung. Aus den USA kennen wir Programme (z. B. das Milwaukee High Blood Pressure Control Program), bei denen von den niedergelassenen Ärzten die vom Screeningprogram gestellte Diagnose „erhöhter Blutdruck" in über 70% bestätigt und eine Behandlung eingeleitet wird.

Schmahl:
Ich glaube, die von Ihnen zitierten Fettstoffwechselstörungen sind ein gutes Beispiel dafür, daß bei vorsichtiger Klassifizierung und schrittweisem Vorgehen zunehmend gesicherte Erkenntnisse gewonnen werden können. Sie haben in Ihrem Vortrag auf die Einteilung der Hyperlipoproteinämien nach der von der Arbeitsgruppe um FREDRICKSON vorgeschlagenen Typisierung Bezug genommen. FREDRICKSON und Mitarbeiter sind ja in ihren frühen Publikationen, z. B. der bekannten Serie von Originalarbeiten im „New England Journal of Medicine" 1967, von einer Analyse der Verteilungsmuster von Cholesterin und Triglyzeriden sowie der einzelnen Lipoproteine in Populationen ausgegangen. Sie haben die verschiedenen Typen der Hyperlipoproteinämien zunächst als Phänotypen beschrieben. Dadurch angeregt sind dann viele klinische, biochemische und genetische Untersuchungen durchgeführt worden. Durch diese schrittweise Verfeinerung sind wir zu dem heutigen wesentlich vertieften und differenzierteren Verständnis der Hyperlipoproteinämien und der für sie erforderlichen Einteilungskriterien gelangt.

Passarge:
Dieser Vergleich ist sehr gut. Bei den früheren Daten von FREDRICKSON usw.

hat man Populationsdaten und Labordaten koordiniert. Die Seattle-Studie hat im wesentlichen die gleichen Lipid-Bestimmungen durchgeführt an rund 150 Familien und lediglich den genetischen Faktor aufprojiziert auf diese Daten. Viele dieser Erkrankungen, die kombinierte Hyperlipidämie zumindest, sind an Hand des Lipidmusters gar nicht diagnostizierbar. Sie brauchen dann die Segregation innerhalb von Familien. Denn einige Familienmitglieder haben eine Hypertriglyzeridämie, alle FREDERICKSONschen Typen kommen da vor. Das ist kein „breeding true". Und erst die Familiendaten in Kombination mit den entsprechenden pathophysiologischen Ansätzen ergeben einen Sinn. Wenn man dann die genetische Seite betrachtet, kann etwas plötzlich klarwerden, was vorher gänzlich unklar und merkwürdig war. Daß dies an einem relativ begrenzten Material erarbeitet werden kann, scheint mir wichtig, da braucht man nämlich keine 100000 Probanden, sondern 150 oder 100.

Epstein:
Herr Passarge, worum es sich bei diesem Treffen handelt, ist unter anderem, Risikoträger zu identifizieren. Ist es günstiger in diesem Zusammenhang mit Präventivmaßnahmen auf die ganze Bevölkerung zu zielen oder ist es günstiger, Risikoträger zu erkennen und nur diese Risikoträger zu behandeln? Es sind da verschiedene Kosten/Nutzen, ethische und alle möglichen anderen Fragen eingeschlossen. In bezug auf die genetische Anlage bei polygenetisch bedingten Krankheiten kann man fast dogmatisch sagen, daß es keine chronische Krankheit ohne einen genetischen Faktor gibt.
Die monogenetischen Krankheiten, wie Typ II Hypercholesterinämie, sind erheblich in der großen Minderzahl. Die großen genetischen Probleme sind Koronarkrankheit, Diabetes usw. Diese Zustände haben doch, sagen wir, wahrscheinlich Genfrequenzen der Bevölkerung um 15—20% oder 25%. Ein Viertel oder noch mehr der Bevölkerung haben einen höheren oder niedrigeren Grad an der genetischen Anlage. Wie sieht ein Genetiker das Problem der Erkennung der Risikoträger in einer solchen Situation, wo ein Viertel oder sogar ein Drittel der Bevölkerung Risikoträger und aufgrund einer genetischen Anlage anfälliger auf Umweltfaktoren als andere sind.

Passarge:
Eine schwierige Frage, auf die ich keine rasche Antwort geben kann. Der Genetiker versucht, den Grad, die Ausprägung dieser genetischen Faktoren zu definieren. Wenn Sie sagen, eine Häufigkeit beispielsweise von Heterozygotie für ein bestimmtes Gen sei 25%, was sehr hoch wäre, so stellt sich die Frage, welche Auswirkung hat es. Man muß versuchen, aus dem Pool der sogenannten multifaktoriellen Polygensystems die monogenbedingten zu identifizieren. Beispielsweise für die Hypertonie ist das bisher ja im Prinzip noch weitgehend unklar. Man kann das, was man beobachtet, erklären mit der Hypothese, daß es ein, zwei oder vielleicht drei Genloci seien, und bekäme trotzdem eine recht schöne Normalverteilung. Dennoch hätte man es mit einzelnen Genen zu tun. Sie sagten bei den Hyperlipidämien, die Hypercholesterinämie spielte eine geringe Rolle. Selbstverständlich. Jeder 500. Wenn wir uns jetzt aber eine

Risikogruppe ansehen, nämlich Patienten mit einem vorzeitigen Koronarinfarkt, dann sind es nur in dieser Gruppe bereits 10% mit diesem Gen. Das ist ja sicher nicht alles. Das heißt, mit verhältnismäßig geringem Anteil selten verteilter Gene können wir einen hohen Teil der Risikopopulation erklären. Ich habe die Frage der Prädisposition zu malignen Erkrankungen ausgeklammert, weil es hier nicht unser Thema war. Es gehört aber selbstverständlich zur Frage von Risikofaktoren. Es gibt Anhaltspunkte dafür, daß Heterozygote für bestimmte, sehr seltene, erblich bedingte Erkrankungen, bei denen im homozygoten Zustand mit sehr großer Regelmäßigkeit im Laufe des Lebens eine maligne Erkrankung auftritt, ein höheres Risiko für maligne Tumoren tragen. Und vermutlich in der Gestalt einzelner weniger Gene, nicht undefinierbar viele, die wir nur in ihrer Segregation nicht fassen können. Der Genetiker kann Ihnen dieses Dilemma eben leider auch nicht beantworten.

Bock:
Herr Epstein, ist es vielleicht nur eine Frage des Testes, mit dem ich einen genetischen Risikofaktorenträger identifizieren kann? Beim Hochdruck wäre z. B. eine Möglichkeit, daß eine Membraneigenschaft, die die Elektrolyttransporte reguliert, genetisch determiniert ist. Es könnte auch sein, daß die Nierenfunktion beim Hypertoniker ein bißchen anders ist, oder daß ein Gefäßfaktor vorliegt.

Epstein:
Oder all das zusammen.

Bock:
All das zusammen, aber vielleicht auch nur einer dieser Faktoren. Wenn man also einen Test, wie ihn Herr Losse für die Erythrozyten entwickelt hat, dann für eine breite Anwendung simplifizieren könnte, wäre das nicht ein Ansatzpunkt?

Identifizierung von Risikofaktoren: Mathematische Modelle - Sieben Thesen

von H. J. Jesdinsky

1. Das relative Risiko* bezüglich eines Faktors, der Quotient aus der bedingten Wahrscheinlichkeit für Erkrankung in der gegenüber dem Faktor exponierten Bevölkerung und der Erkrankungswahrscheinlichkeit in der nicht exponierten Bevölkerung, ist bei retrospektiven Untersuchungen (4) oder bei Anwendung der „multivariaten logistischen Funktion" (5) nur als relative Chance zu schätzen**.
2. Nur bei seltenen Krankheiten weicht die relative Chance wenig vom relativen Risiko ab.
3. Die Anwendung von Regressionsverfahren wie der „multivariaten logistischen Funktion" (5) oder des „proportional hazards"-Modells (1) sollte in keinem Fall ohne ein eingehendes Studium der Angemessenheit der zu treffenden Voraussetzungen erfolgen.
4. Eine allen Regressionsmodellen zukommende Beschränkung ist, daß die Einflüsse der definierten Risikofaktoren auf die Erkrankungswahrscheinlichkeit unabhängig sein müssen. Dieser Voraussetzung kann man nur entgehen, wenn man die Modelle auf einen bezüglich der anderen Faktorausprägungen homogenen Teil der Beobachtungen anwendet oder z.T., wenn man Produkte der Risikofaktorgrößen als zusätzliche Faktoren einführt.
5. Man hüte sich davor, zuviel Größen in ein Regressionsmodell einzuführen und befolge CORNFIELDS Regel, die fordert, daß die Anzahl der einbezogenen Einflußgrößen unter dem 20fachen der Anzahl der Personen in der kleineren Gruppe (Erkrankte bzw. Nichterkrankte) ist.
6. Niemals benütze man die in den drei vorangehenden Punkten beschriebenen Verfahren ohne die „Sichtkontrolle" der tabellarischen Zusammenstellung mit Aufteilung des Beobachtungsmaterials nach wichtigen Einflußgrößen. Finden sich Einflüsse, die sich mit der logistischen Funktion oder dem Cox-Verfahren sehr deutlich zeigen, nicht auch in entsprechend abgeteilten Gruppen wieder, so ist trotz aller theoretischen Argumente, die man für ein solches Vorkommnis anführen kann, Vorsicht am Platze. Dies gilt nicht zuletzt wegen Zweifeln an der numerischen Stabilität der Verfahren (2).

* Erläuterung der Begriffe in (6)
** Zu einer Wahrscheinlichkeit p gehört die Chance p/(1 — p)

7. Statistische Verfahren, die aus nichtexperimentellen Beobachtungen Risikofaktoren schätzen und auf „Signifikanz“ testen, können grundsätzlich nicht kausal — auch nicht kausal im stochastischen Sinne — gedeutet werden.
Kausale Deutungen müssen zusätzliche Überlegungen, z. B. entsprechend den neun Kriterien von A. B. HILL (3), einbeziehen.

Literatur

1. COX, D. R.: Regression models in life tables. J. roy. Statist. Soc. *34* (1972) 178—202
2. DIRSCHEDL, P.: Praktische Erfahrungen mit dem multiplen logistischen Modell. In: KÖPCKE, W., ÜBERLA, K.: Biometrie — heute und morgen. (Berlin—Heidelberg—New York: Springer 1980) S. 278—300
3. HILL, A. B.: An introduction to medical statistics (Oxford, Hodder & Stoughton, 1979)
4. MANTEL, N., HAENSZEL, W.: Statistical aspects of the analysis of data from retrospective studies of disease. J. Nat. Cancer Inst. *22* (1959) 719—748
5. TRUETT, J., CORNFIELD, J. KANNEL, W.: A multivariate analysis of the risk of coronary heart disease in Framingham. J. Chron. Dis. *20* (1967) 511—524
6. WALTER, E.: Biomathematik für Mediziner (Stuttgart: Teubner 2. Aufl. 1980)

Diskussion

Robra:
Ich möchte vielleicht zum Coxschen Regressions-Modell nachtragen, daß es sich um ein Verfahren handelt, mit dem man zeitabhängige Variablen berücksichtigen kann. Man kann damit möglicherweise zu einer Dauer-Dosis-Wirkungs-Beziehung bei verschiedenen Risikofaktoren kommen, die wir bisher eigentlich nur für das Zigarettenrauchen durch „Packungsjahre“ unvollständig quantifizieren können. Ähnliche Modelle fehlen uns für Blutdruck oder Hypercholesterinämie.

Keil:
Ich wollte noch etwas zur Analyse eines solchen Datensatzes sagen. Wir sind alle fasziniert von solchen Modellen, die entwickelt und angewendet werden sollten. Herr Jesdinsky hat aber auch gesagt, daß sehr oft Daten in ein Modell gepreßt werden. Wenn ich als Epidemiologe einen solchen Datensatz zu analysieren hätte, dann würde ich zunächst mit einer Stratifizierungsanalyse (stratification analysis) beginnen, weil ich auf diese Weise Störfaktoren, d. h. „Confounding variables“, leichter erkennen kann als in einem komplizierten Modell (multiple logistische Funktion etc.).

Jesdinsky:
Ich finde es immer sehr peinlich, wenn man Dinge, die mit einfachen Metho-

den dargestellt werden können, mit komplizierten darstellt. Es sollte doch für einen Laien, der einen vernünftigen Menschenverstand hat, ohne die Kenntnis von irgendwelchen logistischen Koeffizienten noch etwas zu verstehen sein. Man sollte eine Übersicht haben: In dieser Teilmenge sind die Risikoträger so häufig, in jener sind sie so häufig usw. Und wenn man das nicht in dieser Weise zeigen kann, dann würde ich auch Zweifel anmelden, was eine raffinierte Analyse darüber hinaus aus den Daten herausholen kann. Die Attraktion verfeinerter statistischer Methoden ist eben, daß man vielleicht neue Hypothesen, neue Ansätze gewinnen kann, wenn sich in solchen für den Laien zunächst undurchschaubaren, unübersichtlichen Analysen irgendwelche Beziehungen andeuten. Es könnte lohnend sein, in einer weiteren Studie den Einfluß von Faktoren zu prüfen, auf die solche Analysen hingewiesen haben. Aber solche Anregungen kommen ja ebensooft aus der Grundlagenwissenschaft. Die ist auch sehr wichtig. Man sollte da ein Augenmaß für die Wichtigkeit der Hinweise bewahren: Wieviel sollen wir in die Planung neuer Studien aus rein theoretischen Überlegungen einfließen lassen und wieviel aus den erwähnten explorativen Analysen vorhandener Daten? Ich bin eher bereit, den Anteil der Statistik an dem Weiterschreiten der Wissenschaft nicht allzu hoch anzusetzen, weil ja auch — es gibt da Nutzen und Schaden, nicht? — weil ja die falsche Anwendung der Statistik häufiger ist als die richtige, und natürlich der „Flurschaden" der falschen Anwendungen größer ist als der Nutzen der wenigen vernünftigen Anwendungen.

Methoden zur Erfassung von Risikoträgern – Meßtechnische Fragen: Hochdruck

von M. Anlauf

Alle heute verwendeten Methoden der indirekten Blutdruckmessung beruhen auf dem gleichen Prinzip von Riva Rocci. Durch eine aufblasbare Manschette wird der Blutstrom in einer Extremität unterbrochen. Bei langsamer Senkung des Manschettendruckes unter den systolischen Druck öffnet die arterielle Druckwelle das Arterienlumen und gibt zunächst nur intermittierend den Blutstrom frei. Unterschreitet der Manschettendruck den diastolischen Blutdruck, ist die Durchblutung der Extremität wieder kontinuierlich. Jedes Öffnen der Arterie ist von mehreren Phänomenen begleitet. Das „prominenteste" ist das Korotkow-Geräusch.

Ursachen für Fehlmessungen

Eine Reihe von Fehlermöglichkeiten der indirekten Druckmessung nach Riva Rocci und Korotkow ist in Tabelle 1 aufgezählt. Soweit die genannten Störungen von Gerät und/oder Untersucher ausge-

Gerät:	Eichfehler
	Manschettenmaße falsch
	Fehlerhafte automatische Signalaufnahme
Untersucher:	Manschette zu locker angelegt
	Auskultationspunkt falsch
	Druckablaß zu rasch
	Ablesefehler
Proband:	vermeidbar:
	Kleidung abschnürend
	Meßarm nicht entspannt
	unvermeidbar:
	Arrhythmie
	Extreme Herzzeitvolumina
	Arterienwand starr
	Arterie des Meßarms stenosiert

Tab. 1 Fehlermöglichkeiten bei der indirekten Blutdruckmessung nach Riva Rocci und Korotkow

hen, sind sie zumindest im Prinzip vermeidbar bzw. klein zu halten. Dies gilt z.B. für den *Eichfehler* des Manometers.

Eine *Manschettenbreite* von 120% des Armdurchmessers an der Meßstelle wurde bisher für ausreichend gehalten (5), eine vollständige Druckübertragung auf das Arterienlumen zu gewährleisten. Neuere Untersuchungen (1, 4) haben allerdings gezeigt, daß dies bei vielen Probanden erst mit einer im Verhältnis breiteren Manschette möglich ist. Wurden 150—200% des Oberarmumfanges zugrunde gelegt, konnten indirekt mit der Ultraschallmethode im Vergleich zur direkten Messung nahezu identische Werte bestimmt werden.

Ebenso wie eine zu schmale Manschette führt ein zu lockeres *Anlegen der Manschette* durch den Untersucher zu überhöhten Blutdruckwerten. Dieser Fehler kann ebenso wie die falsche Wahl des *Auskultationsortes* der KOROTKOW-Geräusche leicht ausgeschaltet werden.

Während der Manschettendruck die Blutdruckamplitude durchläuft, kann sich der arterielle Druck ändern, sogar von Herzschlag zu Herzschlag. Das Verhältnis von *Druckablaßgeschwindigkeit* in der

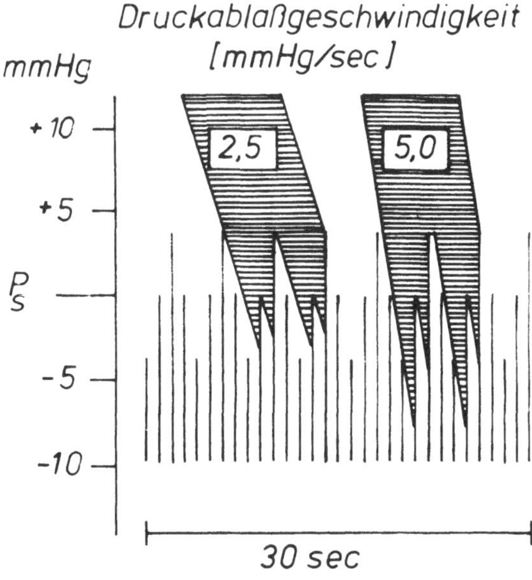

Abb. 1 Mögliche Schnittpunkte zwischen Manschettendruck und arterieller Druckwelle im Bereich des systolischen Blutdruckes bei zwei unterschiedlichen Druckablaßgeschwindigkeiten, einer Herzfrequenz von 60 Schlägen/min. und Änderungen des systolischen Blutdruckes von ± 3,8 mmHg von Herzschlag zu Herzschlag.

Manschette zur Periodik dieser Schwankungen ist mitentscheidend für die Wahrscheinlichkeit, bei der indirekten Messung den Blutdruck im Mittel richtig zu bestimmen (Abb. 1). Erfahrungsgemäß bedarf es besonderer Disziplin, die empfohlene Druckablaßgeschwindigkeit von 2—3 mmHg pro Sekunde nicht zu überschreiten. Auch die Automation dieser Norm ist nicht einfach, da bei starrer Öffnung eines Druckablaßventils die Ablaßgeschwindigkeit im Bereich des systolischen Drucks oft zu groß, im Bereich des diastolischen Drucks dagegen auch zu gering sein kann.

Um *Ablesefehler* bei der Blutdruckmessung zu vermeiden, wurden vor allem für epidemiologische Untersuchungen verschiedene Geräte entwickelt, bei denen der Nullpunkt verstellt oder der Manometerstand festgehalten werden kann, so daß die Untersuchung im Prinzip blind erfolgt.

Bei der *Automation* der Aufnahme von Blutdrucksignalen (vorwiegend von KOROTKOW-Geräuschen) ist man auf große, von vielen Geräteherstellern nicht erwartete Schwierigkeiten gestoßen, so daß vor allem für die Patientenselbstmessung eine Vielzahl unzulänglicher Geräte in den Handel gebracht wurden (2). Die automatische Signalverarbeitung, die u.a. Ablesefehler des Untersuchers vermeiden hilft, erscheint dagegen abgesehen von den Kosten problemlos.

Zu den vermeidbaren Fehlermöglichkeiten von Seiten des Probanden gehören eine *abschnürende Kleidung, Anspannung* und/oder *Bewegungen des Meßarmes.* Weniger vermeidbar sind gröbere und nur durch häufigere Wiederholungsmessungen eingrenzbare Fehler infolge von *Arrhythmien,* die zu ausgeprägten Änderungen des Blutdruckes von Herzschlag zu Herzschlag führen. Strömungsgeräusche in den Arterien weit unterhalb des systolischen Blutdrucks treten bei *erhöhten Herzzeitvolumina* auf, während im *Schock* die hörbaren Anteile des KOROTKOW-Phänomens ganz verschwinden können. *Starre Arterienwände* behindern die Druckübertragung von der Manschette auf das Arterienlumen, da diese Gefäße manchmal schwer, im Extremfall gar nicht komprimierbar sind. Wesentlich zu hohe indirekt gemessene Blutdruckwerte müssen die Folge sein. Wahrscheinlich ist hier die Ursache für ausgeprägtere blutig-unblutige Meßdifferenzen zu suchen, die bei alten im Vergleich zu jungen Probanden gefunden werden (13). In der Diskussion um die pathogenetische Bedeutung des Blutdrucks im Alter sollte dies berücksichtigt werden. *Arterielle Stenosen* können den Druck reduzieren, so daß hinter der Stenose gemessene Blutdruckwerte nicht mehr repräsentativ für den übrigen Organismus sind.

Schaltet man vermeidbare Fehler aus und läßt Patienten, bei denen

Fehlmessungen unvermeidbar sind, unberücksichtigt, so wird im Vergleich zu blutigen Messungen der Blutdruck systolisch nach RIVA ROCCI und KOROTKOW im Mittel um wenige mmHg zu niedrig gemessen, der diastolische Druck bei Verschwinden der KOROTKOW-Geräusche im Mittel allerdings ziemlich genau. Im Einzelfall werden jedoch große direkt-indirekte Meßwertdifferenzen angetroffen.

Blutdruck im Oberarm und im übrigen arteriellen System
Bereits 1936 (7) wurde gezeigt, daß der Blutdruck im gesamten arteriellen System keineswegs gleich ist. Überraschenderweise nahm der systolische Druck in Richtung auf die Peripherie zu, ein Befund, der später mit Hilfe von Kathetertipmanometern bestätigt und durch eine Wellenreflexion in der Peripherie erklärt wurde (6). Eine Integration der an verschiedenen Meßpunkten des arteriellen Systems gewonnenen Blutdruckkurven zeigt allerdings erwartungsgemäß, daß der arterielle Mitteldruck in Richtung auf die Kreislaufperipherie kontinuierlich sinkt. Der am Oberarm indirekt nach der Standardmethode gemessene Druck scheint, soweit Stenosen der großen Gefäße ausgeschlossen sind, im allgemeinen ein ausreichendes Korrelat zu dem aktuell im gesamten arteriellen System herrschenden Druck darzustellen.

Bedeutung des Gelegenheitsblutdruckes
Zu erörtern bleibt die Frage, ob sog. Gelegenheitsblutdrucke, wie sie in der ärztlichen Praxis und anläßlich epidemiologischer Untersuchungen unter mehr oder weniger standardisierten Bedingungen gewonnen werden, auch als ausreichend repräsentativ für die Blutdruckhöhe über größere Zeitabschnitte betrachtet werden können. Bereits im Laufe eines Tages unterliegt ja der Gelegenheitsblutdruck (casual blood pressure) erheblichen Schwankungen (3). Vor allem während des Schlafes sinkt er systolisch und diastolisch deutlich ab. SMIRK (10) bemühte sich, mit normierten Entspannungsmanövern die beim Menschen spontan auftretenden niedrigsten Blutdruckwerte (basal blood pressure) zu erreichen. Intraarterielle und telemetrische Vergleichsmessungen (8) bei 26 Hypertoniepatienten hatten jedoch folgendes Ergebnis. Der Gelegenheitsblutdruck (über 1 Minute gemittelter Blutdruck im Liegen nach 2minütigem Sitzen) lag im Mittel systolisch um 45 mmHG und diastolisch um 15 mmHg höher als die niedrigsten Werte im Schlaf. Darüber hinaus zeigte die Untersuchung, daß bei wachen Patienten durch Entspannungsmanöver — basal blood pressure nach SMIRK (10), Entspannungswert nach MEESMANN (9) — diese Blutdruckminima nicht erreicht werden können. —

Ein Vergleich des Gelegenheitsblutdruckes mit den be- und entlastungsbedingten Schwankungen der Blutdruckhöhe führte zu der Annahme, daß der Gelegenheitsblutdruck ein „fast ideales Maß“ für den Mittelwert aller unter alltäglichen Bedingungen registrierten Blutdruckwerte darstellt (8). Auch die Weltgesundheitsorganisation empfiehlt in ihrer letzten Stellungnahme 1978 (16) für die meisten klinischen und epidemiologischen Belange den Gelegenheitsblutdruck am sitzenden Probanden. Sie verweist jedoch auf zahlreiche Möglichkeiten, die die Repräsentativität der so gewonnenen Blutdruckwerte beeinträchtigen können. Zu hohe Werte können auftreten nach körperlichen Anstrengungen, Essen, Rauchen oder Kälteexposition unmittelbar vor der Messung. Zu niedrige Werte werden gemessen nach Sedation oder mehrtägigem stationären Krankenhausaufenthalt. In keinem Fall sollte man sich mit einer Einzelmessung begnügen, sondern in gleicher Sitzung mehrere Blutdruckwerte gewinnen. Zur Frage, welcher von diesen kurz nacheinander gewonnenen Meßgrößen der Beurteilung zugrunde gelegt werden soll, äußert sich die WHO allerdings nicht. Weiterhelfen kann hier eventuell eine Auswertung der Western Electric Study (12). Bei ca. 1800 Männern war beim diastolischen Druck der Mittelwert aus 3 während derselben Untersuchung gewonnenen Werte das beste Maß für die Klassifikation eines Probanden in den darauf folgenden Jahren. Zur ärztlichen Beurteilung des Einzelfalles wird man von Ausnahmen extremer Blutdruckwerte abgesehen zusätzlich die an verschiedenen Tagen gemessenen Blutdrucke zugrunde legen.

Blutdruckhöhe und klinischer Befund

Plausibilitätskriterien für die Diagnose einer arteriellen Hypertonie in Form klinischer Korrelate z. B. körperlicher Beschwerden und bereits eingetretener kardiovaskulärer Hochdruckkomplikationen lassen im Einzelfall leider weitgehend im Stich.

Kopfschmerzen, Nasenbluten, Ohrensausen und Schwindel werden häufig mit einem Hochdruck in Zusammenhang gebracht. Eine Untersuchung an knapp 5000 Probanden (15) zeigte, daß sich bei Klassifikation der Probanden nach der Höhe des Blutdrucks keine signifikanten prozentualen Häufigkeitsdifferenzen für die genannten Beschwerden finden ließen.

Die Schwere der bereits eingetretenen Hochdruckkomplikationen am Augenhintergrund und am Herzen verglichen mit der Höhe des diastolischen Druckes wurden an über 100 Patienten im Durchschnittsalter von 45 Jahren untersucht (11, Abb. 2). Obgleich eine signifikante Korrelation zwischen den ermittelten Schweregraden und

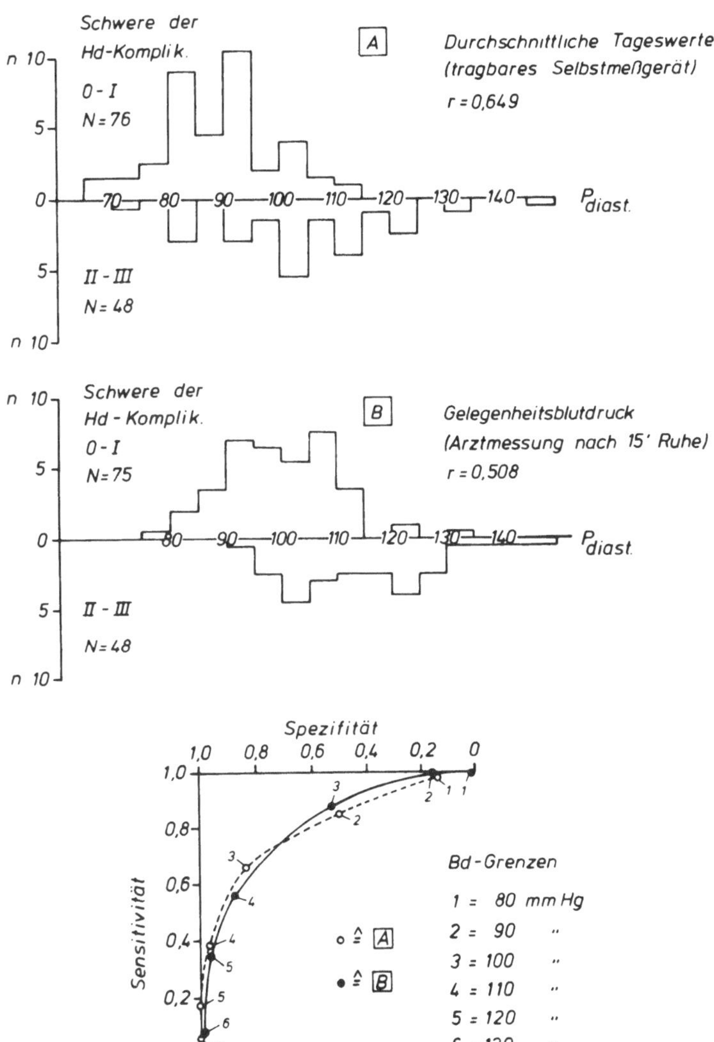

Abb. 2 Hochdruckkomplikationen und Höhe des diastolischen Blutdruckes, bestimmt durch Selbstmessung (A) sowie durch Arztmessung (B), bei 123 bzw. 124 Patienten (Daten aus 11).
Unterer Abbildungsteil: Darstellung der Befunde als „receiver operating characteristic" (nach 14).

der diastolischen Blutdruckhöhe bestand, überlappen sich die Verteilungen in einem weiten Bereich. Wurden nicht die Gelegenheitsblutdrucke, sondern die Mittelwerte der vom Patienten im Abstand von ½ Stunde während des Tages selbst gemessenen Drucke zugrunde gelegt, war der Korrelationskoeffizient signifikant höher. Eine Betrachtung der Häufigkeitsverteilungen zeigt allerdings, daß der diagnostische Gewinn für die Beurteilung des einzelnen Patienten gering ist. Dies wird deutlicher, wenn man die Daten einer neueren Art der Analyse unter den Gesichtspunkten von Sensitivität und Spezifität unterzieht (14).

Bei stetigen Merkmalen wie dem Blutdruck ändern sich die Häufigkeiten für richtig und falsch klassifizierte Gesunde einerseits und richtig und falsch klassifizierte Kranke andererseits (bzw. wie in unserem Fall für leicht Kranke und schwer Kranke) in Abhängigkeit von der Lage der Entscheidungsgrenze. Will man alle möglichen Entscheidungsgrenzen berücksichtigen, so kann man eine Kennlinie konstruieren, die sich um so stärker in Richtung auf den Schnittpunkt Spezifität (= 1) und Sensitivität (= 1) krümmt, je besser die Untersuchungsmethode ist.

Wertet man die o.g. Befunde in der genannten Weise aus, so zeigt sich, daß die Kennlinien für Durchschnittstageswerte des Blutdruckes und für Gelegenheitsblutdrucke weitgehend identisch verlaufen.

Zusammenfassend läßt die Messung des Gelegenheitsblutdruckes mit der einfachen Methode nach RIVA ROCCI und KOROTKOW eine durchaus zuverlässige Beurteilung des Blutdruckes zu, wenn vermeidbare Fehler ausgeschaltet werden. Ein größerer apparativer Aufwand (Automation, Erfassung von Tagesschwankungen) steht bisher leider weitgehend im Mißverhältnis zum damit erreichbaren Informationszuwachs.

Literatur

1. ALEXANDER, H., M. L. COHEN, L. STEINFELD: Criteria in the choice of an occluding cuff for the indirect measurement of blood pressure. Med. Biol. Eng. Comput., 15, 2 (1977)
2. ANLAUF, M., F. WEBER, H. HIRCHE, R. SIMONIDES: Vergleichende klinische Untersuchungen zur Meßgenauigkeit konventioneller und elektronischer Blutdruckselbstmeßgeräte. Biomedizinische Technik, Bd. 25, (1980)
3. BOCK, K. D., W. KREUZENBECK: Spontaneous Blood Pressure Variations in Hypertension; the Effect of Antihypertensive Therapy and Correlations with the Incidence of Complications. In GROSS, F. (Ed.): Antihypertensive Therapy, Principles and Practice; an International Symposium; Springer, Berlin—Heidelberg—New York 1966; p. 224

4. Cohen, M. L., L. Steinfeld, H. Alexander: Fortschritte in der Sphygmomanometrie. Münch. med. Wschr., 119, 967 (1977)
5. Deutsche Gesellschaft für Kreislaufforschung (Kommission, Vorsitz: K. D. Bock): Empfehlungen zur Indirekten Messung des Blutdrucks beim Menschen. Zeitschr. f. Kreislaufforsch. 60 (1971)
6. Gauer, O. H.: Kreislauf des Blutes. In: Gauer, O. H., Kramer, K., Jung, R.: Physiologie des Menschen, Bd. 3 (1972), p. 81
7. Hamilton, W. F., Woodbury, R. A., Harper, H. T.: Physiologic relationships between intrathoracic, intraspinal and arterial pressures. J.A.M.A. 107: 853 (1936)
8. Krönig, B.: Blutdruckvariabilität bei Hochdruckkranken. Verlag Hüthig, Heidelberg, 1976
9. Meesmann, W., H. J. Stöveken, C. P. Billing: Die Bestimmung des Basisblutdruckes in der Praxis durch die Ermittlung des sogenannten Entspannungswertes. Dtsch. med. Wschr. 95, 734 (1970)
10. Smirk, F. H.: Casual and Basal Blood Pessures. IV. Their Relationship to the Supplemental Pressure with a Note on Statistical Implications. Brit. Heart J. 6, 176 (1944)
11. Sokolow, M., D. Werdegar, H. K. Kain, A. T. Hinman: Relationship Between Level of Blood Pressure Measured Casually and by Portable Recorders and Severity of Complications in Essential Hypertension. Circulation, 34, 279 (1966)
12. Souchek, J., J. Stamler, A. R. Dyer, O. Paul, M. H. Lepper: The Value of Two or Three Versus a Single Reading of Blood Pressure at a First Visit. J. Chron. Dis., 32, 197 (1979)
13. Spence, J. D., W. J. Sibbald, R. D. Cape: Pseudohypertension in the elderly. Clin. Science and Molec. Medicine, 55, 399s (1978)
14. Turner, D. A.: An Intuitive Approach to Receiver Operating Characteristic Curve Analysis. J. of Nuclear Med., 19, 213 (1978)
15. Weiss, N. S.: Relation of High Blood Pressure to Headache, Epistaxis, and Selected Other Symptoms. The New Engl. J. of Medicine, 287, 631 (1972)
16. World Health Organization: Arterial hypertension. WHO Technical Report Series 628, Geneva 1978.

Diskussion

Ganten:
Die Frage der präzisen Blutdruckmessung ist ja insbesondere dann wichtig, wenn wir in Betracht ziehen, daß die sogenannte Grenzwerthypertonie ebenfalls behandlungsbedürftig sein soll. Deshalb sind präzise Messungen wirklich entscheidend und müssen eindeutig erfolgen.

Rahn:
Herr Anlauf, Sie haben gezeigt, daß bei den Selbstmessungen die Streuung etwas kleiner ist, als wenn der Arzt den Blutdruck mißt. Habe ich das richtig verstanden?

Anlauf:
Die interindividuelle Streuung war etwas geringer bei der Selbstmessung, vor allem aber lagen die Mittelwerte niedriger, wie wir das auch aus anderen Untersuchungen wissen.

Rahn:
Ja, das war das erste, und die Variation war etwas geringer.

Anlauf:
Man kann in der zitierten Untersuchung die beiden Verfahren der Blutdruckmessung nur schwer vergleichen, weil bei der Selbstmessung alle möglichen Werte während des Tages zugrunde gelegt wurden, während beim Gelegenheitsblutdruck übliche Ruhebedingungen gehalten wurden.

Rahn:
Ich frage mich nur, ob das nicht ein Artefakt ist. Es könnte sein, daß der Patient unbewußt Blutdruckwerte vorzieht, die er für die richtigen hält. Wäre es nicht besser, bei solchen Untersuchungen ein Random Zero Instrument zu gebrauchen?

Anlauf:
Sokolow hat eine besondere Versuchsanordnung entwickelt, bei der die Korotkow-Geräusche auf Band gespeichert werden, so daß man sie im nachhinein auswerten kann, für den Patienten blind.

Höpker:
Meine Bemerkung zielt auf die pathoanatomische Verifizierung eines hohen Blutdrucks. Wenn eine Hypertonie gegeben war, ist das, was wir anatomisch finden, eine Hypertrophie des linken Herzmuskels. Wir haben in unserem Material erarbeitet, daß die Angabe eines erhöhten Blutdrucks wohl mit der Wandstärke des linken Ventrikels korreliert, also eine Linksherzhypertrophie macht. Wir haben aber auch gefunden, daß es Fälle mit einer Linksherzhypertrophie gibt, ohne daß klinisch ein erhöhter Blutdruck nachgewiesen worden wäre, daß es sich in der Mehrzahl dieser Fälle um Raucher gehandelt hat. Und da wollte ich mal fragen, ob pathophysiologisch ein entsprechender Mechanismus bekannt ist? Mir ist dies aus der Literatur nicht geläufig.

Rahn:
Das Rauchen erhöht die zirkulierenden Katecholamine. Das wird den Blutdruck beim Rauchen noch etwas weiter erhöhen, es wird die Herzfrequenz etwas steigen, und es könnte schon sein, daß dadurch eher eine Hypertrophie zustande kommt als bei Menschen, die nicht rauchen.

Höpker:
Aber ohne Blutdruckerhöhung.

Rahn:
Das geht sehr schnell. Wenn der Proband 10 Minuten vor der Blutdruckmessung nicht mehr geraucht hat, ist der Effekt wieder weg.

Bock:
Kommt nicht eine Linksherzhypertrophie auch durch eine erhöhte Volumenbelastung zustande? Und die kommt doch auch bei vielen anderen Zuständen ohne Hochdruck vor. Deswegen bin ich immer etwas skeptisch gegenüber den pathologisch-anatomischen Korrelationen zwischen Hochdruck und Linksherzhypertrophie. Auch klinisch findet man öfter eine Linkshypertrophie des Herzens ohne Hochdruck, z. B. bei Sportlern. Sie haben aber wahrscheinlich keinen besseren Parameter?

Höpker:
Wir haben nichts Besseres als die Wandstärke und das Herzgesamtgewicht. Wir sind froh, daß wir das haben.

Methoden zur Erfassung von Risikoträgern – Meßtechnische Fragen: Fettstoffwechselstörungen

von G. Schlierf

Ich möchte das Thema von extremen Positionen aus diskutieren, die ich selbst nicht teile. Eine extreme Position ist, daß man sich um den Risikofaktor Fettstoffwechselstörungen nicht kümmert, weil er nicht wichtig ist. Es hätte der Eindruck entstehen können, daß dem so sei, denn wenn man für eine schlüssige Studie zur Wirksamkeit diätetischer Maßnahmen über 100000 Probanden braucht (1), dann „kann da nicht viel dran sein". Nun brauchte man nicht eine derartige Zahl von Probanden, um das Gewicht des Risikofaktors nachzuweisen, sondern um die Wirksamkeit der diätetischen Intervention zu belegen. Hier aber sind Faktoren wie Langzeitadhärenz, Kontrollgruppe etc. ganz entscheidend. Zur Beurteilung des Gewichts des Risikofaktors Hyperlipidämie ist der Blick auf die vorhin gezeigte Tabelle nützlich. Die Zahlen zeigen, daß das Gewicht der Hypercholesterinämie bzw. der Risikogradient bei unterschiedlichen Cholesterinspiegeln bei einem gegebenen Blutdruck, was die koronare Herzkrankheit betrifft, sicher größer ist als das Gewicht der systolischen Hypertonie bei einem gegebenen Cholesterinspiegel. Aus diesem Grund ist es beispielsweise auch immer noch nicht zweifelsfrei geklärt, ob die Hochdruckbehandlung die koronare Herzkrankheit verhütet. Aber wir reden jetzt über das Cholesterin. Ich meine, und dies war Haupttenor des vorhergehenden Referates, daß es vom Gewicht des Risikofaktors her nicht gerechtfertigt ist, sich um den Cholesterinspiegel nicht zu kümmern.

Ein anderer extremer Standpunkt ist, daß man das Cholesterin nicht messen braucht, weil nämlich die Lipidspiegel derart mit Größe und Gewicht, also mit Übergewicht korrelieren, daß man sich die Labormethode sparen und mit der Waage auskommen kann. Dem ist nicht so. Wie u.a. die Befunde von Nüssel zeigen, war die Häufigkeit der Hypercholesterinämie bei Übergewicht zwar höher als bei Normalgewicht; selbst bei idealgewichtigen 30—60jährigen Männern hatten jedoch 19% Cholesterinwerte über 260 mg/dl. Gerade die Heterozygoten der familiären Hypercholesterinämie sind in der Regel normalgewichtig; wenn man diese extreme Position einnimmt, entdeckt man die gefährlichsten Hypercholesterinämien nicht.

Die letzte derartig extreme Position ist, daß man „alles" im Bereich des Fettstoffwechsels mißt, was gemessen werden kann: Lipide, Lipo-

proteine, Apo-Lipoproteine, lipolytische Enzyme und Zellrezeptoren. Der Einsatz dieser speziellen Meßverfahren wird ja nach Fragestellung für Forschungsprobleme, nicht aber für Prophylaxe und Therapie brauchbar sein.
Was sollen wir dann in der Praxis messen? Erstens das Gesamtcholesterin. Das Gesamtcholesterin ist (zumindest bis zum 60. Lebensjahr) ein gutes Maß für die LDL-Konzentrationen. Daß wir LDL als wirklichen Risikofaktor betrachten, wurde im Lauf dieser Diskussion herausgearbeitet. Die bisherigen Methoden dafür sind allerdings indirekt und m. E. noch nicht gut genug. Zweitens sollte man die Triglyzeride messen. Sie sind ein grobes Maß für die Partikel, die aus der Leber kommen, also die großen Lipoproteine, deren Interaktion mit der Gefäßwand ebenfalls nachgewiesen ist. Man muß m. E. derzeit zur Erfassung des Risikostatus die „high density Lipoproteine" (HDL) nicht routinemäßig bestimmen, es sei denn zur Ermittlung der LDL bei grenzwertigen Gesamtcholesterinspiegeln. Methodische Probleme sowie unser karges Wissen über die Manipulierbarkeit der HDL und die Konsequenzen einer derartigen Manipulation sollen als Gründe für diese Haltung angeführt werden.
Wie geht es weiter? Wünschenswert wäre m. E. eine direkte LDL-Bestimmung anstelle der bisherigen Methode, die in dem Ergebnis für LDL die Summe aller übrigen Laborfehler konzentriert. Wünschenswert wären ferner postprandiale Lipidwerte, analog zum postprandialen Blutzucker. Auch hier bleibt noch viel Arbeit im Sinne einer Standardisierung einerseits und einer Abgrenzung von Risikobereichen andererseits. Die „Lipidologen" werden also auch weiterhin beschäftigt sein.

Literatur

1. Mass Field Trials of the Diet Heart Question Report of the Diet Heart Review Panel of the National Heart Institute, American Heart Association, Monograph 28, 1969

Diskussion

Schwartz:
Ich hätte eine Frage zu den praktischen Konsequenzen einiger von Ihnen vorgetragenen Überlegungen. Sie haben gesagt, daß ein Verzicht auf die Cholesterinmessung bei nicht übergewichtigen Personen insbesondere zur Nichtentdeckung der familiären Hypercholesterinämien führt. Kann man diese Personen denn nicht ziemlich leicht entdecken oder eingrenzen, indem man

vermehrt die Familienanamnese ausnutzt? Denn die müßten logischerweise eine familiäre Häufung der koronaren Erkrankung aufweisen. Und das ist ein Gesichtspunkt, den ich sowohl in dem Referat von Herrn Höpker wie auch bei Ihnen ein wenig vermisse. Denn das ist ja eine sehr billige und einfache Methode.

Schlierf:
Ich halte das für eine wichtige Bemerkung. Ich habe bis jetzt auch nicht gesagt, daß man eine ganze Bevölkerung mit diesen Methoden untersuchen soll, sondern überhaupt mal über die Methoden als solche gesprochen. Jetzt müßte man noch darüber sprechen, bei wem man sie ansetzt, und da kann man sich natürlich durchaus auf den Standpunkt stellen, daß man sich aus Gründen der Rationalität der Untersuchungen auf Risikogruppen beschränkt. Dazu gehören dann solche Menschen, in deren Familien Herztodesfälle oder koronare Herzkrankheiten im jungen Alter auftraten, dazu gehören natürlich die Übergewichtigen, und dazu gehören die Leute mit den anderen Risikofaktoren, weil sich ja das Risiko nicht addiert, sondern potenziert.

Bock:
Darf ich mal bewußt provozierend fragen: Sind Sie der Meinung, daß man die heute gängige Bestimmung von Cholesterin und Triglyzeriden überhaupt noch machen sollte? Wenn ja, bei wem?

Schlierf:
Ich bin der Meinung, daß man Cholesterin und Triglyceride bestimmen sollte und daß als Minimalforderung diese Untersuchungen bei Risikogruppen gemacht werden sollten. Ich würde gerne zur Diskussion stellen, inwieweit z. B. die Empfehlung, den Cholesterinspiegel tatsächlich bei allen zu messen, genau wie man allen Leuten die Vorsorgeuntersuchung auf das Kolonkarzinom anbietet, sich in Kosten-Nutzen-Analysen auswirkt.

Fülgraff:
Meine Frage bezieht sich auf dasselbe Problem, Herr Schlierf. Sie haben ja Ihre Bemerkung eingeleitet mit zwei Extrempositionen, die Sie gleichzeitig auch dann begründet abgelehnt haben, nämlich der einen, Cholesterin im Plasma nicht zu messen, weil es keine Bedeutung habe als Risikofaktor, und der zweiten, Cholesterin nicht zu messen, weil es mit dem Übergewicht ausreichend gut korreliere. Man könnte natürlich jetzt sagen und damit eine dritte Position beziehen: Cholesterin braucht man deswegen nicht zu untersuchen, weil man bei Cholesterinerhöhungen ja ohnehin nichts tun kann. Und ich würde Sie doch gerne bitten, diese Extremposition ebenfalls begründet abzulehnen bzw. zu diskutieren. Das gilt natürlich nicht für die Fälle, über die Herr Schwartz Sie gerade gefragt hat. Wenn Sie also die Schlußfolgerung so eingrenzen aus Ihrer Einführung, daß Sie sagen, man soll diese Untersuchung durchführen bei Risikoträgern, bei Risikogruppen, dann entfällt mein Wunsch an Sie. Wenn Sie aber zu der Ansicht neigen, man sollte Cholesterin-

untersuchungen sozusagen in Vorsorgepaketen anbieten, dann allerdings würde ich die Frage an Sie stellen, wozu? Denn ich meine, wir sollten doch in Programme der Prävention nur solche Untersuchungen aufnehmen, bei denen Sollwertabweichungen auch zu Maßnahmen führen könnten, mit denen man das Entstehen von Krankheiten tatsächlich verhindern kann.

Schlierf:
Ich versuche, Ihre Frage zu beantworten, weil Sie wichtig ist, obwohl ich sie nicht direkt zum Thema gehörend sehe. Der Teil dieser Tagung jetzt heißt „Methoden zur Erfassung von Risikoträgern“, und das ist nicht unbedingt verknüpft mit Intervention, obwohl sich diese Frage natürlich anschließt.
Ich teile nicht die Position, daß man bei der Hypercholesterinämie nichts tun kann. Ich bin allerdings der Auffassung, daß es von vielen Seiten sehr schwer gemacht wird, etwas Effektives dagegen zu tun, und würde auch gerne mit einer Gegenfrage kontern: Sollte man die Leute deshalb nicht mehr wiegen, weil man auch sagen könnte, daß man bei Übergewicht nichts tun könne? Die Erfolgsraten bei der Diabetesbehandlung, bei der Diättherapie der Hypertonie, der Adipositas und der Hypercholesterinämie sind nicht sehr unterschiedlich, was die Compliance und damit die Effektivität anbelangt.

Losse:
Es ist meiner Ansicht nach utopisch zu glauben, daß man durch die Anamneseerhebung etwas erreichen kann. Wir beschäftigen uns jetzt seit vielen Jahren mit Problemen der Anamnese, und es ist leider so, daß diese einfache Untersuchungsmethode eben nicht ausreichend angewandt wird. Man könnte damit selbstverständlich eine viel rationellere Diagnostik durchführen. Es ist mit der Anamnese etwa so, wie bei der Hochdruckbehandlung mit Gewichtsabnahme und Kochsalzreduktion. Die einfachen Methoden werden nicht durchgeführt.

Epstein:
Ich glaube, was das Vorsorgepaket in bezug auf Cholesterinbestimmung zum Teil in Verruf gebracht hat, ist die Frage der Häufigkeit der Messung. Ich wollte Herrn Schlierf fragen, wie oft Cholesterinbestimmungen, die ja, wenn sie nur alle paar Jahre gemacht werden, nicht aufwendig und nicht teuer sind, gemacht werden sollten. Wie oft ist das nötig, wenn man einen Cholesterinwert von 180 oder 220 oder 260 findet? Macht das einen großen Unterschied in bezug auf die Häufigkeit? Was ist die praktische Empfehlung?

Schlierf:
Dazu hätte ich in meinen Ausführungen Stellung nehmen sollen. Wie oft soll man Lipide bestimmen? Wir haben in Heidelberg Daten aus einer epidemiologischen Studie, in der wir zweimal Bestimmungen durchgeführt haben. Dort zeigte sich, daß ein einmal erhöhter Cholesterinwert sich bei der nächsten Bestimmung nur in etwa zwei Drittel der Fälle bestätigt. Die Hypertriglyceridämie bestätigt sich noch weniger häufig. Das ist wahrscheinlich auch der

Grund, warum die Identifikation der Hypertriglyceridämie als Risikofaktor so schwierig ist, weil die intraindividuelle Variabilität dieses Parameters von Tag zu Tag zu groß ist und viele epidemiologische Untersuchungen mit Einmal-Messungen gearbeitet haben. Man müßte wahrscheinlich sagen, einmal reicht sicher nicht, zweimal ist sehr, sehr viel besser, dreimal bringt etwas, aber nicht viel dazu. Das ist aber noch nicht alles zu dieser Frage, weil, wenn wir die zwanzigjährigen Heidelberger untersuchen, eine Prävalenz der Hypercholesterinämie von 2% (über 260 Gesamtcholesterin) und wenn wir die Vierzigjährigen untersuchen, eine von 14% gefunden wird. Mit anderen Worten, zwischen zwanzig und vierzig, ich extrapoliere jetzt von einer Querschnitts- auf eine Längsschnittuntersuchung — Sie verzeihen mir das —, nimmt die Hypercholesterinämiehäufigkeit zu. Das ist durch andere Studien gut belegt. Mit anderen Worten, man müßte dann schon in Abständen den Cholesterinspiegel bestimmen.

Epstein:
Alle wieviel Jahre?

Schlierf:
Ja, nun, das ist eine Ermessensfrage. Alle 5 Jahre würde ich jetzt mal sagen, aber darüber könnten wir nicht lange diskutieren, weil keine guten Daten dazu vorliegen.

Schmahl:
Herr Schlierf, Sie hatten erwähnt, daß wir bei dem jetzigen Stand der Diagnostik zur Ermittlung des LDL-Wertes praktisch auf eine Berechnung aus Cholesterin, Triglyzeriden und HDL angewiesen sind. Das ist jedenfalls in allen ärztlichen Praxen und Krankenhäusern der Fall, wo man nicht auf eine Ultrazentrifugen-Analyse der Serum-Lipoproteine zurückgreifen kann. Sie sagten ja schon, daß damit in die LDL-Werte sehr oft die Summe der Ungenauigkeiten bei der Bestimmung der anderen Parameter eingeht. Sie haben damit die sogenannte FRIEDEWALD-Formel angesprochen. Inwieweit hat sich diese Formel als solche denn bei großen vergleichenden Untersuchungen als stichhaltig und zuverlässig erwiesen?

Schlierf:
Bei großen Untersuchungen ist sie stichhaltig, wenn nicht ein systematischer Fehler drin ist, weil die Zufallsfehler sich natürlich durch die große Zahl ausgleichen, und dasselbe trifft auch für das HDL zu. Drum ist in der epidemiologischen Untersuchung das HDL so ein hervorragender Prädiktor und im Einzelfall ist es, laut einer Leserzuschrift im New England Journal of Medicine vor ca. 2 Jahren, wie Würfelspiel, die HDL nur einmal zu bestimmen.

Fülgraff:
Herr Schlierf, bitte sehen Sie es mir nach, wenn ich noch einmal auf meine Frage von vorhin zurückkomme. Ich meine, die Berechtigung, ob es zum

Thema gehört, liegt ja für mich darin, daß Sie selbst das Thema angesprochen haben durch Ihre beiden Eingangsbemerkungen. Sie sagen, wir wissen, wie hoch das Risiko erhöht wird durch zunehmendes Cholesterin bzw. LDL. Sie sagen aber gleichzeitig, ebenfalls zu Recht, den direkten Nachweis, daß eine Veränderung dieser Parameter sich auf die Erkrankungshäufigkeit an einer koronaren Herzkrankheit auswirkt, können wir nicht führen. Die Population, die wir dafür bräuchten, wäre viel zu groß, und es ist nicht durchführbar. Auch das ist einleuchtend. Aber wenn das so ist, daß der direkte Beweis nicht geführt werden kann, daß eine Veränderung des Cholesterins und der LDL-Fraktion tatsächlich für den Patienten was Günstiges bedeutet, auf welcher Basis dann könnte man überhaupt die Routineuntersuchungen im Rahmen eines Vorsorgepakets empfehlen; wenn man also keinen Hinweis hat, daß ein Eingreifen tatsächlich für den Patienten sinnvoll ist. Und wenn man nicht eingreift, weil das nicht nachgewiesen ist, dann braucht man es doch eigentlich auch nicht zu untersuchen.

Schlierf:
Herr Fülgraff, es ist am Vormittag diskutiert worden, daß die Interventionsstudie nicht die einzige Methode ist, um Evidenz über die Wirksamkeit eines Behandlungsverfahrens zu gewinnen. Es gibt jetzt andere Verfahren, die versucht werden, z. B. angiographische Verfahren, wo man die Regression nachzuweisen versucht. Es gibt einige Daten dazu, daß das prinzipiell möglich ist, und die Kalkulation von 100 000 Probanden und 5 Jahren bezieht sich auf die Monotherapie mit Diät. Ich glaube durchaus, daß eine kombiniert diätetisch-medikamentöse Therapie eine Chance hätte, bei einer sehr viel kleineren Zahl auch in der Interventionsstudie einen Effekt zu zeigen. Aber dann dürfte eine derartige Studie nicht, ich sage das jetzt sehr neutral und leidenschaftslos, verunmöglicht sein durch Diskussionen, die die Adhärenz, die Compliance für einen Teil der Behandlungsmaßnahmen, nämlich zur Diät, und für einen anderen Teil der Behandlungsmaßnahmen, nämlich für Medikamente, bis auf weiteres verunmöglichen. So wie ich die Lage sehe, müßte man sich jetzt oder bald entscheiden, ob die Hinweise zur Wirksamkeit einer Cholesterinspiegelsenkung mit harmlosen Mitteln ausreichen, um eine solche zu versuchen oder ob sie nicht ausreichen. Sie können natürlich sagen: „Die reichen mir nicht." Dann müßte ich z. B. Herrn Losse empfehlen, die Salzbeschränkungsempfehlung aus dem Hochdrucktherapiepaket herauszulassen, weil für diese Monotherapie mit kochsalzarmer Kost der Nutzen in einer kontrollierten Interventionsstudie nicht gezeigt worden ist.

Laaser:
Herr Schlierf, man kann die Frage, inwieweit überhaupt „Screening" sinnvoll ist, vielleicht auch noch unter einem anderen Gesichtspunkt debattieren, nämlich von den Maßnahmen her, die daraufhin zu treffen sind: wenn diese Maßnahmen — Sie haben sie gerade als ‚harmlose' Maßnahmen bezeichnet — sich gar nicht unterscheiden für diejenigen, die man durch Screening herausfindet, und für diejenigen, die jetzt zwar noch nicht den Risikofaktor entwickelt ha-

ben, ihn aber potentiell entwickeln würden, mit anderen Worten, wenn diese ‚harmlosen' Maßnahmen im Grunde für alle empfehlenswert sind, dann erübrigt sich doch auch von dieser Seite ein Screening. Dies gilt natürlich erst recht, wenn man einen Schritt weitergehen und sich auf eine bestimmte Risikopopulation beschränken kann. Das war die Möglichkeit, die Herr Fülgraff nahegelegt hat, da wo z. B. durch die Anamnese eine Risikopopulation definiert werden kann: etwa die durch frühen Herzinfarkt in der Familienanamnese Gefährdeten. Auf eine solche Zielgruppe lassen sich diagnostische Maßnahmen beschränken. Das würde die Sache etwas erleichtern, andererseits bleibt auch dann immer noch die Frage offen, welche Mittel mir denn bei den genetischen Hyperlipidämien zur Verfügung stehen. Die ‚harmlosen' Mittel — ich vermute, Sie meinen damit diätetische Maßnahmen — greifen ja nicht ausreichend. Kann man denn diese Patienten medikamentös erfolgreich behandeln?

Schlierf:
Wir wollen über die Methoden nicht sprechen, aber in der Sache würde ich Ihnen völlig zustimmen, daß man durchaus eine allgemeine Prävention mit vernünftiger Ernährung „prudent diet" empfehlen sollte. Hierzu ist vom Initiator dieser Tagung glossiert worden, daß man solches als Eingriff in Freiheit und Glück bezeichnen könnte, was ich nicht so sehe. Unsere Großeltern haben auch nur eine oder zwei Fleischmahlzeiten beispielsweise pro Woche gegessen, und ich glaube nicht, daß sie sich dadurch weniger frei und glücklich fühlten.

Rahn:
Ich würde doch ganz gerne noch einmal auf die Bemerkung von Herrn Fülgraff zurückkommen. Herr Schlierf, gibt es denn irgendeine Studie, wo bewiesen worden ist, daß man das Risiko einer koronaren Herzerkrankung vermindern kann oder die Lebenserwartung erhöhen kann, wenn man interveniert bei erhöhten Cholesterin- und Triglyzeridwerten?

Schlierf:
Beispielsweise hat die WHO-Studie, die zum vorübergehenden Verbot von Clofibrat geführt hat, nachgewiesen, daß die Herzinfarktinzidenz um 25% gesenkt wird und zwar proportional zum Effekt auf den Lipidspiegel. Es gibt andere Studien, die nicht so sauber durchgeführt worden sind, mit Cholestid z. B., und es gibt einige Diätstudien, von denen ich Ihnen eine zeigte. Sie sind alle in irgendeinem Punkt zu kritisieren. Eine in „Atherosclerosis" publizierte Studie von Carlson erreichte durch eine kombinierte medikamentöse Therapie eine Lipidsenkung um 25—30% und eine Verminderung (signifikant) der Reinfarkthäufigkeit.

Rahn:
Denn insofern können Sie die Situation bei der Hypertonie und bei den Lipidstoffwechselstörungen nicht vergleichen. Es gibt ganz eindeutige Studien bei

der Hypertonie, wo gezeigt worden ist, daß zumindest mit zwei verschiedenen Arzneimittelkombinationen die Häufigkeit von Komplikationen eindeutig vermindert werden kann, die Lebenserwartung erhöht werden kann. Da besteht gar kein Zweifel. Ich gebe Ihnen Recht! Sie können natürlich sagen, im Grunde genommen müßte man für jedes neue Therapieschema eine solche Studie wieder durchführen. Diese Studien sind alle durchgeführt worden mit Reserpin, mit einem Diuretikum und mit Hydralazin. Man könnte natürlich jetzt sagen, gut, wir verlangen, daß dasselbe noch einmal mit den jetzt gängigen Anthypertensiva gemacht wird. Aber offensichtlich ist die Situation bei den Lipidstoffwechselstörungen doch nicht so. Es gibt immer irgendwelche Einwände gegen die eine oder andere Studie, und da frage ich mich wirklich, ob Herr Fülgraff nicht recht hat. Solange man nicht genau weiß, ob es sinnvoll ist, solange kann ich nicht propagieren, daß im großen Stil Cholesterin- und Triglyzeridbestimmungen durchgeführt werden.

Schlierf:
Ich stimme Ihnen in der Sache zu. In der Hypertonieforschung ist man weiter. Das ist m. E. eine Frage der besseren Behandlungsmöglichkeit der Hypertonie. Ich würde aber den Diabetes und die Adipositas ins gleiche Boot setzen wie die Hypercholesterinämie.

Fülgraff:
Ich kämpfe sehr dafür, daß man die Epidemiologie und ihre Forschungsergebnisse ernst nimmt. Das bedeutet für mich, daß wenn man sich auf eine Studie beruft, man sich nicht auf Teilergebnisse berufen darf, sondern immer auf das Gesamtergebnis eine Studie. Wenn man sich also auf die WHO-Studie beruft, dann darf man nicht nur sagen, daß nach fünfjähriger Behandlung im ersten Ergebnis, das vor einem Jahr veröffentlicht wurde, die Häufigkeit von Herzinfarkten um 25% gesenkt wurde, dann muß man auch sagen, daß die Mortalität in den behandelten Gruppen überall gleich war, wie in den unbehandelten; daß sie nämlich überhaupt nicht verändert war. Dann muß man, glaube ich, auch darauf hinweisen, daß vor wenigen Wochen die Nachbeobachtung nach neun Jahren veröffentlicht wurde, und daß danach die Frage nach dem Nutzen der Behandlung noch weniger beantwortet werden kann. Man müßte dann auch natürlich die Risiken der Behandlung in die Gesamtbeurteilung mit einbeziehen.

Schlierf:
Das habe ich natürlich nicht unterschlagen, aber m. E. gehörte es nicht direkt zu der Frage, daß in der Studie durch mögliche Nebenwirkungen des Clofibrats der günstige Effekt ausgehoben oder sogar zum Teil umgekehrt worden ist. Dies möchte ich durchaus anheimstellen.

Lippert:
Eine Anmerkung zu der Frage, ob es gerechtfertigt ist, im Hinblick auf das Cholesterin allgemeine Empfehlungen auszusprechen. In der Diskussion

wurde dazu, typischerweise wie ich meine, das Problem auf identifizierte Risikofaktorenträger und die dafür notwendigen Screeningprogramme verkürzt. Dadurch aber kann es, epidemiologisch gesehen, nicht gelöst werden. Wenn man der Meinung ist, daß dieses Merkmal einen gewichtigen Risikoindikator oder Risikofaktor darstellt, dann ist er für alle bedeutend und nicht nur für die eher zufällig erkannten Risikofaktorenträger. Dies gilt für jeden Risikofaktor. Screeningprogramme schaffen zudem nur weitere Probleme: Sie erfassen z.B. immer nur Teilpopulationen und: Die Bedeutung eines Wertes ist schon wegen der intra-individuellen Variation nicht verläßlich zu beurteilen. — Wird das Problem ernsthaft diskutiert, dann muß gerade die Frage diskutiert werden, die Herr Schlierf vorher aufgeworfen hat: Ist die epidemiologische Evidenz — kausale Beweise hierzu können nicht erbracht werden — ausreichend, um allgemeine Empfehlungen zu rechtfertigen? Ist das, wie ich meine, der Fall, dann sollten Empfehlungen nicht auf Risikofaktorenträger beschränkt bleiben, sondern für die gesamte Bevölkerung ausgesprochen werden.

Epstein:
Ich möchte doch, wenn ich das darf, auf eine Bemerkung von Herrn Fülgraff zurückkommen, in bezug auf die Clofibrat-Studie. OLIVER hat selbst gesagt, daß die Clofibrat-Studie den einzigen direkten Hinweis dafür gibt, daß Cholesterinsenkung den nichttödlichen Infarkt vermindert, obwohl OLIVER nie verfehlt zu sagen, daß Clofibrat sehr unerfreuliche Nebenwirkungen hat. In bezug auf die Diskussion über Cholesterin sollte, glaube ich, das Wort „Beweis“ in diesem Zusammenhang möglichst vermieden werden. Beweise in diesem Gebiet sind enorm schwierig. Ich habe mich dazu gezwungen, das Wort „Hinweis“ oder „Nachweis“ zu gebrauchen. Die Indizienbeweise, wenn Sie wollen, für die sogenannte Lipidtheorie sind sehr überzeugend. Ich glaube, daß man sie nicht von der Hand weisen darf, und ich habe alles versucht, dafür Hinweise zu geben.

Methoden zur Erfassung von Risikoträgern – Meßtechnische Fragen: Diabetes mellitus

von F. A. Gries

Die Methoden, Risikoträger des Diabetes mellitus zu erfassen, dienen zwei Zielen:

1. der Erkennung von Prädiabetikern, also noch nicht diabetischen Personen mit dem Risiko einer Diabetesmanifestation,
2. der Erkennung von Diabetikern mit einem hohen Risiko von Diabeteskomplikationen.

zu 1. Erkennung von Prädiabetikern

Obwohl bei primärem Diabetes mellitus eine genetische Prädisposition angenommen werden muß, bietet die Familienanamnese nur geringe Hilfe, da der Erbgang unübersichtlich ist. Lediglich beim MODY, bei dem eine autosomal dominante Vererbung bekannt ist, läßt sich die Wahrscheinlichkeit der Diabetesmanifestation nach einfachen Mendelschen Regeln vorhersagen. In allen anderen Fällen ist mit einem Diabetes nur zu rechnen, wenn Erbanlage und auslösende peristatische Faktoren zusammentreffen. Entgegen früheren Ansichten ist die Bedeutung solcher Umwelteinflüsse bei Typ I Diabetes mellitus größer als bei Typ II Diabetes mellitus, d. h. der genetische Einfluß überwiegt bei Typ II. Bei eineiigen Zwillingen beträgt die Konkordanz (beide Partner erkrankt) bei insulinbedürftigem Diabetes mellitus (IDDM) 55%, bei nichtinsulinbedürftigem Diabetes mellitus (NIDDM) 89%. Ähnlich unterschiedlich, wenn auch auf niedrigerem Niveau, ist die Konkordanz bei Heterozygotie. Generell ist bei Personen mit Diabetes mütterlicher- und väterlicherseits oder mit mehreren Diabetikern auf einer Seite ein erhöhtes Risiko anzunehmen.

Erhöhtes Risiko liegt auch bei manifestationsfördernden Einflüssen vor. Einen hohen Vorhersagewert besitzt bei Frauen das Geburtsgewicht ihrer Kinder.

Beim insulinbedürftigen Diabetes mellitus vom Typ I kommt eine Häufigkeitssteigerung bestimmter HLA vor. Die HLA-Typisierung ist aber bisher als Risiko-Screening ungeeignet. Sie würde auch zu aufwendig sein.

Die Wertigkeit des Glukosetoleranz-Testes ist in letzter Zeit lebhaft diskutiert worden. Man hat dem Test eine zu geringe prognostische Aussagekraft für die spätere Diabetesmanifestation nachgesagt. Ver-

glichen mit Testen zur Erkennung einer bestehenden Krankheit ist die Aussage richtig, verglichen mit anderen prognostischen Testen ist sie falsch. Prospektive Studien, in denen bei Personen mit pathologischer Glukosetoleranz die Wahrscheinlichkeit ermittelt wurde, im Verlaufe von 10 Jahren einen manifesten Diabetes zu entwickeln, ergaben, daß die Inzidenz 5—15 mal höher liegt als in der allgemeinen Bevölkerung. Das relative Diabetesrisiko dieser Personengruppe ist also wesentlich höher als etwa das relative Koronarrisiko bei Hypertonie oder Hypercholesterinämie. Der orale Glukosetoleranztest ist als Screening für das Diabetesrisiko also nicht wertlos. Ein normaler Glukosetoleranztest ist aber keine Garantie gegen einen späteren Diabetes, und ein pathologischer Test sagt nur in etwa 25—50% der Fälle einen späteren Diabetes voraus. Bei diesen Aussagen ist der Diabetestyp nicht berücksichtigt. Nach unseren derzeitigen Vorstellungen über den Spontanverlauf diabetischer Frühstadien ist davon auszugehen, daß sie im wesentlichen für den Typ II Diabetes gelten.
Bisher liegen prospektive Studien nur bei oraler Glukosebelastung mit 50, 75 oder 100 g Glukose vor. International wird derzeit die 75-g-Dosis empfohlen. Das ist ein „demokratischer Kompromiß“. Aus testtheoretischen Gründen und wegen der besseren Reproduzierbarkeit sind 100-g-Belastungen eindeutig vorzuziehen. Der Wert 2 Stunden nach Belastung besitzt die größte Aussagekraft.

zu 2. Erkennung des Risikos von Komplikationen
Bereits bei subklinischen Störungen der Glukosetoleranz ist gehäuft mit vaskulären Komplikationen zu rechnen. Während das Risiko der Mikroangiopathie nicht erhöht ist, sind Prävalenz und — für die Kausalbetrachtung wichtiger — Inzidenz der Makroangiopathie gesteigert.
Auch eine Abhängigkeit der Mortalität von der Glukosetoleranz ist beobachtet worden.
Neuerdings liegen Hinweise dafür vor, daß die Beziehung zwischen Glukoseintoleranz und vaskulärem Risiko nicht linear ist. Vielmehr scheint ein Schwellenphänomen vorzuliegen. In der Whitehall-Studie lag die Schwelle, bei deren Überschreiten die koronare Mortalität um den Faktor 2 anstieg, bei einem 2-Stunden-Wert im OGTT von etwa 110 mg/dl.
Angesichts der vielfältigen Risiken des manifesten Diabetes mellitus möchte ich mich auf die vaskuläre Komplikation beschränken. Wie schon erwähnt, gilt es heute als gesichert, daß das mikroangiopathische Risiko von Höhe und Dauer der Hyperglykämie wesentlich beeinflußt wird. Dementsprechend können diesbezügliche Risikoträger

nur durch repräsentative oder integrale Parameter der Hyperglykämie erkannt werden. Wir wissen nicht genau, ob leichte Grade der Hyperglykämie ohne Steigerung des Risikos toleriert werden. Deshalb ist bis zum Beweis des Gegenteils jeder Patient als Risikoträger anzusehen, bei dem die Blutglukose im Tagesverlauf wesentlich von der Norm abweicht.

Um zu erkennen, ob diese Situation bei einem Patienten gegeben ist, reicht die Untersuchung durch den Arzt nicht aus, da sie zu sporadisch und lückenhaft ist. Als integraler Parameter wird die Harnglukose empfohlen. Sie bietet sich an, weil sie vom Patienten in Selbstkontrolle einfach durchzuführen ist; sie ist aber unzureichend. Glukose tritt bei normaler Nierenschwelle erst im Harn auf, wenn die Blutglukosewerte weit in pathologische Bereiche angestiegen sind. die Höhe der Glukosurie reflektiert also nur verschiedene Schweregrade der Dekompensation des Stoffwechsels. Sie gibt keine Auskunft darüber, ob die zur Verhütung der Mikroangiopathie als erforderlich anzusehende Stoffwechselnormalisierung tatsächlich erreicht wurde oder nicht.

Denkbar ist die regelmäßige Ermittlung von Blutglukoseprofilen. Da heute ausreichend zuverlässige Methoden der Patienten-Selbstkontrolle zur Verfügung stehen, ist die Bestimmung unter Alltagsbedingungen mit beliebiger Häufigkeit und zu beliebigen Zeiten, also auch nachts, möglich. Man kann davon ausgehen, daß bei stabilem Stoffwechsel 1—2 Profile ein ausreichend repräsentatives Bild geben. Bei labilem Stoffwechsel sind häufigere Kontrollen erforderlich. Dieses Verfahren hat den Vorteil, bei Stoffwechselentgleisung auch die Voraussetzung einer gezielten Intervention zu bieten. Es stellt damit mehr als ein bloßes Beobachtungsinstrument dar, weil es zugleich die Grundlage einer aktiven therapeutischen Intervention ist.

Weniger aufwendig, als Beobachtungsparameter für die Risikoerkennung aber wahrscheinlich ebenso nützlich, ist die Bestimmung glykosilierter Hämoglobine, der Fraktionen HbAl a—c. Der Glykosilierungsgrad hängt von der Höhe und der Dauer der Hyperglykämie ab. Er reflektiert damit die Stoffwechseleinstellung während der Lebenszeit eines Erythrozyten. In Praxi korreliert der HbAl-Gehalt am besten zum Blutglukosespiegel 2—4 Wochen vor der Bestimmung. Es stehen heute verschiedene Nachweismethoden zur Verfügung, die auch für Routinezwecke geeignet sind.

Die Erkennung des makroangiopathischen Risikos ist wegen der multifaktoriellen Pathogenese problematischer. Die Überwachung des Kohlenhydratstoffwechsels reicht nicht aus. Heute werden gefordert: Die Bestimmung des Körpergewichtes, des Blutdrucks, der

Triglyczeride, des LDL-Cholesterin/HDL-Cholesterinquotienten, des EKGs, der Extremitätenpulse bzw. Druckdifferenzen zum Systemdruck, der Proteinurie und die Fundusuntersuchung.
Zu einem Teil sollen auf diese Weise Diabetes-assoziierte Risikofaktoren erkannt werden (Adipositas, Hypertonie, Hyperlipoproteinämie), zum anderen gesicherte Indikatoren eines erhöhten Risikos (EKG-Veränderungen). Die prognostische Aussage von Fundusveränderungen, Proteinurie und peripherer Pulsdifferenz ist noch nicht ausreichend durch prospektive Studien gesichert und basiert im wesentlichen auf der ärztlichen Erfahrung.
Die Erkennung des Diabetesrisikos ist mit diesen Überwachungsparametern aber nicht erschöpft. Erwähnen möchte ich beispielhaft die Harnazetonbestimmung als Hinweis auf das Risiko eines diabetischen Koma, die Inspektion der Haut, besonders der Füße, als Hinweis auf das Risiko von Gangränen, den Nachweis der autonomen diabetischen Neuropathie als Hinweis auf die Lebenserwartung. Es kann aber nicht Aufgabe dieser Einführung sein, die moderne Diabetesüberwachung erschöpfend abzuhandeln, obwohl selbstverständlich alle diese und die unerwähnten weiteren Maßnahmen vordringlich dem Ziel dienen, das Risiko des Diabetes zu erkennen und damit die Voraussetzung für seine Vermeidung zu schaffen.

Diskussion

Bock:
Herr Gries, was würden Sie denn jetzt praktisch empfehlen? Was soll man denn bestimmen, um den subklinischen Diabetes in der Gesamtpopulation oder in unseren Hochdruckrisikopopulationen zu identifizieren? Ist es der Glukosetoleranztest, ist es die Plasmaglukose, wenn ja, nüchtern oder postprandial, oder ist es etwa gar der altmodische Harnzucker, von dem ich gesehen habe, daß er bei Ihnen selbst bei der Definition des manifesten Diabetes nicht mehr vorkommt. Daran schließt sich die nächste Frage: Wenn Sie jetzt den subklinischen Diabetes erfaßt haben, gibt es überhaupt eine Interventionsmöglichkeit mit Ausnahme der Entfettung, die ja ohnehin auch aus anderen Gründen indiziert ist, so daß man nicht noch das Diabetesrisiko zusätzlich ermitteln müßte?

Gries:
Zunächst bin ich der Meinung, daß der orale Glukosetoleranztest mit 100 g nach wie vor die Methode der Wahl ist. Es gibt keinen vernünftigen Grund, davon abzugehen. Ob die Methode ausreichend ist, ist eine andere Frage. Die Ergebnisse sind übrigens nahezu identisch, gleichgültig, ob man mit 75

oder 100 g belastet, sofern man den Test zur Krankheitserkennung, d. h., nicht als Vorhersagetest, einsetzt. — Zur Frage der Intervention: Was ist zu tun? Das hängt zunächst entscheidend davon ab, ob man manifestationsbegünstigende Faktoren entdecken kann oder nicht. Entdeckt man eine Adipositas, geht man so vor, wie Sie das vorgeschlagen haben. Habe ich einen sehr seßhaften, immobilen Typ vor mir, kann ich ihn zum Sport anregen. Man muß sich aber darüber klar sein, daß der günstige Effekt auf den Kohlenhydratstoffwechsel nur so lange anhält, wie der Betreffende Sport treibt. Schon wenige Tage, auch nach einem intensiven Training, hört dieser Vorteil der Stoffwechselverbesserung auf. Habe ich eine Hyperlipoproteinämie, speziell Erhöhung der Triglyzeride, kann ich sie beseitigen, weil wir wissen, daß auch diese die Manifestation eines Diabetes begünstigt.
Die Frage, ob eine medikamentöse Interventionsmöglichkeit besteht, wird kontrovers beurteilt. Alles, was wir bis zum letzten Jahr gesehen haben, hat gezeigt, daß weder Biguanide noch verschiedene Sulfonylharnstoffderivate in der Lage waren, die Manifestation zu verhindern. Im letzten Jahr ist jedoch eine schwedische Studie erschienen, die erste, bei der die Compliance der medikamentösen Therapie überprüft wurde und in diesem Fall bei 80% lag. Hier kam es, allerdings an recht kleinen Kollektiven, zu sehr eindrucksvollen Unterschieden. Die Patienten, die in diesem Falle Tolbutamid genommen hatten, hatten in keinem einzigen Fall über 10 Jahre einen Diabetes entwickelt, diejenigen, die überhaupt nichts unternommen hatten, in der Größenordnung von 30%. Möglicherweise gibt es also eine medikamentöse Intervention. Die Akten darüber sind aber noch nicht geschlossen.

Bock:
Ihre Antwort bestätigt eigentlich den Sinn meiner Frage. Denn die drei Interventionsmöglichkeiten, die Sie genannt haben und die einigermaßen gesichert sind, nämlich Gewichtsreduktion, vermehrte körperliche Aktivität und Beseitigung einer Hyperlipoproteinämie, sind alle auch so indiziert, unabhängig davon, ob Sie zusätzlich eine pathologische Glukosetoleranz nachweisen oder nicht. Man könnte sich dann eigentlich, wenn ich mich mal provozierend äußern darf, die Suche nach dem subklinischen Diabetes schenken.

Gries:
Der subklinische Diabetes heißt jetzt im Englischen: „impaired glucose-tolerance", und man wird sehen, ob sich im Deutschen die „gestörte" oder die „pathologische Glukosetoleranz" oder die „Risikoglukosetoleranz" durchsetzt. Herr Bock, ganz so ist es, glaube ich, nicht. Für die Adipositas milden Grades bis etwa 30%, ist eine erhöhte Mortalität nicht gesichert, für die pathologische Glukosetoleranz aber wohl. Allein aus diesem Grund ist es interessant zu wissen, ob jemand diesbezüglich gesund ist oder nicht. Erhöhung der Mortalität um den Faktor 2 ist auch dann gegeben, zumindest in zwei Studien, Busselton (1969) und Whitehall, wenn ich für Hypertonie, Rauchen, Fettstoffwechselstörungen und Körpergewicht, natürlich auch für das Lebensalter, korrigiere.

Bock:

Aber was machen Sie, wenn keine Adipositas besteht, jedoch eine pathologische Glukosetoleranz? Außerdem war es ja wohl so, wenn ich Sie recht verstanden habe, daß nicht das Übergewicht, sondern die Überernährung das Risiko darstellt, d.h. gefährdet ist der, der viel ißt ohne unbedingt dick zu werden.

Gries:

Ja, das habe ich aber ausdrücklich „in Klammern“ gesagt. Weil wir schon einen ganzen Tag zusammensitzen und dem Problem Adipositas noch kaum einen Nebensatz gewidmet haben, dachte ich, vielleicht gelingt es mir auf diese Weise, das Thema ins Gespräch zu bringen.
Es bleibt zunächst einmal dabei, daß die Adipositas der Risikofaktor für den Diabetes ist, das andere ist als Diskussionsanregung gedacht. Was also mache ich, wenn ich einen ansonsten vollständig gesunden Menschen habe? Nun, ich kann bei diesem Menschen nicht viel anderes machen, als ihn beobachten, um möglichst rasch zu erkennen, möglichst früh zu erkennen, ob ich ein passageres Zwischenstadium beobachtet habe, das rasch zur Manifestation fortschreitet oder nicht.
Ich bin der Meinung, daß man eine zweite Interventionsstudie, etwa mit Sulfonylharnstoffen, nach dem schwedischen Vorbild brauchte, um auf diesen Daten basierend allgemeine Empfehlungen zu geben. Ich gebe die Empfehlungen einer medikamentösen Intervention meinen Patienten derzeit nicht, und ich würde sie auch nicht der Öffentlichkeit geben.

Robra:

Sie haben 110 mg/dl 2 Stunden nach einer oralen Glukosebelastung in der Whitehall-Studie als niedrig bezeichnet. Man muß dazu aber vielleicht sagen, daß das die 98. Perzentile der Verteilung in dieser Bevölkerung war. Der Wert mag absolut niedrig sein. Bevölkerungsbezogen ist es aber ein sehr kleines Segment, in dem ein erhöhtes Risiko gefunden wird. Unterhalb dieses Wertes findet sich tatsächlich über die ganze Breite der Verteilung kein erhöhtes Risiko. Wie wenig gesichert eigentlich die verminderte Glukosetoleranz als unabhängiger koronarer Risikofaktor ist, zeigt die Zusammenstellung von 15 Studien aus 11 Ländern, die Stamler und Stamler im J. chron. Dis. 32 (11/12) 1979 herausgegeben haben.

Gries:

Ich weiß nicht, ob Sie den fabelhaften Kommentar im Lancet zu dieser Sammlung von Arbeiten gelesen haben und deren betont kritischen Verriß. Es betrifft nicht Herrn Stamler selbst, der die Beiträge, die dort geliefert worden sind, publiziert und dazu eine einleitende Bemerkung geschrieben hat. Ich glaube, man darf nicht alle Studien gleich ernst nehmen. Wenn etwa, worauf im Lancet ja auch hingewiesen wird, Blutzuckerwerte bis zum Nachmittag gestanden haben, und zwar ohne Fluoridzusatz, dann weiß man, daß die nicht sehr viel wert sind. Ich glaube, man sollte sich hier auf die guten präzisen Studien stützen, und sowohl Busselton als auch Whitehall sehe ich als Nichtepidemiologe, aber auf diesem Gebiet interessierter Kliniker als außerordentlich präzise an, und immerhin mit das Beste, was ich auf diesem Sektor kenne.

Schlierf:
Herr Bock, Sie sagten, wenn ein Übergewichtiger einen latenten Diabetes hat, dann braucht man das gar nicht zu wissen. Man soll einfach das Gewicht reduzieren. Herr Fülgraff hat vorhin zu Recht darauf hingewiesen, daß das gar nicht so einfach ist. Inwieweit ist die Kenntnis der vorliegenden Stoffwechselstörung ein Motivator für Interventionsmaßnahmen?

Laaser:
Herr Gries, Sie haben Herrn Bock entgegnet, bei der gestörten Glukosetoleranz läge ein erhöhtes Risiko vor — bei Übergewicht bis zu 30%, sagten Sie wohl. Andererseits haben Sie auch gesagt, das Übergewicht stelle seinerseits einen Risikofaktor für die Entwicklung des Diabetes mellitus dar. Ich sehe in dieser Argumentation einen logischen Bruch, denn diese letztere Argumentation zumindest müßte Sie doch dazu bringen, Herrn Bock zuzustimmen und das Übergewicht in jedem Fall als interventionsbedürftig anzusehen, unabhängig davon, wie die Glukosetoleranz aussieht. Denn zumindest stellt es ja einen Risikofaktor für die Entwicklung des Diabetes dar.

Gries:
Vielen Dank, Herr Laaser, für die Frage. Ich hätte, wenn ich mehr Zeit gehabt hätte, gerne eine beunruhigende Diskrepanz in die Debatte geworfen, die hier im kleinen Kreis und Zweiergesprächen schon mehrfach aufgetaucht ist. Nämlich die Tatsache, daß bei der Adipositas eine Reihe von anerkannten Risikofaktoren vermehrt vorkommt, und zwar auch bei milden Graden der Adipositas. Wir haben das Diapositiv von Herrn Nüssel gesehen. Es entspricht übrigens auch unserer Erfahrung. Trotzdem gibt es, soweit ich weiß, außer der Body build and Blood pressure study, die allerdings auch verschieden ausgewertet werden kann, keine prospektive epidemiologische Studie, die zeigt, daß diese Personengruppe mit einem Übergewicht bis etwa 30% tatsächlich einem erhöhten Mortalitätsrisiko ausgesetzt ist. Wir haben bei verschiedenen Gelegenheiten beim letzten Obesitas-Kongreß in Rom und auch bei unserem Symposium in Düsseldorf vor einigen Wochen versucht, Lösungsmöglichkeiten für diese Diskrepanz zu finden. Im Augenblick ist die Diskrepanz nicht zu lösen, aber man muß sie klar erkennen, weil sie entweder das Konzept der Risikofaktoren grundsätzlich in Frage stellt oder weil wir hier eine neue Bewertung durchführen müssen. Was die spezielle Frage des HDL betrifft, hat Herr Schlierf heute morgen schon in der Diskussion einen Lösungsvorschlag kommentiert, den Nestl aus Australien angeboten hat.

Laaser:
Stellt Ihrer Meinung nach das Übergewicht einen Risikofaktor für die Entwicklung eines Diabetes dar oder nicht?

Gries:
Ja, eindeutig.

Laaser:
Dann ist es auch interventionsfähig, selbst dann, wenn noch kein Diabetes vorliegt.

Schlierf:
Ich würde vorschlagen, aber ich bin bei weitem nicht so Sachkenner wie Sie, Herr Gries, die Frage doch noch zu relativieren, also zu fragen, ob es erwiesen ist, daß geringe Grade von Übergewicht keine Mortalitätszunahme machen. Es gibt eine prospective cancer study in den Vereinigten Staaten mit 750000 Probanden. In der Studie hat man auch Gewicht und Mortalität geprüft, und hier war wieder das alte Idealgewicht das Idealgewicht in bezug auf die Lebenserwartung.
Vielleicht müssen wir uns noch nicht zu sehr den Kopf zerbrechen, warum 20% Übergewicht die Lebenserwartung nicht beeinträchtigen, vielleicht tun sie es doch.

Anlauf:
Herr Gries, bei mir ist der Eindruck entstanden, daß die Interventionsschwelle bzw. das Einstellungsziel in der Diabetestherapie von Ihnen dort gelegt wird, wo auch das Risiko beginnt zuzunehmen. Wenn wir uns im Bereich der Hypertonie genauso verhalten würden, kämen wir in ganz erhebliche Probleme — zumindest bei der medikamentösen Therapie. Wir haben uns in der Hochdrucktherapie einen größeren Spielraum eingeräumt, um nicht in eine schlechte Nutzen-Schaden-Beziehung hineinzukommen. Sollte man bei den Risikofaktoren wirklich mit allen, auch medikamentösen Mitteln versuchen, das vaskuläre Risiko völlig auszuschalten und sich dabei möglicherweise ganz andere Risiken einhandeln?

Gries:
Es ist zweierlei, ob ich einen manifesten Diabetes habe, den ich einzustellen versuche, oder ob ich von einem subklinischen Diabetes ausgehe. Die Intervention beim subklinischen Diabetes, die der Verzögerung der Diabetesmanifestation dient, ist ein anderes Problem als die Einstellungskriterien bei manifestem Diabetes. Ich bin mir sehr wohl klar, daß diese Einstellungskriterien ein Ideal darstellen, das nicht in allen Fällen erreicht wird. Aber heute wollen noch viele von uns viel weniger erreichen, und sie erreichen tatsächlich ja immer noch weniger, als sie wollen. Das ist sicher ein Grund dafür, daß die meisten unserer Patienten so miserabel eingestellt sind und die Lebenserwartung um ein Drittel geringer ist, als sie zu sein brauchte.
Wenn Sie meinen, daß es so sehr schwierig ist, insulinbehandelte Diabetiker auf diese Werte einzustellen, dann muß ich Ihnen widersprechen. In der Mehrzahl der Fälle gelingt es innerhalb kurzer Frist.

Bock:
In der Klinik.

Gries:
Ja, aber auch ambulant. Wir haben ambulante Studien laufen. Es ist durchaus möglich und gelingt mit Patientenselbstkontrolle.

Epstein:
Eine kurze Bemerkung, die auf die Frage von Herrn Robra an Herrn Gries zurückgeht. Ich stimme absolut mit dem überein, was Herr Gries sagte über die Whitehall- und die Busselton-Studie. Wieviel ist viel und wie wenig ist wenig? Ich glaube, das ist eine Frage, die prinzipiell, ganz abgesehen von Diabetes, uns sehr befaßt. In der Whitehall-Studie, wie Herr Robra richtig sagte, waren nach der Definition „nur" 5% einem doppelten oder dreifachen Koronarkrankheitsrisiko ausgesetzt, diese 5% mit dem höchsten Wert der Glukoseintoleranz. Und vergessen Sie nicht, das ist eine Bevölkerungsgruppe, von der Diabetiker bereits ausgeschlossen waren! Und bedenken Sie, daß 5% eine enorm hohe Zahl ist. Wenn Sie 100 Menschen dahinstellen und 5 von diesen 100 Menschen einem doppelt oder dreifach höheren Risiko einer schweren Krankheit ausgesetzt sind, das ist enorm hoch. Wenn wir nicht dieser Ansicht sind, dann müssen wir unser ganzes Risikofaktorenkonzept ändern.

Gries:
Vollkommen richtig. Deshalb habe ich das Diapositiv mit Rauchen, Hypertonus und den anderen Risikofaktoren gezeigt. Diese bedeuten alle ein geringeres Risiko als die pathologische Glukosetoleranz.

Anlauf:
Es ist für uns immer schwer, wenn mit dem Mehrfachen eines Risikos argumentiert wird. Auch das Vielfache eines Risikos kann praktisch irrelevant sein. Deshalb sind die absoluten Zahlen entscheidend.

Epstein:
Das durchschnittliche, absolute Risiko, eine Koronarkrankheit in 10 Jahren zu entwickeln, ist in Amerika ungefähr 10%. Ein Prozent pro Jahr. In der Bundesrepublik ist das absolute Risiko wahrscheinlich niedriger. Das mehrfache Risiko wäre 2 oder 3% pro Jahr, und das ist enorm viel.

Bock:
Aber es betrifft wiederum nur 5% der Population.

Epstein:
Aber, wie mein Lehrer Sir Thomas Lewis vor vielen, vielen Jahren gesagt hat: „Wenn das Ihre Lieblingstante ist, ist das was ganz anderes." Oder Ihr Sohn oder Ihr Vater, und darum dreht es sich. Entschuldigung ...

Schmahl:
Herr Gries, mir war ebenso wie Herrn Bock aufgefallen, daß bei Ihren Tabellen usw. zur Diabeteserkrankung und -einstellung der Urinzucker sehr wenig bzw. gar nicht berücksichtigt worden ist.

Gries:
Ja, im Grunde genommen gar nicht. Wir bestimmen ihn aus anderen Gründen, aber nicht zur Diabeteserkennung. Vielleicht darf ich zur einfachen Begründung ein Beispiel anführen. Ich habe vor wenigen Wochen einen Patienten zu behandeln gehabt, d. h. nicht zu behandeln gehabt, der seit über 20 Jahren Insulin spritzt, weil er eine renale Glukosurie hat, die als Diabetes mißdeutet wurde. Das ist der eine Punkt. Der andere Punkt ist der, daß Sie gerade bei älteren Patienten Anstiege der Nierenschwelle bis über 300 mg/dl bekommen. Diese Menschen sind aglukosurisch und trotzdem schwer krank. Wenn ich mich auf einen solchen Parameter verlasse, obwohl es Studien gibt, in denen bis zu 5% renaler Glukosurien gefunden worden sind, also Patienten, die keinen Diabetes haben, jedoch Harnzucker in pathologischen Mengen ausscheiden, dann ist das gerade für screening-Methoden ein verdächtiger Parameter. Wenn ich darüber hinaus weiß, daß viele Patienten, die eine Pyelonephritis durchgemacht haben, die Patienten mit Tubulopathien einen Anstieg der Nierenschwelle aufweisen, dann wird dieser Parameter außerordentlich unzuverlässig. Ich meine, man sollte immer ad fontes gehen. Der Blutzucker ist das Primäre, warum soll man ihn nicht bestimmen? Das ist einfach und preiswert.

Methoden zur Erfassung von Risikoträgern – Organisationsmodelle

von B.-P. Robra

Die Entscheidung über ein Organisationsmodell zur Erfassung von Risikoträgern fällt in der Planungsphase einer epidemiologischen Studie oder eines Programms der primären oder sekundären Prävention. Dafür muß zunächst ein Konsens über das Ziel der Erfassung bestehen, und man sollte sich verständigt haben, wer Risikoträger ist und wie Mediziner und Bevölkerung mit ihm weiter umgehen sollen.

Als Ziele der Erfassung von Risikoträgern können mit unterschiedlicher Intensität verfolgt werden:

— methodische
— epidemiologische
  deskriptiv
  analytisch
  experimentell
— Vorsorge/Früherkennung
— Nebenziele.

Als methodische Ziele können z. B. angestrebt werden: die Feststellung der Motivation Gesunder, an einem Erfassungsprogramm teilzunehmen, die Validierung von Methoden, die Erprobung des Einsatzes von Hilfspersonal oder andere Aspekte der Prüfung der Durchführbarkeit. Stark methodisch orientierte Herz-Kreislauf-Früherkennungsprogramme waren z. B. die BASF-Studie III (31), die Untersuchungen an der DKD (34) und in Ulm (24—26). Als Aufgabe der deskriptiven Epidemiologie gilt die Feststellung der Häufigkeit und Verteilung von Zielkrankheiten und ihrer Risikofaktoren in der Bevölkerung, besonders interessant sind Angaben über ihre Inzidenz. Eine wichtige Methode der analytischen Epidemiologie zur Kennzeichnung von Risikoträgern ist die Fall-Kontroll-Studie. Verschiedene Interventionsstudien gerade auf dem Gebiet der Primärprävention der Koronarkrankheit können als experimentelle Epidemiologie bezeichnet werden. Der Übergang zwischen experimenteller Epidemiologie und Vorsorge ist aber graduell und allzu fließend. Bei nachgewiesener Wirksamkeit, leider aber auch vorher, werden Präventivmaßnahmen aus dem experimentellen Bereich in den der Vorsorge übernommen.

Als Nebenziele sind sozialpolitische Ziele anzusehen, z. B. die Steigerung der Zufriedenheit der Bevölkerung mit ihrer Versorgung, oder latente Zielsetzungen, wie z. B. wissenschaftlicher Ehrgeiz. Die angestrebten Ziele werden die Art der Erfassung von Risikoträgern stark beeinflussen. Auch die Vorstellungen, wer denn Risikoträger sei, können die möglichen Organisationsmodelle festlegen.

Risikoträger ist, wessen Risiko, innerhalb eines definierten Zeitraums an einer bestimmten Krankheit zu erkranken, das Risiko einer Referenzpopulation um einen bestimmten, für bedeutsam gehaltenen Betrag überschreitet.

Das Vorhandensein bestimmter Risikofaktoren bzw. bei quantitativen Variablen das Überschreiten eines festgesetzten Grenzwertes sind besonders einfache Operationalisierungen dieses Risikokonzepts. Amerikanische Interventionsstudien verwenden Risikofunktionen, die mehrere Risikofaktoren gleichzeitig berücksichtigen können und prospektiv validiert worden sind (18, 21). Diese Risikofunktionen können z. B. zeigen, daß eine Person mit einer ungünstigen Kombination „unterschwelliger" Risikofaktoren tatsächlich ein höheres Risiko hat als eine Person mit einem einzelnen „überschwelligen" Risikofaktor und sonst günstiger Kombination.

Bezogen auf die Bevölkerung wissen wir (19), daß die große Mehrheit aller koronaren Ereignisse sich nicht in der — kleinen — Gruppe mit hohem Risiko, sondern in der — großen — mit gering erhöhtem Risiko ereignen wird. Die Erfassung dieser großen Gruppe wäre dann — je nach Interventionsmodell — u. U. sinnvoller, ja sogar billiger (29) als die Erfassung von Hochrisikogruppen. Es ist auch denkbar, daß man bewußt „Noch-nicht-Risikoträger" definiert (20, 32). Für einige bevölkerungsorientierte Interventionsansätze spielt auch die Erfassung von Risikoträgern keine wesentliche Rolle mehr. Für ihren Interventionserfolg wichtig ist jedoch die Erfassung von Mittelspersonen oder Leitfiguren.

Die folgende Aufstellung soll versuchen, Möglichkeiten der Erfassung von Risikoträgern (bzw. von komplementären Nicht-Risikoträgern) systematisch darzustellen (Tab. 1).

a) Einteilung nach der Zielkrankheit
b) Einteilung nach der Zielpopulation
c) Einteilung nach dem Träger des Erfassungsverfahrens
d) Einteilung nach der Untersuchungsmethode
e) Einteilung nach der zeitlichen Abfolge der Risikoerfassung

Tab. 1 Fünf Kriterien zur Einteilung von Erfassungsmethoden für Risikoträger

a) Einteilung nach der Zielkrankheit

Man kann sich auf eine einzelne Gesundheitsstörung und ihre Risikofaktoren beschränken oder versuchen, ein ganzes Spektrum von Zielstörungen zu erfassen, d.h. spezifische oder unspezifische Programme durchzuführen. Man kann aber nicht davon ausgehen, daß bei unspezifischen Programmen Aufwand und Ertrag regelmäßig in einem besonders günstigen Verhältnis zueinander stehen (4). In jedem Fall sollten nur solche Störungen gewählt werden, die auch wirksam beeinflußt werden können. Andernfalls muß gerade die Überprüfung der effektiven Beeinflußbarkeit zu den wissenschaftlichen Zielen gehören. Die auf die Erfassung folgenden Aktionen der Befunderhärtung, Beratung oder Behandlung und die Evaluation sind von Anfang an mitzuplanen.

b) Einteilung nach der Zielpopulation

Man kann die Zielpopulation eines Erfassungsprogramms definieren nach

— administrativen oder demographischen Kriterien (z.B. Mitgliedschaft in einer Krankenkasse, Erfüllen einer Vorversicherungszeit, Wohngegend, Alter, Geschlecht)

— Vorliegen definierter a-priori-Risikokriterien,
diese unterscheiden sich von den zu erfassenden Risikokriterien dadurch, daß sie ohne persönlichen Kontakt mit dem Probanden die Zuordnung zu einer Gruppe mit höherem Risiko zulassen. Methoden, die zu einer Anreicherung der Zielkrankheit in der Untersuchungspopulation beitragen sollen, bei denen die Probanden aber persönlich kontaktiert werden müßten, sind bereits Bestandteil eines Screeningprogramms. Die praktisch wichtigen a-priori-Risikokriterien sind Alter und Geschlecht. Alle Versuche, z.B. beim Brustkrebsscreening mittels einer Diskriminanzanalyse von Risikofaktoren oder ähnlicher Verfahren zu einer Reduktion der nötigen Untersuchungsfälle bei gleichzeitiger Steigerung der Anzahl neu entdeckter Krankheitsfälle zu kommen (selektives Screening), haben sich als zu unspezifisch und zu wenig sensitiv erwiesen, um den Ausschluß von Bevölkerungsgruppen aus dem Programm psychologisch, sozial und gesundheitspolitisch zu rechtfertigen (5, 8, 10, 28). Dasselbe trifft bei den noch häufigeren Herz-Kreislauf-Krankheiten zu.

Das Individuum kann nicht isoliert gesehen werden von der Gruppe, deren Werten und Verhaltensnormen es folgt. Für einige Gesundheitsprobleme kann z.B. die Familie der wichtigste Risikofaktor sein (13). Es ist eine wichtige Frage, ob man wirklich primär Informationen über jeden individuellen Risikoträger benötigt oder ob man zunächst aus einer Analyse der Verteilung der Risikofaktoren in Stichproben der Bevölkerung oder der Messung verschiedener Gesundheitsindikatoren hinreichende Handlungsanweisungen bekommt. Die gegenwärtig vorhandenen Mortalitäts- und Morbiditätsstatistiken reichen dazu natürlich nicht aus.

Ein Verzicht auf individuelle Erfassung kann auch datenschutzrechtliche Gründe (z. B. § 369 [2] RVO) oder methodische Gründe haben. So sind z. B. unsere Instrumente zur Erfassung der Ernährung für einen Gruppenvergleich brauchbarer als für die Beurteilung des Risikos von Einzelpersonen.

Schließlich ist im internationalen Vergleich die gesamte westliche Bevölkerung einem erhöhten koronaren Risiko ausgesetzt.

c) Einteilung nach dem Träger des Erfassungsverfahrens

Die wichtigsten Träger bei der Erfassung von Risikoträgern sind in Deutschland die Kassenärzte, die

— auf gesetzlicher Basis (§ 181, § 196 RVO)
— auf vertraglicher Basis (1, 7, 14, 15)
— oder aus eigener Initiative (incidental Screening, 9, 16)

in dieser Richtung tätig geworden sind.

Es gibt aber auch andere Träger: die Krankenkassen selbst (z. B. 12), Universitäten oder andere Einrichtungen des Gesundheitswesens (z. B. 11, 17, 27, 31, 33, 34), auch niedergelassene Ärzte außerhalb der kassenärztlichen Versorgung (wie in 3) und Apotheken gehören dazu. Selbst außerhalb des Gesundheitswesens ist eine Erfassung von Risikoträgern möglich. Beispiele reichen von den Aktivitäten des TÜV Bayern (30) über RR-Messungen an Bankschaltern bis zu kommunalen Aktivitäten. Unter Interventionsgesichtspunkten muß es wünschenswert sein, daß die Bevölkerung ihre Risikobeurteilung selbst vornehmen kann.

d) Einteilung nach der Untersuchungsmethode

In aller Regel findet man auch bei Programmen mit nur einer Zielkrankheit mehrere Untersuchungsmethoden, die parallel oder in Serie eingesetzt werden. Die Röntgenreihenuntersuchung ist ein Beispiel für eine Methode, mit der gleichzeitig mehrere Zielkrankheiten erfaßt werden können. Besonders klärungswürdig ist — auch wegen der ökonomischen Bedeutung — die Frage, ob überhaupt Ärzte bei der Erfassung von Risikoträgern mitwirken müssen (22). Einige Herz-Kreislauf-Untersuchungen sind zumindest in einer ersten Phase ohne ärztliche Mitarbeit ausgekommen (17, 24—26, 30). Auch Record-linkage-Systeme können in diesem Zusammenhang als Erfassungsmethoden bezeichnet werden, denn oft liegt eine Information über den Risikostatus bereits vor, nur nicht dort, wo sie gerade gebraucht wird. Neben individuellen Erfassungsmethoden müssen aber auch nicht-individuelle Überwachungsmethoden erwähnt werden: z. B. anonymisierte Krankheitsregister, Haushaltsbefragungen oder im Hintergrund bleibende Beobachtungen (unobtrusive methods) von risikoträchtigen Verhaltensweisen und deren Veränderungen. Eine Überwachung des Gesundheitszustandes der Bevölkerung durch Aufarbeitung gesundheitsbezogener Sekundärdaten — wie z. B. Krankenhausstatistiken oder Agrarstatistiken — ist billiger als Primärerhebungen und liefert außerdem Informationen auch über solche Personen, die sich an Primärerhebungen nicht beteiligen. Bei der Erfassung von koronaren Todesfällen und Herzinfarkten in Hawaii wurden 83% aller Fälle, die durch zyklische Wiederholungsuntersuchungen der Ausgangskohorte gefunden wurden, auch durch Überprüfung der Krankenhausaufnahmen und Todesbescheinigungen gefunden. Eine Analyse dieses Materials kann durchaus Gruppen der Bevölkerung identifizieren helfen, die ein besonders hohes Infarktrisiko haben (23).

Sogar aus hochaggregierten Medizinalstatistiken können noch Risikoschätzungen erfolgen, ohne daß man die Exponierten und Nichtexponierten individuell erfaßt (2).

e) Einteilung nach der zeitlichen Abfolge der Risikoerfassung

Eine Risikoerfassung kann einmalig, intermittierend oder (angenähert) kontinuierlich erfolgen. Einmalige Aktivitäten können als Machbarkeitsstudien ohne weitere Folgekosten sinnvoll sein. Eine intermittierende oder zyklische Überprüfung des Risikozustandes erscheint nur nach Maßgabe möglicher Konsequenzen für eine Intervention sinnvoll. Über optimale Zeitabstände lassen sich bei den Herz-Kreislauf-Krankheiten noch weniger als bei den Krebsfrüherkennungsuntersuchungen genaue Angaben machen. Wirklich kontinuierliche Risikoerfassungen können individuell nur durch die Betroffenen erfolgen (z. B. RR-Selbstmessung, Selbstuntersuchung der Brust). Bei den nichtindividuellen Methoden fehlt dazu eine ausreichende Infrastruktur.

Diese fünf Kriterien (a—e) sind nicht unabhängig voneinander und auch nicht vollständig. Trotzdem ergibt sich durch ihre Kombination bereits eine große Matrix möglicher Organisationsmodelle zur Erfassung von Risikoträgern.

Pflanz u. Mitarbeiter (22) fanden — damit komme ich rechtfertigend zurück auf meine einführenden Bemerkungen über die Ziele der Erfassung von Risikoträgern — in einer Analyse von 14 deutschen Herz-Kreislauf-Früherkennungsprogrammen, daß größere Defizite hinsichtlich der Definition der Ziele der Erfassung und der nötigen

Konsequenzen bestehen als hinsichtlich der Ablauforganisation, der EDV-gerechten Erfassung und Aufbereitung der Untersuchungsbefunde oder anderer Organisationsdetails. Es spricht viel dafür, die Erfassung von Risikoträgern in Deutschland den Kassenärzten zu überlassen, vor allem die Möglichkeit einer nahtlosen Integration in die bestehende kurative Versorgung. Dagegen spricht, daß eine Standardisierung der Methoden und Kriterien im kassenärztlichen System nur schwer zu erreichen ist — diesem Mangel ist aber prinzipiell abzuhelfen, wie die Erfahrungen auf dem Laborsektor zeigen — und daß eine Evaluation nur schwer erreichbar ist, besonders auch eine zeitlich nachlaufende Resultatevaluation.

Die folgende Abbildung stammt aus der von uns durchgeführten Auswertung der Herz-Kreislauf-Früherkennungsuntersuchung VW/Salzgitter* und soll die Standardisierungsprobleme im kassenärztlichen Bereich verdeutlichen. Bei diesem Früherkennungsprogramm wird der gemessene Cholesterinwert protokolliert, außerdem muß der Arzt am Ende der Untersuchung eine Beurteilung „Cholesterinerhöhung" mit „ja" oder „nein" treffen. Mehrere hundert Ärzte sind beteiligt. Ausgewertet werden nur Daten von solchen Personen (Männer, 40—49 Jahre), bei denen nach eigener Angabe in den letzten zwei Jahren keine Cholesterinbestimmung durchgeführt worden ist und die keine Diät einhalten (Abb. 1).

Es ist dargestellt, daß bereits bei Werten unter 200 mg/100 ml die ersten Probanden mit „Cholesterinerhöhung — ja" beurteilt werden (Kurve: Sensitivität), während bei anderen Probanden selbst bei Werten von fast 300 mg/100 ml die Beurteilung „Cholesterinerhöhung — nein" lautet (Kurve: Spezifität). Dazwischen liegt ein breiter Bereich mit inkonsistenter Beurteilung.

Nach dem bisher Gesagten ist aber die Frage, ob wir nicht von den nicht-individuellen Überwachungsmethoden mehr Gebrauch machen sollten. Damit kämen wir z.B.

vom Modell zum Modell oder sogar (nach 35) zum Modell

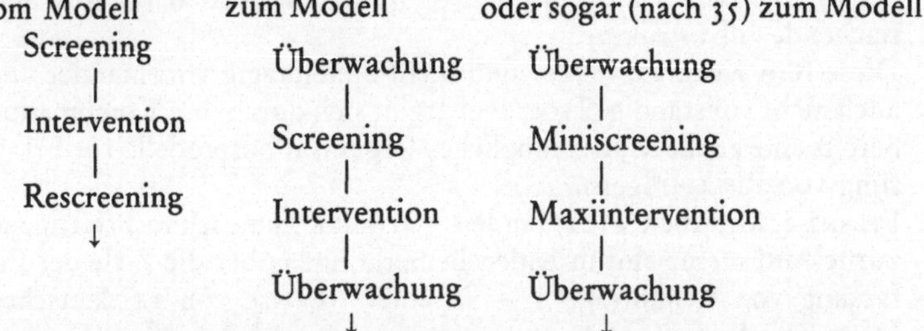

* Die Daten wurden uns freundlicherweise von der Kassenärztlichen Vereinigung Niedersachsen überlassen.

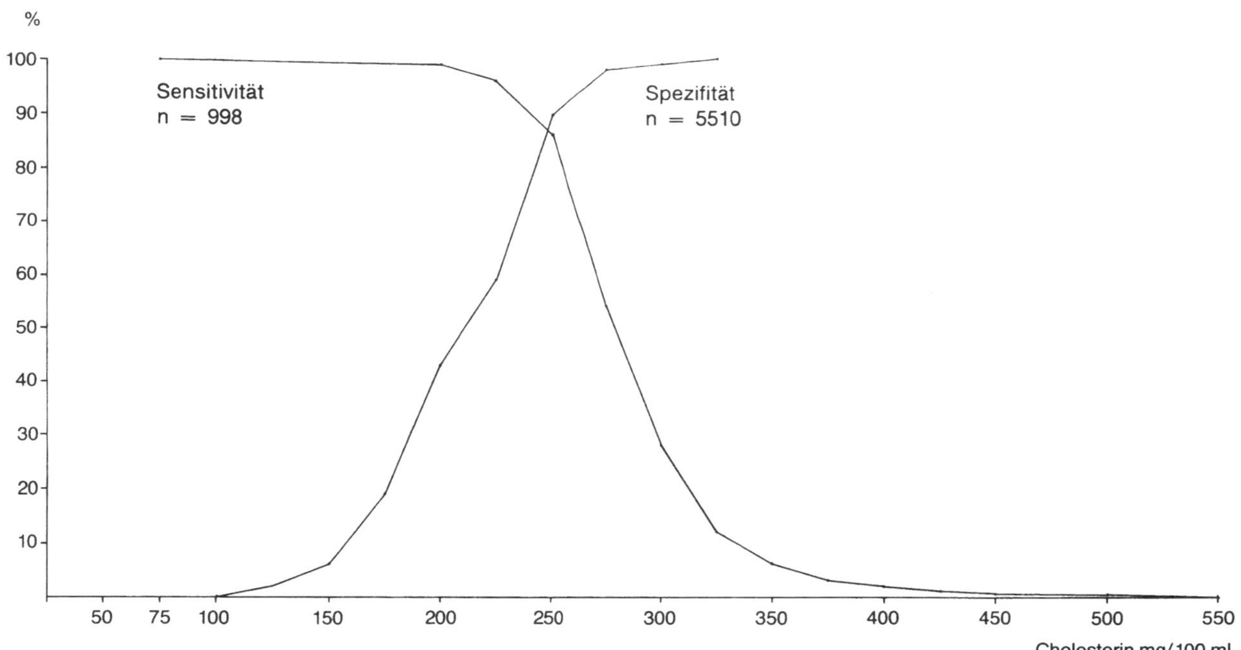

Abb. 1 Herz-Kreislauf-Früherkennungsuntersuchung VW/Salzgitter: Sensitivität und Spezifität des gemessenen Cholesterinwertes für die Erfassung der ärztlichen Beurteilung „Cholesterinerhöhung" bei Männern (40–49 Jahre) ohne Angabe einer Cholesterinbestimmung in den letzten zwei Jahren und ohne Angabe einer Diät.

Literatur

1. Anonym: Modell einer allgemeinen Vorsorgeuntersuchung — Baden-Württemberg — im Jahre 1969/70. Zwischenbericht. Stuttgart 1970
2. Beral, V., Chilvers, C. and Fraser, P.: On the estimation of relative risk from vital statistical data. J. Epid. Comm. Hlth 33: 159—162 (1979)
3. Bettinger, H. u. a.: Zwischenbericht über das WHO-Herzkreislaufvorsorgeprojekt Eberbach/Wiesloch. Heidelberg: Klinikum der Universität, Abt. f. Klinische Sozialmedizin, 1978
4. Dales, L. G., Friedman, G. D. and Collen, M. F.: Evaluating periodic multiphasic health checkups: A controlled trial. J. chron. Dis. 32: 385—404 (1979)
5. Dunn, J. E.: Epidemiology and possible identification of high-risk groups that could develop cancer of the breast. Cancer 23: 775—780 (1969)
6. Egan, R. L.: Estimated risk and occurrence of breast cancer in asymptomatic and minimally symptomatic patients. Cancer 43: 871—877 (1979)
7. Eimeren, W. v., Selbmann, H. K. und Überla, K. (Bearb.): Modell einer allgemeinen Vorsorgeuntersuchung — Baden-Württemberg — im Jahre 1969/70. Schlußbericht. Stuttgart 1972
8. Farewell, V. T.: The combined effect of breast cancer risk factors. Cancer 40: 931—936 (1977)
9. Foerster, R.-U., Blohmke, M., Scherg, H. und Stelzer, O.: Modell einer Vorsorge in der Allgemeinpraxis — Aspekte ihrer Problematik. Münch. med. Wschr. 118: 1409—1414 (1976)
10. Fournier, D. v., Kuttig, H., Müller, A. u. a.: Brustkrebsfrüherkennung: Kontrolle von Risikogruppen oder Massenscreening — wer soll geröntgt werden? Med. Welt 28: 359—363 (1977)
11. Hoffmeister, H. und Tietze, K. W. (Hrsg.) Feldstudie Nordenham/Brake, I. Daten zu Gesundheitszustand, Gesundheitsverhalten und sozialer Situation der Bevölkerung zweier Gemeinden. Berlin: Dietrich Reimer Verlag, 1980 (SozEp-Berichte 2/1980)
12. Innungskrankenkasse München: Modellversuch — Dokumentation. München 1976
13. Kark, S. L., Kark, E., Hopp, C. Abramson, J. H., Epstein, L. M. and Ronen, I.: The control of hypertension, atherosclerotic diseases and diabetes in a family practice. J. roy. Coll. Gen. Practit. 26: 157—169 (1976)
14. Kassenärztliche Vereinigung Niedersachsen: Erläuterungen zur Herz-Kreislauf-Früherkennungsuntersuchung. Nieders. Ärztbl. Nr. 3: 68—71 (1974)
15. Kassenärztliche Vereinigung Niedersachsen: Programm der Herz-Kreislauf-Früherkennungsuntersuchungen ab 1. 7. 1977 geändert. Nieders. Ärztebl. Nr. 12: 386 u. 390—391 (1977)
16. Laaser, U., Schwartz, F. W. und Schütt, A.: Sind Früherkennung und Frühbehandlung der Hypertonie in der Bundesrepublik Deutschland erreichbar? Med. Welt 28: 1550—1555 (1977)
17. Landeszentrale für Gesundheitserziehung in Rheinland-Pfalz e.V. und Deutsche Liga zur Bekämpfung des hohen Blutdruckes e.V.: Aktion „Cochem lebt gesund" — zur Prävention von Herz-Kreislauf-Krankheiten. o.J.
18. Lipid Research Clinics Program: The coronary primary prevention trial: Design and implementation. J. chron. Dis. 32: 609—631 (1979)
19. Marmot, M. and Winkelstein, W.: Epidemiologic observations on intervention trials for prevention of coronary heart disease. Amer. J. Epid. 101: 177—181 (1975)
20. Morris, J. N.: Social inequalities undiminished. Lancet I: 87—90 (1979)
21. Multiple Risk Factor Intervention Trial Group: Statistical design considerations in the NHLI Multiple Risk Factor Intervention Trial (MRFIT). J. chron. Dis. 30: 261—275 (1977)

22. PFLANZ, M. u. Mitarb.: Analyse und kritische Bestandsaufnahme von bisher in der Bundesrepublik Deutschland durchgeführten Untersuchungen zur Früherkennung von Herz- und Kreislaufkrankheiten — ein Bericht. Hannover 1977
23. RHOADS, G. G., KAGAN, A. and YANO, K.: Usefulness of community surveillance for the ascertainment of coronary heart disease and stroke. Int. J. Epid. 4: 265—270 (1975)
24. ROMMEL, K., STEINHARDT, B. und ÜBERLA, K.: Modell-Vorsorgeuntersuchung in zwei Betrieben. I. Methodik und Ergebnisübersicht. Klin. Wschr. 54: 1169—1175 (1976)
25. ROMMEL, K., STEINHARDT, B. und ÜBERLA, K.: Modell-Vorsorgeuntersuchung in zwei Betrieben. II. Genauigkeit von Laborverfahren und Fragebogen. Klin. Wschr. 54: 1177—1185 (1976)
26. ROMMEL, K., STEINHARDT, B. und ÜBERLA, K.: Modell-Vorsorgeuntersuchung in zwei Betrieben. III. Zusammenhänge zwischen Meßwerten und Antworten im Fragebogen. Klin. Wschr. 54: 1187—1192 (1976)
27. SCHWALB, H., KUNZLMANN, G. und GAUL, M.: Effektivität einer Reihen-Vorsorge-Untersuchung auf kardiale Risikofaktoren. Münch. med. Wschr. 121: 383—386 (1979)
28. SOINI, I. and HAKAMA, M.: Failure of selective screening for breast cancer by combining risk factors. Int. J. Cancer 22: 275—281 (1978)
29. SONDIK, E. J., BROWN, B. W. and SILVERS, A.: High risk subjects and the cost of large field trials. J. chron. Dis. 27: 177—187 (1974)
30. Technischer Überwachungsverein Bayern: Der Herz-Kreislauf-Test. Mitteilungen TÜV H. 5 (1972)
31. WAGNER, G. (Hrsg.): Hypertonie — BASF-Studie III. Stuttgart, New York: Schattauer Verlag, 1976
32. WILLIAMS, C. L., ARNOLD, C. B. and WYNDER, E. L.: Primary prevention of chronic disease beginning in childhood — the „Know Your Body" Program: Design of the study. Prev. Med. 6: 344—357 (1977)
33. WIRTH, R.: Bericht über das Projekt Medizinische Datenverarbeitung bei der Deutschen Bundesbahn. Regensburg 1975
34. WOLLENWEBER, J., CHRISTL, H. L., HAUSEN, W. und RAU, G.: Das Belastungs-Elektrokardiogramm bei Screening-Untersuchungen zur Früherkennung der koronaren Herzkrankheit: Ergebnisse einer Modellaktion. Dtsch. med. Wschr. 103: 688—694 (1978)
35. WYNDER, E. L. and ARNOLD, C. B.: Mini-screening and maxi-intervention. Int. J. Epid. 7: 199—200 (1978)

Diskussion

Keil:

Keine Frage, ein Kommentar: Es gibt sicherlich viele Möglichkeiten, Entdekkung, Überweisung, Follow-up und was Sie sonst noch vorgeschlagen haben, zu organisieren. Es gibt ja bei uns in bezug auf die Hypertonie den Vorschlag des „incidental screening" von Herrn Bock. Dabei geht er davon aus, daß ein hoher Prozentsatz unserer Bevölkerung wenigstens einmal im Jahr den praktischen Arzt oder Facharzt aufsucht und daß deshalb Hypertoniker bei diesem Arztbesuch entdeckt und behandelt werden können. Das klingt zwar zunächst ganz plausibel. Bei näherem Hinsehen erkennt man aber, daß solche Appelle an die Ärzte, „bei jedem Patienten den Blutdruck messen", alleine nicht viel bringen.

Allein auf diese Weise Hypertoniebekämpfung auf Bevölkerungsebene betreiben zu wollen, wird ein frommer Wunsch bleiben.
Ich bin der Meinung, daß man ein Monitoring und Surveillance System, d. h. ein Überwachungssystem aufbauen muß (auch wenn das Wort Überwachung jetzt sehr schlimm klingt). Dies bedeutet, daß der Bevölkerung möglichst leicht zugängliches Blutdruck-Screening angeboten wird und jeder entdeckte Fall dann zum Arzt seiner Wahl überwiesen wird. An der Struktur unseres Versorgungssystems braucht dabei nichts verändert zu werden. Wichtig ist aber, daß eine Organisation aufgebaut wird, die, z. B. in einer Stadt wie Heidelberg oder München, der Bevölkerung Blutdruck-Screening anbietet und darüber hinaus dafür sorgt, daß die Patienten im Versorgungs-System bleiben. Dies erfordert den Aufbau eines Mahn- und Erinnerungssystems für Ärzte und Patienten: Damit habe ich eigentlich schon einen Teil des amerikanischen nationalen Bluthochdruckkontrollprogramms beschrieben (National High Blood Pressure Education Program), das seit 1973 in vielen amerikanischen Gemeinden begonnen wurde. Wenn wir über Organisationsmodelle sprechen und diese besonders auf die Hypertonie beziehen, dann müßten wir sicherlich auch das National High Blood Pressure Education-Program der Amerikaner intensiv diskutieren. Ist es wünschenswert und möglich, ein solches Programm auf bundesrepublikanische Verhältnisse zu übertragen?

Ganten:
Das ist die Frage des Follow-up, der Betreuung der Patienten.

Keil:
Sehr richtig. Es geht bei einem solchen Programm zunächst nicht um das Auffinden großer Zahlen von bisher unbekannten Hypertonikern, sondern darum, Hypertoniker bei der Stange, d. h. im Versorgungssystem zu halten. Sich in München an den Hauptbahnhof (dort führt „ein Mann im weißen Kittel" Blutdruckmessungen durch) oder den Stachus zu stellen und Passanten den Blutdruck zu messen, ist nicht das Problem; dagegen ist es schwierig, neu entdeckte und bekannte Hypertoniker zu behandeln und im Versorgungssystem zu halten.

Bock:
Darf ich Sie fragen, wie Sie sich unter unseren Bedingungen das screening vorstellen? Wollen Sie in die Häuser gehen, wollen Sie die Leute einbestellen oder wollen Sie mit Bussen in die Dörfer fahren? Alle diese Methoden sind in den USA ja getestet worden, und ich glaube mich zu erinnern, daß maximal 60—70% der Bevölkerung erfaßt wurden, also weniger als der Prozentsatz unserer Bevölkerung, die innerhalb von 2 Jahren den Arzt aufsucht. Auch das „incidental screening" müßte man natürlich organisieren und sich der Mitwirkung der praktischen Kollegen versichern.

Schwartz:
Jedes Erfassungsprogramm von Risikopersonen ist nur so gut wie seine Or-

ganisation. Das ist einer der wichtigsten Punkte überhaupt. Das zeigen ja auch die Erfahrungen mit gut gemeinten screening-Programmen, die in klinischen, oder sagen wir, in limitierten Studien eine hervorragende Sensitivität hatten, aber bei Anwendung in der Bevölkerung eine schlechte Akzeptanz aufweisen, oder jene Gruppen vorzugsweise erreichen, die das geringste Risiko haben, wenn ich an Erfahrungen mit dem Zervix-screening denke. Das zeigt, daß man dieser Frage eine sehr hohe Aufmerksamkeit schenken muß. Wir haben für ein sehr umfangreiches Kreislauffrüherkennungsprogramm, wie es in Neuwied seit vielen Jahren läuft, eine durchschnittliche Akzeptanz in der Zielbevölkerung von 3,5%. In dem gesetzlichen Krebsscreening erreichen wir eine Akzeptanz zwischen 18% bei Männern, durchschnittlich gerechnet, und 35% bei Frauen. Warum soll das bei anderen Langzeitprogrammen anders sein. Es muß diese Situation sehr streng unterschieden werden von kurzfristig hochgeputschten Erfolgen bei einmaligen Aktionen, die ja vorzugsweise in der Literatur berichtet werden. Betrachtet man die Dinge nüchtern, dann sieht man, daß diesem Akzeptanzproblem bei der Wahrscheinlichkeit, eine Risikoperson zu entdecken bzw. nicht zu entdecken, ein viel größeres Gewicht zukommt, als etwa der vielleicht mit hohem Aufwand erreichbaren Verbesserung der Sensitivität einer Suchmethode um 5%, um ein Beispiel zu geben.

Robra:
Man kann sich einmal den Ablauf eines Vorsorgeprogramms als Entscheidungsbaum vorstellen, wie Herr Schwartz das vorgeschlagen hat. Um ein Vorsorgeprogramm anzuführen, mit dem ich mich in letzter Zeit beschäftigt habe: Frauen, die nicht zur Rötelntiterbestimmung in der Schwangerschaft kommen, ziehen keinen Nutzen aus diesem Programm. Man kann sich alle Mühe geben, die Nachbetreuung, das diagnostische work-up der Frauen mit verdächtigen Rötelntitern möglichst gut in den Griff zu bekommen, Mängel im ersten Schritt, dem Erreichen einer hohen Beteiligungsrate, sind nicht mehr aufzuholen. Wenn wir solche Programme machen wollen, dann müssen wir auch versuchen, die definierte Zielgruppe vollständig zu erfassen. Sonst machen wir uns leicht etwas vor. Denn leider ist es ja so, daß ausgerechnet die Personen, die es am nötigsten haben, in der Regel nicht erscheinen.

Gries:
Ja, es ist etwas „philosophisch“ gedacht. Ich hatte genau die gleiche Bemerkung im Sinn. Wir erreichen am ehesten die Patienten, die es am wenigsten nötig haben und erreichen bei denen, die es am meisten nötig haben, am wenigsten. Ich hatte auf einem Ihrer Diapositive gesehen, daß Sie auch gesetzliche Maßnahmen zur Durchsetzung eines screenings für diskussionswürdig halten. Ich frage mich sehr, welche gesicherten Angebote wir im Augenblick an die Bevölkerung machen können. Ob das nicht unser Hauptproblem ist? Mir scheinen das gesicherte screening-Angebot und die gesicherte Intervention so außerordentlich dubiös auf vielen Gebieten, daß ich jetzt bei dieser Organisationsstruktur und den Fragen, ob man das gesetzlich verankern kann, oder ob man ein Angebot macht und den Konsumwillen in der Bevölke-

rung zu wecken versucht, ob das nicht das Pferd von Schwanze aufzäumen heißt. Ich glaube, zunächst einmal ist der Konsens über Zielgruppen und Notwendigkeit einer Intervention noch so gering, daß wir darüber noch viel mehr diskutieren müssen.

Robra:
Ich gebe Ihnen recht mit Ihrer letzten Bemerkung. Ich habe die beiden Paragraphen 181 und 196 RVO aufgeschrieben, weil sie geltendes Recht sind. Der Paragraph 181 a legt fest, nach welchen Kriterien weitere Früherkennungsmaßnahmen eingeführt werden dürfen.

Kruse:
Zu Ihrem Vorschlag, Herr Bock, daß man die praktischen Ärzte in der Präventivphase mehr einbeziehen müßte, liegt wohl noch einiges im argen. Die Empfehlungen der Hochdruckliga sind immer noch nicht Allgemeingut geworden. Wenn bei allen Arztkontakten die Blutdruckmessung genutzt würde (ich spreche hiermit auch die Facharztgruppen an), könnte wesentlich mehr Aufklärung im Präventivbereich geübt werden. Auffallend ist doch, daß Präventivmaßnahmen vorerst nur angenommen werden, wenn das Interesse des Patienten geweckt wird; z.B. die Verordnung von Ovulationshemmern erfolgt nur, wenn regelmäßige Blutdruckkontrollen erfolgt sind.

Laaser:
Ich möchte nochmals den wichtigen Begriff vom gesicherten Angebot aufgreifen. Wenn wir glauben, ein gesichertes Angebot machen zu können, dann ist nur entscheidend, ob diejenigen, die an der Untersuchung teilnehmen, und seien es nur 2%, ob die etwas davon haben bzw. ob zumindest einige teilnehmen, die etwas davon haben können. Nehmen wir einmal an, Hypertonie wäre ein gesichertes Angebot, dann ist nur entscheidend, daß einige an der Untersuchung teilnehmen, die erkannt werden können — die neu erkannt werden können — und die dann auch konsequent aus der Behandlung einen Nutzen ziehen. Das ist gegeben — und ich glaube, darauf bezog sich die Bemerkung von Herrn Keil —, wenn wir eben neben dem Screening auch für Compliance sorgen können; wenn man diese beiden Dinge nicht immer wieder getrennt diskutiert. Mit an Institutionen gebundenen Screening-Maßnahmen ließe sich das in Verbindung mit dem niedergelassenen Arzt durchaus erreichen. Wenn das also gegeben ist, dann kann man immer noch überlegen: Nahmen so viele daran teil, daß sich der Aufwand für die Durchführung dieses gesicherten Screening-Angebotes mit dem Nutzen für die Betroffenen in volkswirtschaftlich noch sinnvolle Relationen bringen läßt. Aber ich glaube, der entscheidende Punkt, um das noch einmal zu unterstreichen ist: Wenn wir ein gesichertes Angebot haben, könnten auch sehr niedrige Beteiligungsraten die Sache durchaus noch sinnvoll erscheinen lassen.

Gries:
Der Meinung bin ich auch.

Keil:
Ich hielte es wirklich für unglücklich, wenn im Moment ein Hypertoniefrüherkennungsprogramm (Screening) in den Paragraphen 181 a der RVO (2. Buch Abschnitt 2) hineingeschrieben würde. Das wäre sicherlich verfehlt. Wir befinden uns im Moment im Experimentierstadium und müssen Erfahrungen sammeln. Das bedeutet, daß wir in Städten und Gemeinden, vielleicht sogar in einem kleinen Bundesland, Blutdruckkontrollprogramme aufbauen, organisieren und evaluieren müssen. Von einer Institutionalisierung wie bei den Krebsfrüherkennungsuntersuchungen kann ich im Moment nur abraten.
Darf ich noch auf einen weiteren Punkt eingehen, der oft zu Mißverständnissen führt und von Herrn Laaser schon angesprochen wurde: Das von mir vorgeschlagene Screening-Program bedeutet ja nicht, daß von heute auf morgen die Bevölkerung einer Großstadt oder eines Bundeslandes „gescreent" werden muß. Vielmehr kann man schon einen Effekt erzielen, wenn man z. B. in einen Betrieb geht und ein Programm aufbaut. Dann besteht auch nicht die Gefahr, daß das reguläre Versorgungssystem mit richtig und falsch Positiven überflutet wird. Es ist wichtig, solche Programme zunächst an kleineren umschriebenen Bevölkerungsgruppen (z. B. Betrieb) zu testen und auf ihre Wirksamkeit hin zu überprüfen. Erst danach sollte man sich an große Bevölkerungszahlen heranwagen.

Anlauf:
Das Angebot an die Bevölkerung kann doch sicherlich nicht sein, daß man alle, die über irgendeiner Normgrenze liegen, zu Kranken macht. Ich glaube, daß das geradezu einen negativen Effekt hat auf alle Initiativen zur Identifizierung von Risikofaktoren. Gibt es inzwischen nicht genug Daten, die es erlauben, Gruppen zu identifizieren, deren Risiko besonders hoch ist und für die gleichzeitig genug Evidenz vorliegt, daß dieses Risiko mit einer relativ einfachen Intervention entscheidend gesenkt werden kann. Man sollte sich nach der Interventionsschwelle des Gesamtrisikos fragen. Die Diskussion über Normwerte ist im Hinblick darauf zweitrangig.

Schwartz:
Ich meine, solche Berechnungen liegen ja vor. Sie liegen insbesondere für die Programme vor, mit denen man besondere Erfahrungen hat, z. B. das Zervix- oder Kolon-Screening oder das Screening bei Kindern. Man muß, wenn man Maßnahmen auf Bevölkerungsebene ins Auge faßt, und das ist ja ein Kernpunkt der jetzigen Diskussion und das stand ja auch hinter dem Referat von Herrn Robra, einige Fragen mehr beantworten, als es heute in der Diskussion, die sich ja vorwiegend um epidemiologische und klinische Grundlagen drehte, geschehen ist. Wir müssen beispielsweise eine Risiko-Nutzen-Funktion aufstellen unter verschiedenen Bedingungen, etwa in Abhängigkeit vom Lebensalter. Das gilt nicht nur für Krankheiten, deren Auftreten vom Alter abhängt, wie es ja bei vielen chronischen Erkrankungen der Fall ist. Altersabhängig ist generell die Nutzenfunktion. Sie wird meist mit aufsteigendem Alter abnehmen, weil die Anzahl der möglichen krankheitsfreien Lebensjahre abnimmt,

die man durch eine präventive Maßnahme gewinnen kann. Dagegen kann das bloße Risiko für das Auftreten eines zu prävenierenden Ereignisses eine davon abweichende Verteilung aufweisen.
Daraus ergibt sich eine bestimmte Risikofunktion, die die Nutzenfunktion überlagern mag. Dann gibt es ferner für das Risikomerkmal, das wir zu erkennen suchen, in vielen Fällen eine altersabhängige Signalstärke. Es gibt Risikomerkmale, die werden mit zunehmendem Lebensalter stärker. Als wichtiges Analogiebeispiel aus der Krebsepidemiologie fällt mir die Dysplasie beim Zervixkrebs ein. Es handelt sich in der Population junger Frauen vorzugsweise um zunächst schwache Veränderungen mit einer geringen Signalstärke. Hier sind dementsprechend Sensitivität und Spezifität der gegebenen Entdekkungsmethode (Zytologie) ganz schlecht, deutlich schlechter als in mittleren Lebensaltern, wo die Veränderungen durchschnittlich weiter fortgeschritten sind, und damit die Signalstärke der Veränderungen und entsprechend die Treffsicherheit der Erfassungsmethode zunehmen wird. In sehr hohem Alter gilt dann wieder das Umgekehrte. Daraus ergibt sich eine altersabhängige Kurve der diagnostischen Sicherheit. Ebenso hat die Prävalenz der zu entdekkenden Risikovariable in vielen Fällen eine altersabhängige Verteilung in der Bevölkerung. Wenn ich alle diese Kurven „übereinander" lege, nicht nur für verschiedene Altersgruppen, möglicherweise auch für andere relevante Teilpopulationen, dann kann ich dort Segmente herausschneiden, wo all diese Kurven ein gemeinsames Optimum haben. Das sind für mich die Gruppen, bei denen sich eine Maßnahme am meisten lohnt. Eigentlich müßte man dieses Wissen haben, bevor man bevölkerungsweite Programme macht. Hat man das nicht, tappt man in vielen Fällen im dunkeln.

Jesdinsky:
Herr Robra, Sie sagten, Eigeninitiative sei es, wenn man mal den Blutdruck notiert in den Krebsfrüherkennungsbogen. Ich meine, da steht „RR Doppelpunkt", und da sollte man auch etwas hinschreiben. Das ist doch keine Eigeninitiative, das ist einfach die Erfüllung dieser kassenärztlichen Leistung. Oder wie sieht das aus?

Robra:
Die kassenärztliche Bundesvereinigung hat das Kästlein auf den Vorsorgeschein gebracht. Niemand hat sie dazu gezwungen. Die Messung ist auch nicht gesondert abrechnungsfähig, wie überhaupt die Abrechnungsfähigkeit der Blutdruckmessung ein offenes Geschwür im Rahmen des kassenärztlichen Leistungsrechtes ist. Es handelt sich um Eigeninitiative der Kassenärzte, deren Ergebnisse veröffentlicht sind.* Die Eigeninitiative der Patienten hatte ich auch angesprochen.

* Laaser, U., Schwartz, F. W. und Schütt, A., Med Welt 28 (39): 1550—1555 (1977)

Epstein:
Diese letzte Folie, die Sie zeigten, war sehr interessant, mit den 3 verschiedenen Strategien. Was ist der Unterschied zwischen Überwachung und Screening?

Robra:
Dieser begriffliche Unterschied greift den Unterschied zwischen den individuellen und nichtindividuellen Erfassungsmethoden auf. Die Überwachungsmethoden sind nicht-individuelle Methoden, dazu gehört z. B. die Beobachtung von Trends der Mortalität und verschiedener anderer Indikatoren, die man durchaus auch durch Bevölkerungsbefragung an repräsentativen Stichproben ermitteln kann. Die Überwachung zeigt ein spezifisches Gesundheitsproblem in dieser oder jener Untergruppe der Bevölkerung. Wenn ich ein solches Problem erkannt habe, kann ich immer noch versuchen, individuelle Erfassungsmethoden für dieses Problem in dieser Gruppe einzusetzen. Die Überwachung gibt mir auch die Datenbasis für die fällige Evaluation meiner Interventionsmaßnahmen.

Individuelle Intervention

von W. Kruse

> „Gib einem Hungernden einen Fisch, und er hat einen Tag zu essen,
> lehre ihn fischen, und er wird niemals hungern."
>
> *(Chinesische Weisheit)*

Risikofaktorenträger zu identifizieren, sie zu einer Verhaltensänderung zu bewegen und zur Therapie zu motivieren, ist eine Aufgabe des Hausarztes, die dieser durch den kontinuierlichen Kontakt mit seinem Patienten auf sehr individuelle Weise lösen kann.

Die einzelnen Beiträge dieses Symposiums werden zeigen, wie weit es Aufgabe des Allgemeinarztes ist, sich in der Krankheitsvorsorge zu engagieren, wie weit der Patient aber überhaupt bereit ist, „Ratschläge" zu akzeptieren beziehungsweise Einschränkungen auf sich zu nehmen. Risikoträgerpatienten leiden häufig an der Unfähigkeit „gesund verantwortlich zu sein" (H. E. Bock). Unbewußt übertragen sie diese Aufgabe dem Arzt, indem sie ihn zum „Gesundheitserzieher" stempeln oder aber nehmen es als selbstverständlich hin, daß innerhalb der Sozialversicherung die Versichertengemeinschaft auch für Fehlverhalten und mangelnde Therapiebereitschaft aufzukommen hat.

Die Möglichkeiten zur individuellen Intervention sind in der hausärztlichen Praxis besonders ausgeprägt, da hier Risikoträger und Patienten jeder Altersgruppe und Morbidität anzutreffen sind. Ebenso finden sich im Familienbereich Möglichkeiten für Langzeitstudien, wie sie in dieser Dichte kaum in einer anderen Disziplin anzutreffen sind; vielleicht noch in der Arbeitsmedizin, aber hier fehlen die alten Patienten, die einen großen Teil des Patientengutes des Allgemeinarztes ausmachen. Ebenso Kinder und Jugendliche, die dem Hausarzt meist seit langem bekannt sind und bei denen er durch die häufigen Kontakte die Möglichkeit hat, sie auf Fehlverhalten und Risikofaktoren aufmerksam zu machen. In diesem Zusammenhang stellt sich allerdings die Frage, ob der Allgemeinarzt überhaupt beansprucht werden sollte, wenn es um das Erkennen von Risikoträgern geht beziehungsweise ob er nach seinen Möglichkeiten in der Lage ist, hier zu intervenieren.

Ich möchte zunächst diejenigen Risikofaktoren ansprechen, die aus der Sicht des Hausarztes für eine individuelle Intervention in Frage kommen und in einem zweiten Schritt Krankheitseinsicht und Krankheitsverhalten aufzeigen, wie es in der Arzt-Patienten-Beziehung erschwerend für ein Arbeitsbündnis beziehungsweise eine tragfähige Kooperation (complicance) ist:

Hypertonie
Diabetes
Hyperlipidämie
Adipositas
Nikotinkonsum
Alkoholabhängigkeit
Alter (mit Multimorbidität und diagnostisch-iatrogenem Risiko)
Pharmakotherapie (mit dem Risiko der Arzneimittel-Interaktion)
Psychosozialer Streß (Beruf, Arbeitsplatz, Schule, familiärer Bereich)

Die obengenannten Risikofaktoren sind nun, was Krankheitsgefühl und Krankheitseinsicht des Patienten betrifft, recht unterschiedlich einzuordnen. Daneben bestehen fließende Übergänge von „noch gesund" und „bereits krank", so daß eine rein kurative Medizin aus dem Blickwinkel des Hausarztes nicht praktiziert wird, sondern ebenso dem Präventivbereich und der Gesundheitserziehung nach wie vor eine nicht zu unterschätzende Aufgabe zukommt. Bei der Bewertung von Risiko- und Krankheitseinsicht spielt zunächst einmal das Alter des Patienten eine Rolle. Während alte Patienten häufigere Arzt-Kontakte brauchen und sich intensiv mit ihrer Krankheit beschäftigen, sind sie in der Befolgung von Anordnungen häufig zu unzuverlässig. Sie interessieren sich zwar für ihren Blutdruck, lassen diesen auch immer wieder messen, sind aber nicht bereit, Einschränkungen (zum Beispiel den Verzicht auf Kochsalz) oder eine Beeinträchtigung des Allgemeinbefindens zu Beginn einer medikamentösen Therapie zu akzeptieren. Ähnlich reagiert der Diabetiker: er ist zum konsequenten Einhalten einer Diät nur schwer zu motivieren. Ein Diätfehler wird gerne mit eigenmächtiger Veränderung der Medikation angegangen und lieber ein Fehlverhalten in der Ernährung mit einer zusätzlichen Tablette kompensiert.
Der jüngere Mensch läßt sich gerne informieren, reagiert aber im konkreten Fall ganz anders, als wir es erwarten, wie zum Beispiel der Übergewichtige, der Raucher, der Alkoholabhängige zeigt. Trotz intensiver Aufklärung und Kenntnis der Risikofaktoren sind solche Pa-

tienten nur bedingt bereit, ihr Verhalten zu ändern. Der Diabetiker und Hypertoniker, der um seine Erkrankung weiß und den Risikofaktor „Krankheit" durchaus kognitiv einordnen kann, reagiert unter Umständen kontrovers, da er das Erlebnis „nicht mehr intakt zu sein" nicht verarbeitet und damit den beeinträchtigten Gesundheitszustand und die damit verbundene Einschränkung nicht akzeptiert.
Für die hausärztliche Intervention ergeben sich nun einige Überlegungen, wie wir den noch *„Gesunden"*, den *„Risikoträger"* oder den *„therapiebedürftigen Kranken"* mit seinem Fehlverhalten und den auftretenden Verständigungsschwierigkeiten in der Arzt-Patienten-Beziehung ansprechen sollen.
Jede Form der Intervention — ganz gleich ob es sich um Risikofaktorenträger oder bereits therapiebedürftige Patienten handelt — sollte die Dimension der somatischen, pädagogischen und psychischen Intervention berücksichtigen. Im *somatischen* Bereich verstehe ich darunter: die zuverlässige diagnostische Abklärung und therapeutische Information. Die *pädagogische* Dimension soll die „Sprache des Patienten" (Balint) und seine kognitiven Fähigkeiten berücksichtigen. Je besser der Patient seine Krankheit versteht und um die Risiken weiß, um so bereitwilliger befolgt er die Therapie und um so eher ist auch mit einer Stimulierung an Selbstheilungskräften zu rechnen. Der Patient muß seine Risikolage verstehen; das heißt nicht, daß wir bei ihm Furcht auslösen und damit Abwehr, sondern eine Wissensvermittlung geben, die für ein tragfähiges therapeutisches Arbeitsbündnis Ausgangspunkt ist. Damit sind wir schon bei der dritten Dimension - der *psychischen* Ansprechbarkeit des Patienten, die gleichgewichtig zum somatischen und pädagogischen Verstehen des Krankheitsbegriffes angesehen werden muß.
Diese Dimension des Krankseins berücksichtigt die emotionale Annahme der Krankheit. Das kognitive Wissen alleine reicht nicht aus, um Krankheitsrisiko oder beeinträchtigten Gesundheitszustand zu akzeptieren. Selbst Ärzte, die über Risikofaktoren oder ihre Krankheit Bescheid wissen, verleugnen oftmals die Realität und ziehen sich in die Regression zurück. Therapeutische Bemühungen, die präventiv oder kurativ dem Patienten eine passive Rolle zuweisen, scheitern, weil der Kranke in seiner Eigenverantwortlichkeit nicht gefordert wird.
Individuelle Interventionen können durch Gruppengespräche unterstützt werden, da diese meist dem Informationsbedürfnis und auch der psychischen Situation des Patienten besser gerecht werden. Die Einweginformation Arzt (Betreuer) zur Zielperson (Patient) wird durch die Kommunikation in der Gruppe vertieft und verständlich

gemacht. Hier sind sicher Ansatzpunkte für ein gezieltes Ansprechen von Risikoträgergruppen vorhanden.

Für die Annahme der Krankheit ist Trauerarbeit (ein Begriff, den wir aus der Psychoanalyse kennen, und der die verschiedenen Stadien von gefühlsmäßigen Veränderungen bis hin zur Verarbeitung des Objektverlustes bezeichnet) erforderlich, um sich mit dem beeinträchtigten Gesundheitszustand auseinandersetzen zu können. Die soziale Sicherheit unserer Krankenversorgung verleitet aber gerade dazu, Gewinn aus dem Krankheitszustand und entsprechende Fürsorge — also einen passiven Zustand — möglichst lange zu erhalten. Hier ist der Hausarzt gefordert, da er die Persönlichkeitsstruktur seines Patienten kennt, ihm Verständnis entgegenbringt und ihn aber auch mit psychagogischen Hilfen unterstützt, sich entsprechend seinem Risiko oder seiner Krankheit zu verhalten. Wenn der Hausarzt sich verantwortlich für eine ökonomische Kranken- und „Gesunden"-Versorgung fühlt, muß er seinem Patienten verständlich machen, daß Gesundheit nicht nur das Fehlen von Krankheit bedeutet, sondern mehr noch die Fähigkeit beinhaltet, „etwas zu ertragen" (Hersch).

Es kommt also bei der hausärztlichen Aufgabe darauf an, Risikofaktoren zu erkennen und Verständigungsschwierigkeiten in der Arzt-Patienten-Beziehung abzubauen, aber auch Interventionsstrategien zu entwickeln, um den Übergang von Gesundheit zur Krankheit rechtzeitig zu erkennen und entsprechend anzugehen.

Literatur

Balint, M.: Der Arzt, sein Patient und die Krankheit, 4. Aufl., Stuttgart, E. Klett 1976

Böker, W.: Der Arzt als Dolmetscher. Psycho 6 (1980)

Gfeller, R. u. Assal, J. Ph.: Diabetes. Ein neues therapeutisches Konzept aus klinisch-diabetologischer sowie medizinpsychologischer Sicht, angewandt in der Diabetes-Station des Genfer Kantonsspitals. Therapeutische Umschau, Separatdruck (1979), Verlag Hans Huber, Bern—Stuttgart—Wien

Gfeller, R. und Assal, J. Ph.: Das Krankheitserlebnis des Diabetespatienten. F. Hoffmann-La Roche & Co. AG, Basel 1979

Gundert-Remy, U.: Compliance stationärer und ambulanter Patienten — Ergebnisse eigener Studien. In: Weber, E., Gundert-Remy, U., Schrey (Hrsg.) A.: Patienten-Compliance. S. 45. Witzstrock, Baden-Baden 1977

Hersch, J.: Die wohlwollende Menschlichkeit des Arztes scheint das Menschsein des Patienten zu verneinen. Vortrag zum 150. Jahrestag der Ärztegesellschaft Genf, Tagesanzeiger Nr. 51/52 (1973) Zürich

Kruse, W.: Arzt-Patienten-Beziehungen in der heutigen Medizin. Pluralität in der Medizin 7. Symposium der Medizinisch Pharmazeutischen Studiengesellschaft e.V., 24.—26.

5. 1977, Titisee/Schwarzwald. Schriftenreihe der Mediz. Pharmazeutischen Studiengesellschaft e. V., Umschau-Verlag Frankfurt/Main
WILLI, J.: Verständigungsschwierigkeiten in der Arzt-Psychotherapeut-Beziehung. Prax. Psychother. Psychosom. 24, 15—24 (1979)

Diskussion

Passarge:
Vielleicht ein Punkt, mit dem Frau Dr. Kruse eben aufgehört hat: den Patienten oder Ratsuchenden als Erwachsenen zu sehen. Wir haben es uns in der genetischen Sprechstunde schon seit Jahren angewöhnt, immer den Ratsuchenden direkt auch einen Brief zu schreiben, eine Zusammenfassung. Und vielleicht sollte man das auch in anderen Bereichen der Medizin verstärkt machen. Wir schreiben in der Regel, wenn es keine besonderen Probleme gibt, einen identischen Brief an den zuweisenden Arzt und die ratsuchende Familie. Gelegentlich gibt es Dinge zu besprechen und zu verhandeln, oder die Materie ist ein bißchen kompliziert, dann schreiben wir zwei Briefe. Dann bekommt der Arzt einen Durchschlag des Schreibens, das der Patient erhalten hat, aber nicht umgekehrt. In jedem Falle ist aber das Ergebnis der bei uns durchgeführten Beratung und diagnostischen Maßnahmen ein schriftlicher Bericht an die Familie selbst. Und das kann man vielleicht in manchen Bereichen, z.B. bei chronischen Erkrankungen, häufig machen. Man wird es sicherlich nicht überschätzen dürfen. Briefe gehen verloren. Aber im großen und ganzen ist unsere Erfahrung, daß die Patienten diese Briefe doch recht gut verwahren, sie mitbringen und häufig noch im Besitz der Briefe sind, wenn sie die Ärzte gewechselt oder diese ihre Praxis aufgegeben haben und dann nichts mehr zu finden ist.

Kruse:
Wir können in der Praxis immer wieder beobachten, daß Patienten Befundberichte, die ihnen für den behandelnden Arzt ausgehändigt werden, öffnen. In vielen Fällen geschieht das sehr geschickt, so daß wir es gar nicht bemerken können, oft aber auch so, daß man sich ein Schmunzeln nicht verkneifen kann. In diesen Fällen sage ich dem Patienten, daß er sicher bereits den Inhalt des Berichtes gelesen hat, und ich vermeide damit, von ihm Unwahrheiten zu hören und damit von vornherein eine schlechte Ausgangsbasis für die Behandlung zu schaffen.

Bock:
Frau Kruse, darf ich Sie einmal etwas Grundsätzliches fragen: Würden Sie die Aufgabe des Allgemeinarztes unverändert auch in Zukunft darin sehen, erstens Risikofaktorenträger zu identifizieren und zweitens zu intervenieren? Man kann sich ja gut vorstellen, daß die Identifizierung leicht möglich ist im Rahmen der üblichen ärztlichen Untersuchungen, aber es wären ja auch andere Möglichkeiten denkbar, die Bevölkerung auf Risikofaktoren zu testen.

Und meinen Sie denn, zur Intervention, z. B. Ernährungsberatung oder Raucherentwöhnung, ist immer und in jedem Fall ein teuer ausgebildeter Arzt nötig? Könnte das nicht ein spezialisierter Nichtarzt vielleicht intensiver und billiger tun, so daß sich die praktischen Ärzte auf die kurative Medizin beschränken könnten?
Meine Fragen bedeuten nicht, daß ich unbedingt diese Meinung vertrete, man muß das Problem aber doch einmal diskutieren.

Kruse:
Ich möchte zunächst grundsätzlich sagen, daß ein Hausarzt, wenn er wirklich einen guten Zugang zu seinem Patienten hat, auch die Möglichkeit hat, im Präventivbereich beratend tätig zu sein. Allerdings nur dann, wenn der Allgemeinarzt wirklich noch als Berater und Betreuer der Familie zu verstehen ist. Wenn sein Aufgabengebiet allerdings so eingeschränkt wird, daß nur noch Überweisungen an Fachärzte ausgestellt werden, die praktisch wie ein Rundreisebillett für einzelne Spezialgebiete angeboten werden, dann wird sein Einfluß keinesfalls ausreichen, dem Patienten auch pädagogische Hilfen zu geben. Aus eigener Erfahrung konnte ich aber beobachten, daß die Präsenz des Arztes schon gefragt ist. Wir haben in unserer Praxis Diätgruppen zusammengestellt und diese von einer Diätassistentin betreuen lassen und mußten feststellen, daß, wenn wir unsere Versuche der Intervention ganz aufgaben, die Patienten längst nicht mehr so sehr an der Information interessiert waren. Ich könnte mir vorstellen, daß eine Zusammenarbeit mit Assistenzberufen an sich ja sehr erfolgreich ist, wie diese ja auch bei den Alkoholkranken häufig praktiziert wird. Ich möchte noch einmal auf das Genfer Modell hinweisen, bei dem die Diabetikerpatienten für fünf Tage in die Klinik aufgenommen werden und dort alle Faktoren, die für die Information des zuckerkranken Patienten von Bedeutung sind, angesprochen werden.

Bock:
Es ist ja ein praktisches und ein zeitliches Problem. Stellen Sie sich doch einmal vor, Sie sollten einen Diabetiker über Kohlenhydrate und Kalorien und so weiter aufklären. Dazu braucht eine gute Ernährungsberaterin 1 oder 2 Stunden, und das muß später noch vertieft werden. Das ist doch kaum vorstellbar in einer Allgemeinpraxis unter den heutigen Bedingungen. Vor zwei Jahren hatten wir hier ein Kolloquium zu diesem Thema, und die anwesenden Allgemeinärzte haben entweder resigniert oder alle möglichen Gruppentherapien eingeleitet unter Einbeziehung von Hilfspersonal, weil sie gesehen haben, daß sie allein damit nicht fertig werden.

Kruse:
Bei diesen Informationen fehlt weder die Diätassistentin noch der Gruppentherapeut, der Sozialarbeiter und der behandelnde Arzt. Eine derartige Information würde dem Patienten die Einsicht in seine Krankheit und auch die entsprechenden therapeutischen Möglichkeiten, die er selbst in Angriff nehmen muß, verdeutlichen. Eine solche Information vor der Entlassung aus der Kli-

nik könnte ja auch für die Krankenkassen recht interessant sein, da ein gut eingestellter Diabetes auch ein wirtschaftlicher Faktor ist.

Bock:
Damit befinden Sie sich aber schon teilweise außerhalb der ärztlichen Individualpraxis, vor allem wenn das die Krankenkasse macht. Genau das habe ich mit meiner Frage gemeint.

Kruse:
Eine solche Information würde ich begrüßen, zumal auch heute noch sehr häufig insulinbedürftige Patienten mit nur ungenauen Informationen aus der Klinik entlassen werden und ratlos ihre Spritze und ihre Diätverordnung in der Hand haben, aber kaum darüber informiert sind, wie sie jetzt im einzelnen vorzugehen haben. Hier könnte eine intensive Anleitung im Gruppengespräch sicher besser helfen und den Patienten auch zu einer vernünftigen Zusammenarbeit anregen, bei der eben pädagogische, somatische und psychische Probleme seiner Krankheit entsprechend berücksichtigt werden.

Anlauf:
Frau Kruse, ich beziehe mich auf Ihre Stichworte „regressives Modell" und „partnerschaftliches Modell". Wenn Sie das Wort Pädagogik verwenden, schließt das nicht ein wenig die Partnerschaftlichkeit aus, und ich frage mich, ob Sie eigentlich mit der Partnerschaftlichkeit wirklich auskommen in der fortgeschrittenen Phase der Betreuung dieser Kranken. Wenn das der Fall wäre, könnten Sie sie doch eigentlich nach Überwinden der regressiven Phase und ausreichender Information der völligen Freiheit überlassen. Die Patienten könnten hingehen, wohin sie wollten, meinetwegen per „Rundreisebillett" und sich ihre weitere Information bzw. ihre Medikamente holen. Gehen Sie nicht doch immer wieder zurück auf das andere, nicht partnerschaftliche, regressive Modell in Ihrer täglichen Praxis?

Kruse:
Ich sehe im partnerschaftlichen und pädagogischen Vorgehen bei der Betreuung des Patienten keinen Widerspruch. Der Arzt als Partner des Patienten sieht seine Aufgabe darin, auf die psychische Reaktion des Kranken einzugehen, wenn er sich erstmalig mit seiner Krankheit konfrontiert sieht, d.h. das „Erlebnis" Krankheit verarbeiten muß. Die pädagogischen Aspekte beziehen sich mehr auf die informative Betreuung des Patienten, d.h. Vermittlung von Fakten, die ihm bisher unbekannt waren und die notwendig sind, um eine entsprechende Therapie konsequent durchzuführen. Nur bei einer entsprechenden intellektuellen Erkenntnis („pädagogische Dimension") ist der Patient auch in der Lage, sein Kranksein emotional zu verarbeiten. Nehmen wir beispielsweise einen Arzt, der selbst erkrankt ist und die kognitive Ebene seiner Krankheit voll und ganz erfaßt hat, so ist damit noch lange nicht gewährleistet, daß er sein Kranksein psychisch entsprechend einordnet und damit erst in der Lage ist, eine entsprechende Therapie zu akzeptieren.

Anlauf:
Wenn die von Ihnen angestrebte Ebene der Mitarbeit erreicht ist, könnten Sie sich dann auch andere Institutionen als die ärztliche Praxis für die weitere Betreuung der Patienten vorstellen?

Kruse:
Was die Information betrifft, könnte ich mir das vielleicht vorstellen. Aber nicht jeder Patient versteht und verarbeitet sein Kranksein in gleicher Weise, so daß ich sicher glaube, daß gerade der Hausarzt dem Patienten helfen kann, weil er ihn versteht und weil er ihn auch als Mensch anspricht und damit auch zu einer lebenslangen Mitarbeit motiviert, die sicher eine Institution (vielleicht mit häufigem Wechsel der Mitarbeiter) längst nicht so gewährleisten kann.

Anlauf:
Braucht er den praktischen Arzt? Das ist die zweite Frage.

Kruse:
Ja, wie den vorherigen Ausführungen zu entnehmen, den braucht er! Nicht, um regelmäßige Laborkontrollen durchzuführen, sondern um ihm die menschliche Führung und Betreuung, die er besonders als chronisch Kranker bzw. Risikopatient braucht, zukommen zu lassen.

Fülgraff:
Ich möchte das Thema aufgreifen, das Herr Bock angeschnitten hat und noch einmal darauf zurückkommen. Es ist ja einerseits natürlich eine standespolitische Frage. Es geht aber weiter, es ist auch eine Frage des ärztlichen Berufsbildes und des Rollenverständnisses, das wir als Ärzte haben, das hier berührt ist. Frau Kruse, vielleicht muß man berücksichtigen bei dem, was Sie vorgetragen haben und auch jetzt in der Diskussion gesagt haben, daß im Grunde die Beispiele, die Sie gemacht haben, Beispiele von Kranken betrafen, bei denen eine bestimmte Führung und Änderung von Lebensweisen direkt und für den einzelnen erkennbar eine Rolle spielen. Sie haben im Grunde nicht gesprochen von Intervention bei Risikofaktorenträgern, die wir ja nicht als Kranke betrachten. Wenn Sie von dem Diabetiker sprechen, der seine Lebensweise ändern muß, um mit seinem Diabetes fertig zu werden, dann sprechen Sie ja von einem Kranken, den Sie behandeln. Das würde für viele andere Kranke ebenfalls gelten, daß natürlich neben dem Einführen von Chemikalien in diese Maschine Mensch, sprich der Gabe von Arzneimitteln, es auch eine ganze Reihe anderer therapeutischer Maßnahmen gibt, die man bedenken sollte und die man anwenden sollte, z.B. Änderung von Lebensweisen. Es betraf aber Kranke und nicht typischerweise Risikofaktorenträger. Worin besteht aber eigentlich der große Unterschied in der Einwirkung auf einen Kranken einerseits und auf einen gesunden Risikofaktorenträger, den man also sozusagen primär präventiv behandelt, bei dem man also „interveniert". Schon der Unterschied von Intervention und Behandlung zeigt ja auch, daß es um etwas

ganz anderes geht; mehr um Beratung und Unterrichtung und Gesprächsformen, häufiger auch eher in Gruppen als individuell. Es ist eine Sache, die im heutigen Finanzierungssystem unserer Krankenversicherung eigentlich ganz schwer unterzubringen ist und gar nicht richtig hineinpaßt und wo man eigentlich mehr so an das alte chinesische System denken müßte, wo der gesunde Mensch seinen Arzt bezahlt, solange er gesund ist und die Zahlung einstellt, wenn er krank wird. Meine Frage also geht darauf hinaus, wäre eine Intervention überhaupt vereinbar mit dem Rollenverständnis und dem heutigen Berufsverständnis des Arztes und vereinbar auch mit der Art und Weise, wie der Arzt entlohnt wird für seine Dienste? Man könnte zu dem Ergebnis kommen, daß Intervention als Primärprävention bei Gesunden dem Rollenverständnis der ganzen Ausbildung, der ganzen Art und Weise, wie ein Arzt auch einem Patienten begegnet, so sehr widerspricht, daß man den kurativ ausgebildeten und tätigen Arzt damit eigentlich gar nicht belasten sollte, daß man im Grunde einen Fehler macht, ihm das aufzubürden. Daß man statt dessen neben diesem Arzt mit seinem traditionellen Rollenverständnis einen zweiten, eine andere Form von Arzt haben sollte, man müßte dann auch ein anderes Wort dafür haben, der anders ausgebildet ist und ein anderes Rollenverständnis hat und der solche Dinge in sich vereinigt, wie sie Herr Bock vorhin ansprach: Ernährungsberatung, Verhaltensberatung usw., aber durchaus auf der Basis auch einer Kenntnis, über das was er damit anrichtet, der also auch eine entsprechende Ausbildung haben würde, und nun also die Prävention übernimmt und die Risikofaktorenintervention, und wo man auch nicht von Patienten spricht, wenn der Betreffende kommt, denn es handelt sich ja um einen Gesunden. Wie sehen Sie das?

Kruse:
Ich bin der Meinung, daß gerade der Hausarzt, der auch viele gesunde Patienten oder prämorbide Persönlichkeiten durch die Kontakte, die er zu den Familien hat, sieht, diese so weit präventiv ausnutzen kann, daß es eigentlich schade wäre, wenn wieder eine neue Institution geschaffen würde, die dem Bürger jede Verantwortung für seine Gesundheit abnehmen würde. Bei einer sozialen Sicherheit, wie sie in der Bundesrepublik geboten wird, besteht sehr leicht die Gefahr, den einzelnen ganz aus der Verantwortung zu nehmen. Dadurch entsteht sehr schnell eine Gleichgültigkeit, wie wir es z. B. bei den Vorsorgeuntersuchungen erleben. Sie werden immer wieder angeboten, sie sind kostenlos, und dennoch findet sich nur ein kleiner Teil der Versicherten, der diese Angebote auch nutzt. Wir erleben immer wieder, daß Übergewichtige, Raucher, Alkoholkranke usw. von ihren Risikofaktoren wissen, aber in keiner Weise dazu bereit sind, irgendwelche Einschränkungen auf sich zu nehmen. So kann ich mir auch nicht vorstellen, daß Gesundheitsberatungen eine größere Chance haben, von den Versicherten genutzt zu werden.

Schwartz:
Es ist nicht möglich, das weite Feld, das hier angesprochen ist, mit wenigen Diskussionsbemerkungen zu umreißen. Also z. B. ist da die Frage der Bezah-

lung angesprochen worden. Nun, Bezahlungsmodalitäten kann man ändern, und es bestehen derzeit Verhandlungen mit den großen Kassenverbänden über die Frage der Einführung einer Leistung „Gesundheitsberatung“ und deren gezielte und gegenüber anderen Leistungen weit hervorgehobene Honorierung. Ein zweites wichtiges Problem ist es, nicht nur die Ärzte vom Honoraransatz zu motivieren, sich in dieser Frage Mühe zu geben und die entsprechende Zeit aufzuwenden, sondern die Frage, ob sie spezifische Qualifikationen mitbringen. Nun wird man sagen, daß die meisten in der Primärversorgung tätigen Ärzte hinreichende Kenntnis über die Bedeutung der somatischen Risikofaktoren mitbringen. Aber das ist oft nicht ausreichend, um die Schwelle zu überwinden, daß die Patienten auch tatsächlich das tun, und zwar dauerhaft, was man gerne möchte. Hier sind deshalb parallel zu diesen erwähnten Beratungen über eine neue Honorierungsleistung zwei Modellversuche in Vorbereitung. Beide beinhalten, daß die Ärzte, die diese Leistung erbringen wollen, zuvor obligat an einem zwei Wochentage dauernden Kurs teilgenommen haben, der sie mit ärztlichen Interventionsmöglichkeiten gegenüber den Patienten vertraut macht unter Anwendung gesprächspsychologischer und verhaltenstherapeutischer Erkenntnisse.
Ich glaube, daß unter dem Gesichtspunkt der Compliance auch eine andere Frage neu diskutiert werden sollte, bei der es in der Bundesrepublik Tabus gibt, insbesondere von sozialpolitischer Seite. Es wird immer gerne in Diskussionen das Beispiel der Honorierung chinesischer Ärzte angeführt, die nur bei Gesundheit ihrer Patienten honoriert wurden. Man kann das aber auch umkehren und sagen, wir bezahlen den Patienten in Abhängigkeit von seinem Gesundheitsverhalten, oder wir fordern von ihm Geld in Abhängigkeit von seinem Gesundheitsverhalten. Damit kommen sofort verschiedene Modelle der Selbstbeteiligung in Sicht. Man muß demgegenüber nüchtern feststellen, daß in unserem Versorgungssystem derjenige, der ein ziemlich schlechtes Gesundheitsverhalten hat, schon ein etwas älterer Mensch ist und vielleicht in seiner gewohnten Umgebung sogar Defizite an sozialer Zuwendung hat, geradezu dafür belohnt wird, wenn er oft zum Arzt geht, vor allem, wenn er einen guten Hausarzt hat.
So begrüßenswert das einerseits ist, so wenig werden hier andererseits Anreize für bewußtes Gesundheitsverhalten erkennbar.

Kruse:
Ein Satz, den mir neulich ein Taxifahrer gesagt hat, paßte eigentlich nicht in mein Thema, ist aber wichtig für das Verhalten des Patienten. Ich muß das wohl auf Aachener Platt sagen: Die Schlimmsten sind eigentlich die, wo die Oma im Auto sagt: „Junge, du mußt jetzt hüppelen, damit du einen Schein für die Taxe bekommst.“ Also, was dieser Taxifahrer mir gesagt hat, ist bezeichnend für das Verhalten, wenn man etwas bekommen kann, was ganz einfach zu kriegen ist.

Bock:
Die Frage von Herrn Fülgraff bewegt auch mich, nämlich, ob in unserem Sy-

stem der Gesundheitsversorgung die praktischen Ärzte die einzige Instanz sind, die überwiegend oder allein die Risikofaktoren-Medizin und alles, was dazu gehört, also auch die Betreuung Gesunder, übernimmt, oder ist hierzu auch die Mitwirkung anderer Gruppen zweckmäßig oder notwendig. Sie haben die Frage vorhin abgetan mit der Bemerkung: „Dann werden sie verplant." Ich meine, damit macht man es sich zu einfach. Es müssen ja nicht unbedingt staatliche Eingriffe sein, die hier in Betracht kommen. Ebenso wie sich viele praktische Ärzte zu einer Laborgemeinschaft zusammengeschlossen haben, wäre ja denkbar — ich phantasiere jetzt einmal —, daß sie sich zu einer Gemeinschaft zusammenschließen, die Ernährungsberater oder Gesundheitspädagogen zur Raucherentwöhnung usw. beschäftigen, d. h. ein solches Programm wäre durchaus auch privatwirtschaftlich zu organisieren. Ich finde, daß man über solche oder ähnliche Vorstellungen einmal nachdenken sollte, statt immer weiterzumachen wie bisher mit letztlich ja ganz schlechtem Ergebnis, wie Sie ja selbst festgestellt haben.

Kruse:
Ja, aber das sind unterschiedliche Fakten, die da angesprochen werden; einmal das Informationsbedürfnis des Patienten, d. h. wie weit ist er an dieser oder jener Information interessiert und wie weit wird sie ihm auch verständlich nahegebracht. Dann aber auch die individuelle Intervention des Arztes: Wie weit ist dieser in der Lage, dem Patienten das Gefühl zu geben, daß jemand für ihn da ist, der ihn zuverlässig berät und der auch das notwendige Verständnis für seine Krankheit aufbringt. Sicher kann der Hausarzt nicht alle Hilfen geben. Die Situation ist ähnlich wie beim Alkoholkranken; auch bei diesem Patienten sind wir auf die Hilfen von medizinischen Assistenzberufen, d. h. Sozialarbeitern und Psychologen angewiesen.

Epstein:
Gute Parallele.

Lippert:
Ich will nochmals auf die Frage zurückkommen, ob es tatsächlich Ärzte sein müssen, die im mehr präventiv orientierten Bereich tätig werden sollen. Ich glaube schon, Frau Kruse, daß die Leute nicht wegbleiben, wenn Sie anstelle einer Ernährungsberatin unterrichten. Das aber könnte eher ein Einzelfall sein. Ich meine, daß gerade Erfahrungen aus nordamerikanischen Großstudien, wie dem Multiple Risk Factor Intervention Trial, zeigen, daß wegen des üblichen Arzt-Patienten-Verhältnisses und der sozialen Distanz derartige Beratungen eben nicht von Ärzten durchgeführt werden sollten und von dafür ausgebildetem Personal auch wirkungsvoll vermittelt werden können.

Schmahl:
Herr Gries hat sich in seinem Referat oft auf die an der Joslin-Klinik in Boston erhobenen Befunde bezogen. Dort ist das vorhin angesprochene Modell einer Gemeinschaftspraxis von Ärzten, die sich auch ganz intensiv der Ge-

sundheitserziehung widmen, bereits verwirklicht. Die Gesundheitserziehung und Ernährungsberatung wird dort weitgehend von Nichtärzten, vor allem von Ernährungswissenschaftlern, Diätassistentinnen und speziell ausgebildeten Krankenschwestern durchgeführt, wie ich das während meiner zeitweisen Tätigkeit an der Joslin-Klinik selbst kennengelernt habe.

Jesdinsky:
Ich sage jetzt etwas, womit Sie vielleicht nicht so einverstanden sind. Ich habe das Gefühl gewonnen, die Ärzte wehren sich zu Recht dagegen, daß diese Tätigkeit ihnen vielleicht fortgenommen werden wird. Was tun sie auf ihrem eigentlichen Gebiet, der Krankenversorgung? Da erleben sie auch nicht unbedingt nur Erfolge. Wenn ich Sie zitiere, Frau Kruse, Sie sprachen von dieser oft sinnlosen Medikamententherapie beim alten Menschen, das ist ja doch ein Problem, das haben ja nicht die Patienten erfunden, sondern das haben die Ärzte als Verlegenheitslösung und als schnelle ärztliche Handlung geschaffen, um Leute, die eigentlich ein Gespräch brauchen, loszuwerden. Damit ist die ärztliche Tätigkeit zum Teil in einen Bereich gerückt, in dem sie kaum noch eine würdige Tätigkeit ist. Die Gesundheitsberatung würde aber eine würdige Tätigkeit darstellen. Sie ist eine schwierig zu fassende ärztliche Leistung, läßt sich nicht gut berechnen, läßt sich nicht gut kontrollieren. Aber im Grunde genommen hat der Arzt wohl schon eine Berechtigung, auch da seine Tätigkeit zu sehen.

Kruse:
Die Frage ist doch die, ob wir bei einer individuellen Intervention in der Lage sind, auch gesunde Risikoträger anzusprechen. Meine Beobachtung ist die, daß der Patient schon bereit ist, uns seine Anliegen anzuvertrauen, psychosoziale Dinge anzusprechen, aber sobald wir das Gespräch auf Gesundheitsverhalten bringen, wird doch sehr häufig eine Abwehrhaltung bemerkbar. Vielleicht mag der Patient nicht, daß wir ihm „Ratschläge" geben, daß wir ihm ein gewisses Verhalten vorschreiben wollen! Hier spielt auch sicher das soziale Gefälle eine Rolle; erst dann, wenn das ärztliche Gespräch wieder eine zentrale Bedeutung in der Arzt-Patienten-Beziehung hat, können wir das Vertrauen des Patienten gewinnen bzw. auch seine Bereitschaft zur Mitarbeit. Durch eine solche Kommunikation wird der Patient auch vielleicht eher bereit sein, sinnlose Medikamentenverschreibungen nicht mehr zu akzeptieren bzw. nur das einzunehmen, was ihm sein Arzt verordnet hat.

Kollektive Intervention

von P. Lippert

In diesem Beitrag soll, in Abgrenzung zur individuellen Intervention, auf kollektive Intervention eingegangen werden. Dafür allerdings ist der auch anders besetzte Begriff Kollektiv nicht umfassend genug. Im folgenden wird deshalb von allgemeiner, d.h. primär nicht auf Einzelpersonen ausgerichteter Intervention gesprochen.
Eine Einführung in das Thema kann nicht auf alle Aspekte dieses sich noch entwickelnden komplexen und fachübergreifenden Gebiets eingehen. Ein umfassendes, auch praktische Momente der Umsetzung berücksichtigendes Konzept der Prävention — das als Bezugspunkt sowohl für das Verständnis wie auch für das Handeln dienen könnte — ist mir nicht bekannt. Schon aus diesem Grund kann eine geschlossene Darstellung des Themas — zumal in so kurzer Zeit — nicht gegeben werden. Hier werden bewußt nur wenige ausgewählte Gesichtspunkte hervorgehoben, die dazu beitragen sollen, in die angesprochene Problematik einzuführen. Einige Aussagen werden dabei notwendigerweise thesenartig verkürzt vorgetragen.

1. Begriffsbestimmung
Die Begriffe Prävention und Intervention werden fast beliebig unterschiedlich definiert. In diesem Beitrag ist der Begriff Prävention als zu erreichendes Ziel bestimmt, was auch die wissenschaftliche Erkenntnis über die Entstehung und den Verlauf von Krankheiten, denen man zuvorkommen (praevenire) will, beinhaltet. Das trifft beispielsweise für die kardiovaskulären Risikofaktoren und ihre Beziehungen zu den Herz-Kreislauf-Krankheiten zu. Unter dem Begriff Intervention dagegen werden die auf das Erreichen des Ziels ausgerichteten Aktivitäten definiert, das dazwischengehende (intervenierende) Handeln. Prävention kann in eine primäre, sekundäre und tertiäre unterschieden werden. Sekundäre und tertiäre Prävention, bei der erkennbare Gesundheitsstörungen bereits vorliegen, bedürfen immer auch einer individuellen Beratung. Da hier von allgemeiner Intervention gesprochen werden soll, beziehen sich die folgenden Aussagen überwiegend auf primäre Prävention, die ihrer Bestimmung nach eine individuelle Behandlung nicht voraussetzt. Daraus folgt

These 1: Primäre Prävention erfordert ein nicht auf Einzelpersonen ausgerichtetes Vorgehen.

Zur weiteren Bestimmung des Begriffs ist es nicht nur notwendig, soziodemographisch bestimmte Zielgruppen — wie beispielsweise die Schüler einer Schule, die Arbeitnehmer eines Betriebes oder die Einwohner einer Gemeinde — zu beschreiben, sondern auch die Umsetzung, die auf zwei unterschiedlichen Wegen zu erreichen ist.
Der eine zielt über das Verhalten auf eine letztlich individuelle Risikovermeidung (Risikoverminderung) ab und wird deshalb als individuelle oder personale Intervention bezeichnet. Der andere dagegen ist auf eine Risikovermeidung (Risikoverminderung) in der sozialen, natürlichen und technischen Umwelt ausgerichtet und wirkt bestenfalls mittelbar auf das individuelle Verhalten. Es wird als strukturelle, institutionelle oder auch regulative Intervention bezeichnet, die legislativ oder administrativ umgesetzt werden kann. Daraus ergibt sich

These 2: Allgemeine Intervention bezweckt eine Vermeidung (Verminderung) des individuellen Risikoverhaltens und/oder der Risikoexposition in der sozialen, natürlichen und technischen Umwelt.

2. Abgrenzung gegen die Therapie

Zum besseren Verständnis der Problematik ist es hilfreich, die Grundzüge der primär präventiv orientierten allgemeinen Intervention gegen die Therapie abzugrenzen.
Das therapeutische Prinzip besteht darin, bei einer erkannten Gesundheitsstörung die dafür angemessene Behandlung unter Berücksichtigung der individuellen Gegebenheiten einzuleiten. Wegen der individuellen Betreuung und der Möglichkeiten der Kontrolle des Behandlungserfolgs kann die Therapie individuell variiert werden. Außerdem kann das mit jeder wirksamen therapeutischen Maßnahme verbundene Risiko gegen das Risiko, nichts zu unternehmen, abgewogen werden. Bei der allgemeinen Intervention dagegen sind individuelle Anpassung und individuelle Risikoabschätzung nicht möglich. Sie bezieht sich auf Gesunde ebenso wie auf Gefährdete und Kranke.
An allgemein orientierte interventive Aktivitäten sind thesenartig wenigstens folgende Forderungen zu stellen:

— Eine notwendige Voraussetzung ist die wissenschaftlich nachgewiesene Beziehung zwischen dem jeweiligen Risikomerkmal und der zu vermeidenden Gesundheitsschädigung.
— Die jeweilige Empfehlung muß das Risikomerkmal — ebenfalls wissenschaftlich nachgewiesen — in der gewünschten Richtung beeinflussen können.

— Die Empfehlungen müssen von der betroffenen wissenschaftlichen und praktizierenden Öffentlichkeit im Sinne einer Konvention akzeptiert sein.
— Die Empfehlungen müssen nachweisbar auch in der alltäglichen Wirklichkeit die erwünschte Wirkung erzielen können.
— Sie dürfen auch bei langfristiger Einhaltung keine gesundheitliche Gefährdung bewirken. Dabei sind nicht nur klinisch und physiologisch, sondern auch psychologisch und sozial unerwünschte Auswirkungen auszuschließen.
— Die Empfehlungen müssen allgemein, d. h. innerhalb der kulturellen, sozialen und ökonomischen Gegebenheiten anwendbar und insbesondere innerhalb der bestehenden Strukturen der Gesundheitssicherung umsetzbar sein.

Zusammengefaßt folgt daraus

These 3: Im Hinblick auf die nachweisbare Wirksamkeit und die gesundheitliche Unbedenklichkeit sind an Empfehlungen zur allgemeinen Intervention besonders strenge Anforderungen zu stellen.

3. Die Bedeutung allgemeiner Intervention

Das Risikofaktorenkonzept ist vom wissenschaftlichen Vorgehen her epidemiologisch orientiert. Es bezieht sich also auf Bevölkerungen oder Bevölkerungsteile, nicht aber auf Individuen. Wird versucht, aus dem kardiovaskulären Risikofaktorenkonzept praktisch anwendbare Konsequenzen abzuleiten, dann ergibt sich daraus eine Reihe von Problemen. Dies gilt besonders für den Versuch, den ätiologischen Erklärungsansatz der Risikofaktoren in ein therapeutisches Konzept etwa im Sinne einer Risikofaktoren-Medizin zu übertragen. Die Bedenklichkeit dieses Vorgehens ist darin zu sehen, daß die traditionelle Medizin überwiegend kurativ ausgerichtet ist. Selbst dort, wo präventive Ansätze verfolgt werden, zielen diese letztlich immer auf das individuelle Verhalten ab. Auf die bestehenden Ausnahmen — in Teilbereichen des öffentlichen Gesundheitsdienstes oder des werksärztlichen Dienstes beispielsweise — soll hier nicht eingegangen werden. Den Bezugspunkt für die Diskussion gibt die individuell-kurative Medizin, die im ambulanten und stationären Bereich vorherrscht.

Sowohl das zunehmende Verständnis über die soziale Abhängigkeit individuellen Verhaltens wie auch die vielen verhaltenstherapeutischen Fehlschläge zeigen, daß das individuell verhaltensmodifizierende Vorgehen nicht wirkt oder zu kurz greift. Es muß deshalb wenigstens durch einen sozial weitergehenden Ansatz ergänzt werden, der die jeweiligen Bezugsgruppen — die Familie oder den Freundeskreis beispielsweise — mit einbezieht, um so auch auf die Verhaltensnormen im engeren sozialen Umfeld, die das eigene Verhalten wesentlich mitbestimmen, einzuwirken. Dies ist einer der wichtigsten Gründe, weshalb unter anderem auch von der Weltgesundheitsorganisation — zum Beispiel in den Comprehensive Cardiovascular Community Controll Programmes — ein gemeindebezogenes und eben nicht ein individuelles interventives Vorgehen empfohlen wird. Dies führt zu

These 4: Eine wirksame Gesundheitsvorsorge kann nur durch eine allgemeine Intervention erreicht werden.

Selbst bei einem solchen Vorgehen bleibt immer noch die Beschränkung auf die Verhaltensebene. Der Bereich der Risikoexposition in der Umwelt wird dabei ausgeklammert. Die vielfältigen Belastungen in der sozialen, natürlichen und technischen Umwelt, die zahlreichen legislativen und administrativen Vorgaben, die letztlich auch Verhaltensnormen mitbestimmen, bleiben außer Betracht. Dies gilt für eine angemessene Gesundheitserziehung in der Schule ebenso wie für einen umfassenden Verbraucherschutz oder die Verminderung von erkannten Schadstoffen in der Umwelt, Genuß- und Nahrungsmittel eingeschlossen. Solange der wichtige Bereich der strukturellen Intervention aus der Gesundheitsvorsorge ausgeklammert bleibt, ist eine tatsächliche und wirksame Risikoverminderung in der Bevölkerung nicht zu erwarten. Dies ergibt

These 5: Breite und langfristig anhaltende Erfolge sind von einer nur auf das individuelle Verhalten ausgerichteten Intervention nicht zu erwarten.

Eine nachweisbar wirksame Risikoverminderung kann nur erreicht werden, wenn die Risikobelastung in der Umwelt und das risikospezifische Verhalten gleichzeitig und aufeinander abgestimmt angegangen werden. So verstanden hat allgemeine Intervention notwendigerweise und wesentlich auch eine (gesundheits-)politische Dimension. Sie ist damit aber auch — weit stärker als der kurative Bereich — von ökonomischen Bedingungen abhängig. Daraus folgt

These 6: Allgemeine Intervention muß einen verhaltens- und umweltorientierten Ansatz aufweisen.

Aus den dargestellten Gründen wird — ich meine einsehbar und zu Recht — kritisiert, daß aus dem Risikofaktorenmodell verkürzend ein ausschließlich personalisierendes, auf individuelles Verhalten ausgerichtetes Konzept abgeleitet, zumindest aber praktiziert wird. Dies zeigen auch sonst beispielhafte Interventionsstudien, wie der WHO-European Multifactorial Prevention Trial oder das Stanford Heart Disease Prevention Program. Eine bemerkenswerte Ausnahme davon ist beispielsweise das Nord-Karelien-Projekt, bei dem auch ein umweltorientierter Ansatz betont verfolgt wird.
Derartige Vorhaben können von den Ärzten allein nicht durchgeführt werden. Dies deshalb, weil u. a. die Ausbildung der Ärzte und der hier restriktiv wirkende Rahmen der gesetzlichen Krankenversicherung dafür nicht geeignet sind. Daher trifft Kritik, soweit sie überwiegend auf die konservativ-kurative Haltung der Ärzte abzielt, auch nicht den Kern des Problems. Dies führt zu

These 7: Allgemeine Intervention kann von der traditionellen Medizin allein nicht verlangt und auch nicht geleistet werden.

Das notwendig komplexe Angehen der Prävention auf verschiedenen gesellschaftlichen Ebenen wurde bisher weitgehend theoretisch dargestellt. Wie das bei einem gemeindeorientierten Vorgehen praktisch umgesetzt werden kann, wie die verschiedenen sozialen Bereiche, wie Selbsthilfegruppen, Bäcker, Ärzte oder Politiker einbezogen werden können, darauf wird Herr Nüssel am Beispiels des Modells Eberbach-Wiesloch sicher eingehen.

4. Das Problem der Wirksamkeit

Wie bereits angeführt, ist eine notwendig zu erfüllende Vorbedingung allgemeiner Intervention der Nachweis der Wirksamkeit und der auch langfristigen gesundheitlichen Unbedenklichkeit. Am Beispiel des kardiovaskulären Risikofaktors Blutdruck soll auf einige, sich aus dieser Forderung ergebende praktische Gesichtspunkte eingegangen werden. — Auf den aus tierexperimentellen, klinischen und vergleichend epidemiologischen Untersuchungen bekannten Zusammenhang zwischen Salzkonsum und Blutdruck wurde bereits in anderen Beiträgen wiederholt hingewiesen. Schon vor der Einführung von Natriumausscheidung fördernden Medikamenten hat die klinische Medizin durch die Verordnung salzarmer Diät aus dieser Beobachtung therapeutische Konsequenzen gezogen. Dennoch ist zu fragen, ob zur Behandlung des epidemiologisch bedeutsamen Problems der Hypertonie der Gesamtbevölkerung eine Restriktion des individuellen Zusalzens als wirksam, unbedenklich und angemessen empfohlen werden kann. Um die damit verbundene Problematik zu verdeutlichen, werden auch hier die Einwände gegen eine derartige Empfehlung hervorgehoben.

Diese Einwände beziehen sich ausschließlich auf die zu erwartende Wirksamkeit einer solchen Empfehlung und ihren Stellenwert, der sich aus der multifaktoriellen Ätiologie der Hypertonie ableiten läßt. An der Unbedenklichkeit einer verhaltensorientierten Empfehlung, die auf eine prozentuale Reduktion der täglich aufgenommenen Salzmenge abzielt, kann kein Zweifel bestehen. Zumindest kontrovers ist dagegen bereits die Frage, in welchem Umfang eine solche Empfehlung tatsächlich auch umgesetzt wird — darauf aber wird hier nicht eingegangen.

Die Einwände gegen die Wirksamkeit der Empfehlung zur Beschränkung individuellen Zusalzens lassen sich exemplarisch an den nachstehend beschriebenen Punkten festmachen.

— Es ist fraglich, ob bei einem physiologisch außerordentlich eng kontrollierten Merkmal wie Natrium eine nur teilweise Reduktion der Salzaufnahme Erfolg tatsächlich verspricht.
— Es ist nicht geklärt, ob die Salzrestriktion einen bestimmten Schwellenwert unterschreiten muß, um epidemiologisch wirksam zu werden.
— Es ist fraglich, ob eine ausreichende Salzrestriktion allein durch die Modifikation des Zusalzens erreicht werden kann.
— Es ist nicht geklärt, wie häufig eine zur Hypertonie führende Salzempfindlichkeit in der Bevölkerung tatsächlich vorkommt.

Zusammengefaßt ergibt dies

These 8: Es ist nicht geklärt, ob die individuell nur teilweise steuerbare Beschränkung der Salzaufnahme zu einer Senkung der Prävalenz der Hypertonie führt.

Die bisher formulierten Einwände beziehen sich auf die Wirksamkeit individueller Verhaltensänderung. Daneben ist aber zu fragen, inwieweit nicht auch strukturell-administrative Maßnahmen getroffen werden müssen, um — im Sinne der gegenseitigen Ergänzung — den verhaltensorientierten Ansatz wirksam werden zu lassen. Daß beide Ansätze notwendig sind, zeigen treffend Erfahrungen aus Nordamerika: Was nützt das Angebot salzarmer Baby-Kost, wenn Mütter die Nahrung nachsalzen, weil diese ihrem Geschmack nicht entspricht? — Dennoch erscheint es notwendig, zu prüfen, wie der Salzgehalt, beispielsweise in industriell vorgefertigten Nahrungsmitteln mit hohem Salzgehalt wie Backwaren und Fleischprodukten, vermindert werden kann. Daraus folgt

These 9: Eine präventive Wirkung ist nur dann zu erwarten, wenn der Salzverbrauch insgesamt — gemessen an der Produktions- und Verbrauchsstatistik — verringert wird.

Darüber hinaus gibt es aber noch Einwände, die sich auf den isolierten Stellenwert der Salzreduktion in einem multifaktoriellen ätiologischen und interventiven Konzept beziehen. Neben dem Zusammenhang zwischen Salzaufnahme und Blutdruck gibt es eine ganze Reihe anderer Zusammenhänge, beispielsweise mit genetischen Faktoren, Übergewichtigkeit, körperlicher Betätigung, psychosozialen Belastungen (Streß) und Lärm. Dabei kommt zumindest der Übergewichtigkeit eine erhebliche ätiologische Bedeutung zu; im Hinblick auf die Intervention gilt das wohl auch für die körperliche Aktivität. Das führt zu

These 10: Die Prävention der Hypertonie muß gleichzeitig mehrere Einflußgrößen berücksichtigen.

Zusammenfassend bleibt festzuhalten, daß an der Wirksamkeit der individuell steuerbaren Salzrestriktion Zweifel bestehen. Aus diesem Grund erscheint eine Empfehlung, die ausschließlich auf individuelle Verhaltensänderung abzielt, derzeit als nicht vertretbar. Das vorliegende Wissen wie auch die Bedeutung des Problems der Hypertonie lassen es aber nicht nur als gerechtfertigt erscheinen, die Umsetzbarkeit und Wirksamkeit der Empfehlung einer Salzrestriktion in einer gemeindeorientierten Interventionstudie zu untersuchen, sondern erfordern sie geradezu. Daraus ergibt sich als letzte die

These 11: Empfehlungen zur allgemeinen Intervention müssen auf ihre Umsetzbarkeit und Wirksamkeit geprüft sein.

Diskussion

Schwartz:
Die Betonung, daß allgemein präventive Maßnahmen über die Möglichkeiten der Medizin hinausgehen, ist ein von den Medizinern sicherlich gerne akzeptierter Satz. Er spielt in vielen dieser Thesen eine Rolle, und ich glaube, es bedarf keiner großen Anstrengung, die Mediziner davon zu überzeugen, zumal

dies eine lange Tradition ist. Denn die wichtigsten Präventionsmaßnahmen des 19. Jahrhunderts wurden genauso wie jene Maßnahmen, über die wir heute sprechen, zwar von Ärzten angestoßen, aber keineswegs alle auch von ihnen selbst verwirklicht. Ich denke z. B. an klassische Hygienemaßnahmen zur Abwehr von Infektionskrankheiten. Kein vernünftiger Arzt des 19. Jahrhunderts wäre auf die Idee gekommen, zu beanspruchen, die Trinkwasseranlage oder Abwässeranlage der Stadt deswegen selbst zu bauen, weil es eine medizinisch begründete präventive Maßnahme war. Damit will ich nur karikierend deutlich machen, daß solche Positionen eigentlich selbstverständlich sind. Der mögliche Konflikt tritt dort auf, wo es um eine personale Intervention am Patienten geht.

Bock:
Herr Lippert, mich bedrückt Ihre These 10, daß man bei einer Intervention immer gleichzeitig viele Faktoren beeinflussen soll. Mir scheint das die Sache erheblich zu komplizieren und auch am Schluß die Beurteilung des Ergebnisses zu erschweren.

Lippert:
Ich halte das, in der thesenartigen Verkürzung, für ein notwendiges Vorgehen. Wenn mehrere epidemiologisch bedeutende Risikofaktoren zur Prävalenz einer Krankheit beitragen, dann reicht es eben nicht aus, nur einen einzigen anzugehen. Eine wirksame Prävention der Hypertonie kann — so meine ich — nicht allein durch eine Salzrestriktion erzielt werden. Dazu ist es notwendig, auch Gewichtszunahme oder Übergewichtigkeit und körperliche Betätigung einzubeziehen. Untersucher, die, wie z. B. R. Prineas, nicht nur multifaktorielle Interventionsstudien durchgeführt haben, weisen ebenfalls nachdrücklich darauf hin, mehrere Faktoren gleichzeitig zu intervenieren. Natürlich kompliziert das die Bewertung der Ergebnisse. Wenn dieses Vorgehen aber wirksam ist, ist das ein nur nachgeordnetes Problem.

Gries:
Würden Sie sagen, daß das gleiche Design, nämlich das Konzept der multifaktoriellen Beeinflussung, das sicher für die therapeutische Intervention sehr sinnvoll ist, auch für wissenschaftliche Interventionsstudien anwendbar ist?

Lippert:
Ja. Ich glaube nicht, daß man eine wirksame Prävention, die auf die gesamte Bevölkerung abzielt, mit einer bloß unifaktoriellen Vorgehensweise erreichen kann. Wichtig ist dabei, zu prüfen, welche Faktoren tatsächlich einen Einfluß auf die jeweilige Krankheit haben und welche präventiven Empfehlungen dafür geeignet sind. Diese Empfehlungen müssen dann aber auf ihre Wirksamkeit hin geprüft sein, bevor sie öffentlich ausgesprochen werden.

Jesdinsky:
Ich meine, wir müssen unterscheiden, ob man jetzt eine wissenschaftliche Studie durchführt, die feststellen soll, daß diese oder jene interventiven Maßnah-

men sich bewähren, sozusagen exmplarisch, oder ob man eine (auf einer gesicherten oder ungesicherten Basis, das sei jetzt einmal dahingestellt) solche Intervention auf dieser kollektiven Ebene zunächst einmal durchführen will und dann sich vielleicht hinterher fragt: Wir wollten ja auch ein Meßinstrument haben, ob diese Maßnahme nutzt? Bei diesem zweiten Typ von Interventionsstudien wäre die erklärende Analyse eine sekundäre Frage.
Aber ich wollte Herrn Lippert noch etwas anderes fragen. Wenn ich Sie richtig verstanden habe, sehen Sie es als ziemlich aussichtslos an, durch bloße Aufklärungsmaßnahmen kollektiv etwas zu erreichen. Man müßte wohl strukturelle Änderungen im System einführen, um eine Intervention durchzusetzen. Das scheint mir eine Frage zu sein, die wir besonders diskutieren sollten. Wenn nur Zwang die Menschen dazu bewegen könnte, gesund zu leben, das wäre traurig. Wir machen ja an sich sehr viele Dinge, die uns die Werbung inspiriert, und wir werden ja noch über Kampagnen hören im nächsten Beitrag, man könnte sich durchaus Kampagnen vorstellen, die Menschen durch Aufklärung zu Verhaltensänderungen motivieren.
Wenn allerdings die Wissenschaftler mehr oder weniger unterkühlt über solche Maßnahmen sprechen, die reißen natürlich niemanden vom Stuhl. Das ist ein besonders unwirksamer Ansatz.

Keil:
Ich glaube, daß das eben etwas vereinfacht dargestellt wurde, wenn gesagt wurde, daß es darum gehe, bei *einer* Krankheit oder bei *mehreren* zu intervenieren. Das nationale Bluthochdruckprogramm der Amerikaner hat ja gerade gezeigt, daß man von der Hypertonie her viele weitere Risikofaktoren angehen kann. Es ist also durchaus möglich, ein Hypertonieprogramm aufzubauen und dann im Rahmen dieses Programmes auch weitere Risikofaktoren wie Rauchen und Übergewicht zu erfassen und zu beeinflussen.
Kollektive und individuelle Intervention schließen sich ebenfalls nicht aus. Auch dies kann man am nationalen Bluthochdruckprogramm der Amerikaner demonstrieren. Das Programm zeigt, daß man Ärzte und Öffentlichkeit über die Massenmedien und weitere gezielte Informationskampagnen beeinflussen kann. Dies würde dann als kollektive Intervention bezeichnet (bei Kollektiv muß ich immer an russische Salzbergwerke denken). Ein solches Vorgehen wird aber dann auch dazu führen, daß das von Herrn Bock geforderte „incidental screening" häufiger in den Arztpraxen stattfinden wird. Insofern handelt es sich hier um Vorgehensweisen, die sich nicht gegenseitig ausschließen, sondern die zusammen angewendet werden müssen.

Epstein: Sowohl als auch.

Keil: Ja.

Fülgraff:
Ich möchte ein Wort zu Herrn Jesdinsky sagen. Sie haben gesagt, strukturelle Änderungen und haben gefragt, setzt das Änderungen im System voraus, und

ich möchte da gleich einhaken, weil ich meine, wir müssen uns davor hüten, schon durch Ausdrucksweisen eine allgemeine Prävention oder Intervention in Verruf kommen zu lassen, indem wir Begriffe benutzen, die politisch so besetzt sind, daß sie ein richtiges und wichtiges Instrument kaputtmachen können. Deswegen würde ich auch darum bitten, daß wir nicht von kollektiver Intervention sprechen, sondern, wie Herr Lippert es getan hat, von allgemeiner Intervention. Sie wissen, wie das Wort „Kollektiv" besetzt ist in unserer Gesellschaft und daß wir auch nicht von Änderungen im System sprechen sollten. Auch das Wort „System" darf man eigentlich außerhalb von Systemanalyse gar nicht mehr verwenden, weil man da gleich irgendwo in eine Ecke gedrängt wird. Was Herr Lippert ja sehr deutlich gesagt hat, es geht nicht um Änderungen im System, sondern mehr um Änderungen von Einstellungen, von Bewußtsein und Bewertung; ob man beispielsweise einen, der morgens durch den Wald läuft, für einen Spinner hält, oder ob man das für nachahmenswert hält. Das ist eine Bewußtseinsfrage in der Bevölkerung, und solche Bewußtseins- und Einstellungsänderungen verändern das Gesundheitsverhalten. Herr Lippert hat ja vorhin ausgeführt, so habe ich das jedenfalls verstanden, daß das individuelle Verhalten stark beeinflußt wird von Werturteilen im sozialen Umfeld. Das Rauchverhalten hängt beispielsweise davon ab, wie Rauchen in einem bestimmten sozialen Umfeld bewertet wird. Ich glaube, es ist wichtiger, daß wir das im Auge haben, als daß wir die Befürchtung erwecken, es seien Änderungen in was für immer einem System beabsichtigt.

Lippert:
Herr Jesdinsky, die Frage ist nicht: individuell oder allgemein bzw. strukturell oder personal. Ich glaube nicht, daß der eine Ansatz ohne den anderen wirksam umgesetzt werden kann. Was geschieht, wenn Hersteller salzarme Säuglingsnahrung anbieten, diese den Müttern aber zu fade schmeckt? Die Nahrung wird dann individuell nachgesalzen. Das Beispiel zeigt, daß eine strukturelle Veränderung oft nichts bewirkt, wenn sich nicht gleichzeitig auch das Verhalten verändert. Das bedeutet deswegen keineswegs gesetzliche Maßnahmen, Zwang oder Systemveränderung — wie das eben schon deutlich gesagt wurde. Ich meine, die beiden Ansätze dürfen nicht für sich betrachtet und diskutiert werden, sie müssen in der Umsetzung vielmehr zusammengehen. Dabei gibt es dann Bereiche, die stärker auf personale und andere, die mehr auf strukturelle Aktivitäten ausgerichtet sein müssen. Im Hinblick auf die personale Intervention ist es hierbei wichtig, auf die verhaltensprägende Bedeutung des sozialen Umfeldes hinzuweisen. Die notwendige Einbeziehung des sozialen Umfeldes führt dabei die Prävention von der individuellen zur allgemeinen Ebene hin.

Intervention – Das Modell Eberbach-Wiesloch

von E. Nüssel

Das Ziel der Eberbach-Wiesloch-Studie ist die Entwicklung von Maßnahmen zur Verhütung und zum Abbau von Risikofaktoren chronischer Zivilisationskrankheiten. Die einzelnen Interventionsmethoden sollen in ein Modell eingebunden werden, das wir kommunale Prävention nennen. Das Modell soll in kleinen und mittelgroßen Städten sowie in Stadtteilen von Großstädten anwendbar sein. Die Modellentwicklung erfolgt in partnerschaftlicher Zusammenarbeit zwischen niedergelassener Ärzteschaft, kommunaler Verwaltung und Bevölkerung. Die Universität begleitet das Projekt wissenschaftlich.

WHO MYOCARDIAL-INFARCTION-REGISTER-AREA

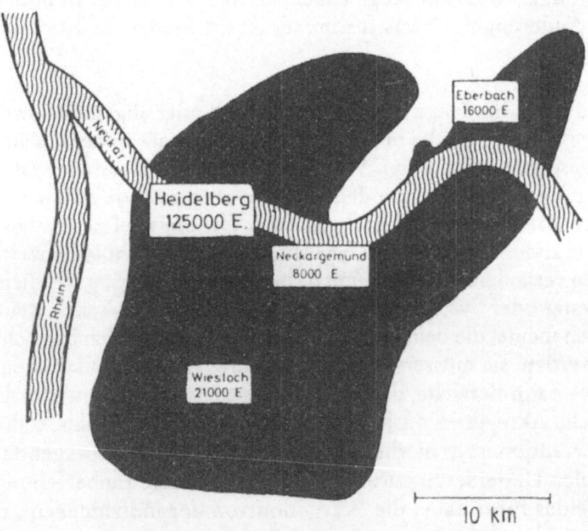

Abb. 1

Im Gebiet des Heidelberger Herzinfarktregisters (vgl. Abb. 1), in welchem seit 10 Jahren alle neu auftretenden Fälle mit Herzinfarkt erfaßt und nachbeobachtet werden, liegen auch die beiden Städte Eberbach und Wiesloch, in denen wir das Interventionsmodell entwickeln. Neckargemünd gilt als Kontrollstadt. In allen drei Gemein-

den werden in zweijährigen Abständen alle klassischen Risikofaktoren kontrolliert. Wir wollen prüfen, ob es in Eberbach und Wiesloch zu einem Rückgang der Risikofaktoren kommt und ob dieser Rückgang dort stärker ausgeprägt ist als in der Kontrollstadt Neckargemünd.
Einige Beispiele aus den bisherigen Untersuchungen sollen Ihnen kurz zeigen, wie gefährdet die Bevölkerung durch die Risikofaktoren ist.
Die Hypertonie kam in 17% der untersuchten 30- bis 59jährigen Männer vor. Hypercholesterinämie und Hypertriglyceridämie fanden sich bei jedem vierten Mann (vgl. Abb. 2).

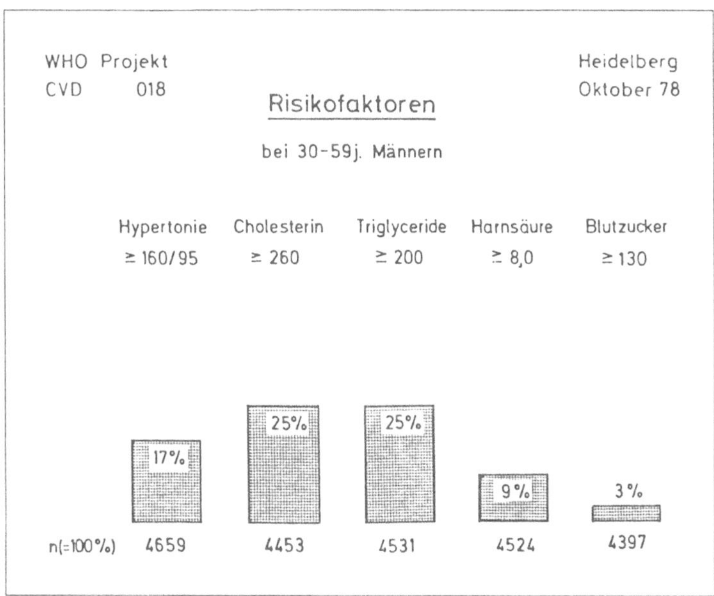

Abb. 2

26% der Männer waren frei von den 7 klassischen Risikofaktoren. Bei den Frauen betrug dieser Anteil 43% (vgl. Abb. 3). Durch die klinisch-manifesten Risikofaktoren Hypertonie, Hypercholesterinämie, Hypertriglyceridämie, Hyperurikämie und erhöhte Blutzuckerwerte sind die Raucher stärker belastet als die Nichtraucher. Keiner dieser 5 Faktoren fand sich bei 55% der Nichtraucher, aber nur bei 45% der Raucher (vgl. Abb. 4).

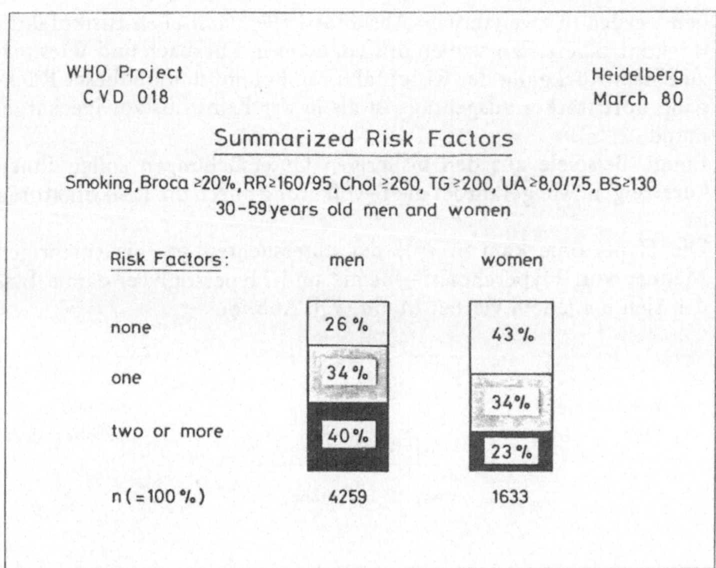

WHO Project
CVD 018
Heidelberg
March 80
Summarized Risk Factors
Smoking, Broca ≥20%, RR≥160/95, Chol ≥260, TG ≥200, UA ≥8,0/7,5, BS≥130
30-59 years old men and women
Risk Factors:
men
women
none
one
two or more
26 %
34 %
40 %
43 %
34 %
23 %
n (=100 %)
4259
1633

WHO Project
CVD 018
Heidelberg
September 80
Summarized Risk Factors/Smoking habits
RR ≥160/95, Chol. ≥260, TG ≥200, UA ≥8,0, BS ≥130
30-59 y.-old men
Risk Factors:
none
one
two or more
55%
29%
16%
46%
30%
24%
45%
32%
23%
Smoking habits
Non-Smoker
Ex-Smoker
Smoker
n(=100 %)
1552
838
2002

Abb. 3

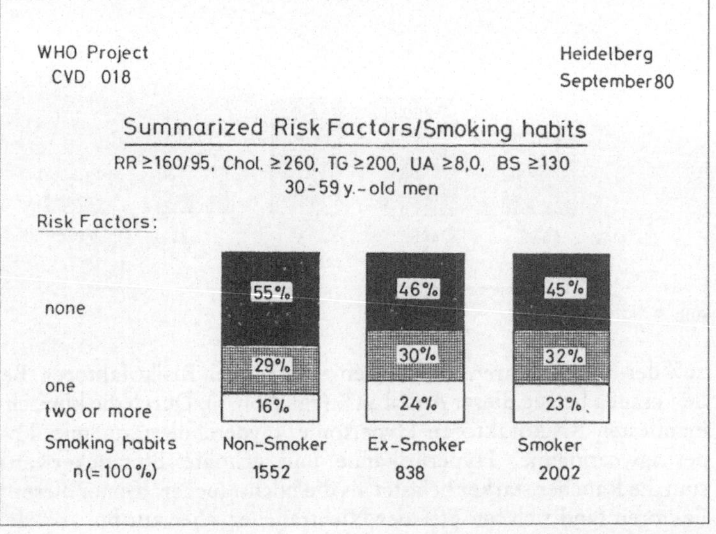

Abb. 4

Ein wichtiger Angriffspunkt für die Prävention ist das Übergewicht. Sie sehen die stark positive Korrelation zwischen Bluthochdruck und Übergewicht: 7% Idealgewichtige haben einen hohen Blutdruck, aber 29% der stark Übergewichtigen (vgl. Abb. 5). Von den Idealgewichtigen waren 69% frei von den 5 klassischen klinisch-manifesten Risikofaktoren; bei den stark Übergewichtigen waren es nur 29% (vgl. Abb. 6).

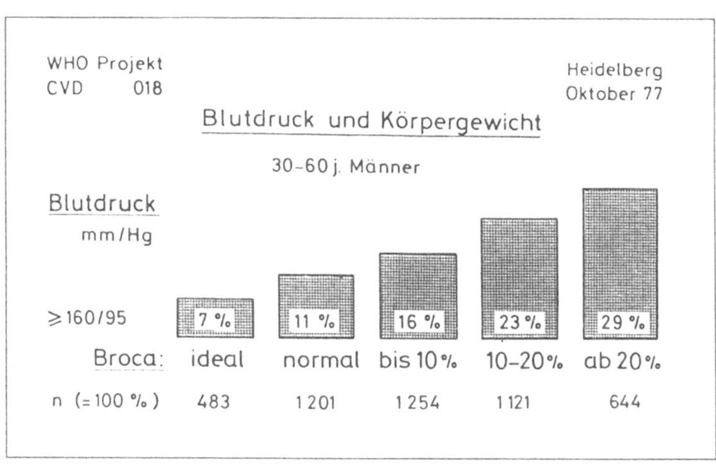

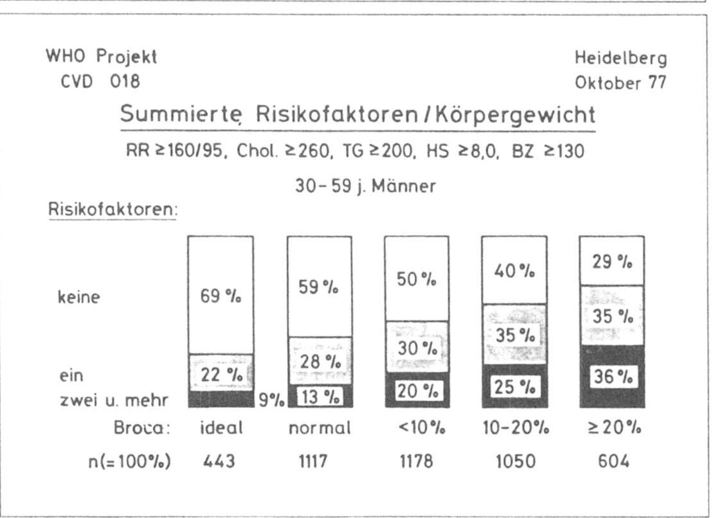

Abb. 5 u. Abb. 6

Zur Korrelation zwischen den Risikofaktoren und dem HDL-Cholesterin: Sie sehen, daß die Raucher besonders stark durch niedrige HDL-Cholesterinwerte belastet sind (vgl. Abb. 7).

WHO Projekt
CVD 018

Heidelberg
Mai 80

Risikofaktoren und HDL-Cholesterin

30 – 59 j. Männer

Raucher	31%	38%	49%
Gewicht Broca ≥ 20%	6%	16%	24%
Blutdruck ≥ 160/95 mmHg	15%	20%	29%
Cholesterin ≥ 260 mg%	15%	15%	13%
Triglyceride ≥ 200 mg%	12%	26%	60%
Harnsäure ≥ 8,0 mg%	8%	4%	9%
Nü.-Blutzucker ≥ 130 mg%	4%	7%	7%
HDL-Chol.:	> 55	> 35 u. ≤ 55	≤ 35

Abb. 7

Wir konzentrieren uns heute bei der kommunalen Prävention nicht ausschließlich auf die Herz-Kreislauf-Risikofaktoren; wir nehmen auch z. B. die leberbezogenen Risikofaktoren mit hinein. Hier sehen Sie die positive Korrelation zwischen der G-GT und dem Cholesterin (vgl. Abb. 8).

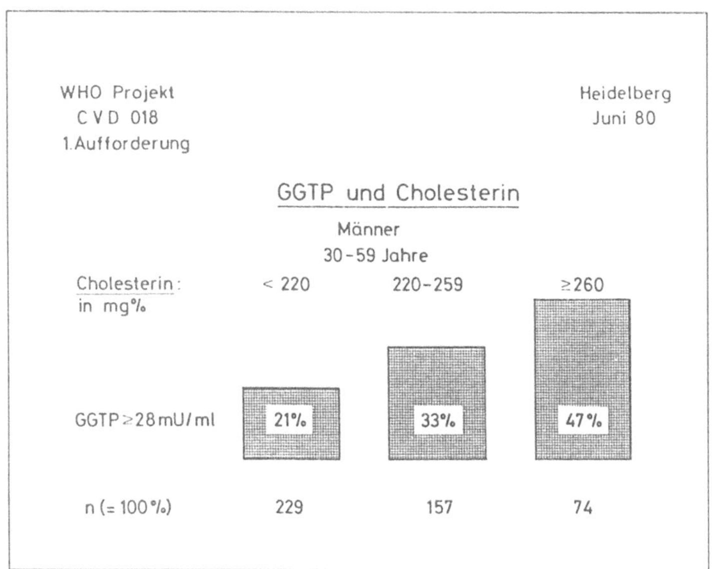

Abb. 8

Diese Daten mögen genügen, um Ihnen zu zeigen, daß die Bevölkerung durch die klassischen Risikofaktoren erheblich belastet ist und daß die Bekämpfung des überhöhten Körpergewichtes ein wichtiger Ansatzpunkt zur Entwicklung von Interventionsmethoden ist.
Ich komme nun zur Erläuterung des Modells der kommunalen Prävention. Wir bauen bei der Entwicklung des Modells auf die Kreativität und die Selbst- sowie auch Mitverantwortlichkeit des Bürgers. Wir haben, wie wir heute sagen können, mit diesen Erwartungen sicher nicht auf Sand gebaut. Die Bevölkerung erweist sich als einsichtig, kreativ und initiativ.
Die Bevölkerung selbst soll nach unseren Vorstellungen Interventionsmethoden entwickeln, sie geben (d. h. also vermitteln bzw. für andere durchführen), und sie soll sie selbst in Anspruch nehmen (vgl. Abb. 9).

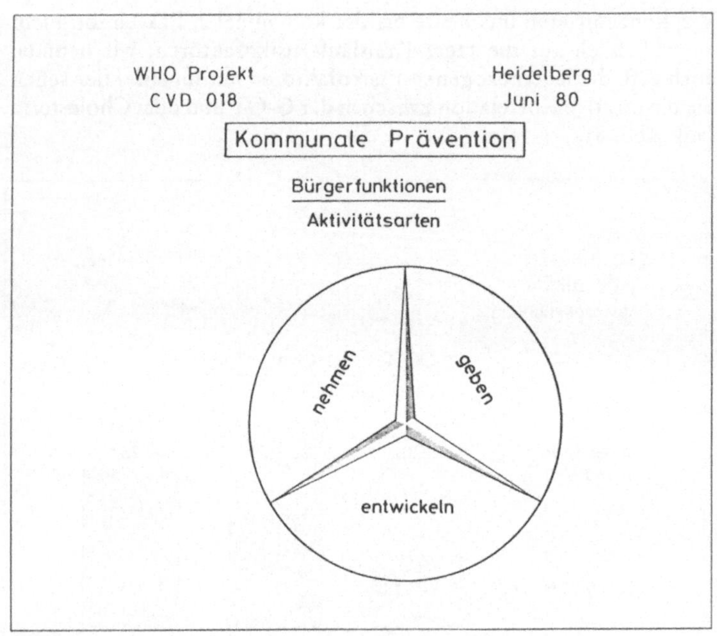

Abb. 9

Das fängt früh an:
Es werden die Kinder im Kindergarten gewogen, das Übergewicht bei Kindern der Kindergärten wird registriert (vgl. Abb. 10).
In den Schulen messen die Schüler ihren Blutdruck selbst. In Eberbach gibt es 2500 Schüler, die das alle gelernt haben und es zweimal im Jahr systematisch anwenden.
Hier die Resultate: Die besonders hohen Werte bei den Gewerbeschulen und bei den Gymnasien (Abb. 11) kommen dadurch zustande, daß es sich hier um Situationswerte, nicht um Ruheblutdruck-Werte handelt.
Zur Blutdruckmessung gehört natürlich die Gewichtskontrolle. Sie sehen, daß Übergewichtige einen relativ hohen Anteil der Schülerschaft stellen (vgl. Abb. 12).
Die Kreativität wird auch von den Schülern gefordert. In Zeichenwettbewerben sollte die Regenwolke unseres Emblems „Lebenswerter leben" von den Schulkindern jeweils themenbezogen ausgemalt werden. Zum Thema Streß z. B. lautet der Slogan „Gelassenheit vom Streß befreit".

WHO Projekt
CVD 018
Heidelberg
August 80
Übergewicht
Jungen
Kindergarten
Übergewicht nach Droese:
I
II
III
IV
V
alle
≥10% u. <20%
≥20%
6%
0%
7%
7%
13%
0%
4%
3%
n (=100%)
17
23
30
24
21
115

Abb.10

WHO Projekt
CVD 018
Heidelberg
August 80
Blutdruckverhalten
Jungen
Blutdruck:
Sonder-schule
Haupt-schule
Real-schule
Gewerbe-schule⊕
Gym-nasium⊕
alle
erhöht
11%
2%
3%
17%
23%
9%
n(=100%)
64
188
310
109
139
810
⊕ = ohne Nachkontrolle

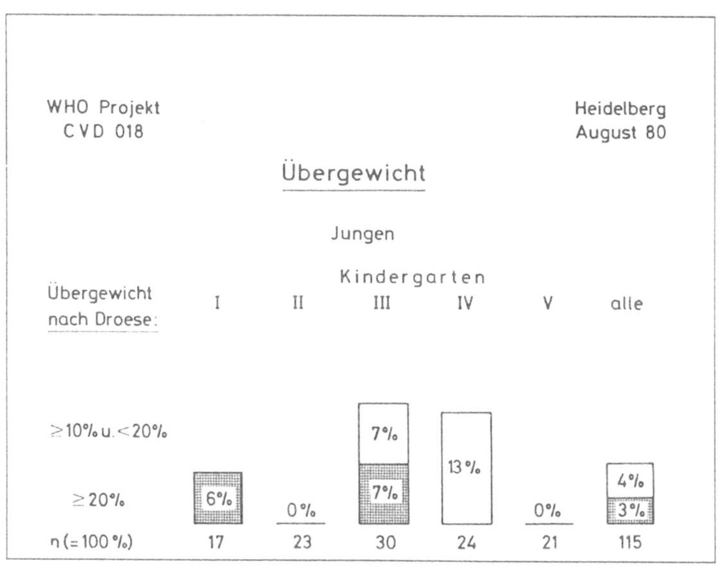

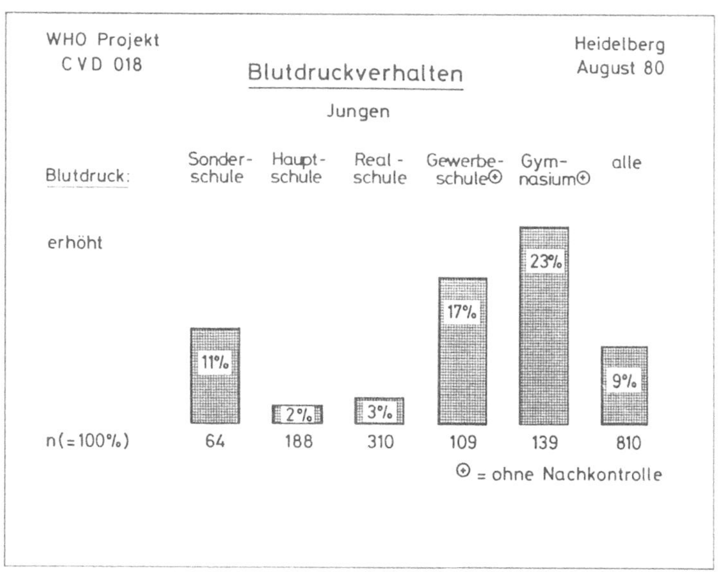

Abb.11

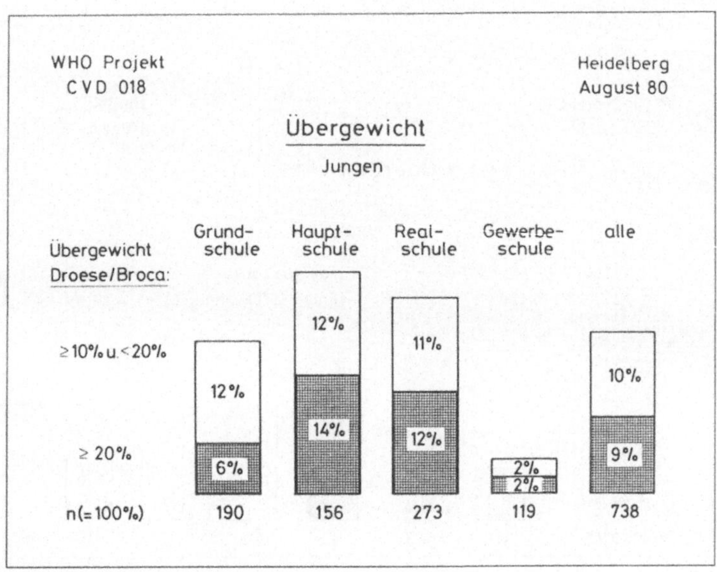

Abb. 12

Auch Bewegungsmangel ist ein Monatsthema gewesen:
Der Slogan lautet „Sich bewegen hilft jedem".
Wir wollen am Wohnort die vorhandenen Ressourcen optimal nutzen. Es sollen keine neuen Institutionen geschaffen werden. Alles soll bezahlbar sein. Die wissenschaftlichen Erkenntnisse anzuwenden, dafür können die ortsansässigen Ärzte sorgen. Zur Einbeziehung der Einrichtungen unseres Gesundheitswesens verhelfen insbesondere die Landespolitiker. Die Kommunalpolitiker sind besonders angesprochen, wenn es darum geht, die spezifischen Gegebenheiten am Wohnort in das Programm zu integrieren.
Wer sind nun die handelnden Personen? Wir teilen sie in Gruppen und in Einzelpersonen ein. Die Gruppen wiederum werden gegliedert in medizinisch definierte und nichtmedizinisch charakterisierte Gruppen (vgl. Abb. 13). Zu den medizinisch definierten Gruppen gehören die Ihnen allgemein bekannten ambulanten Koronargruppen. Von diesen gibt es ja bereits 200; zur Zeit wird ein bundesweites Netz von ca. 2000 Koronargruppen ausgebildet. Ihnen dürfte auch das Wieslocher Modell bekannt sein. Dieses Modell befaßt sich mit den Patienten, die noch keinen Herzinfarkt haben, wohl aber durch Risikofaktoren massiv gefährdet sind. Auch diese ambulanten Risiko-

gruppen werden inzwischen in der ganzen Bundesrepublik systematisch aufgebaut. Zu den medizinischen Gruppen gehören auch die Teilnehmer an Übergewichtigenkursen. Das Angebot dort bezieht sich nicht nur auf Gymnastik und Sport, sondern auch auf Gruppengespräche.

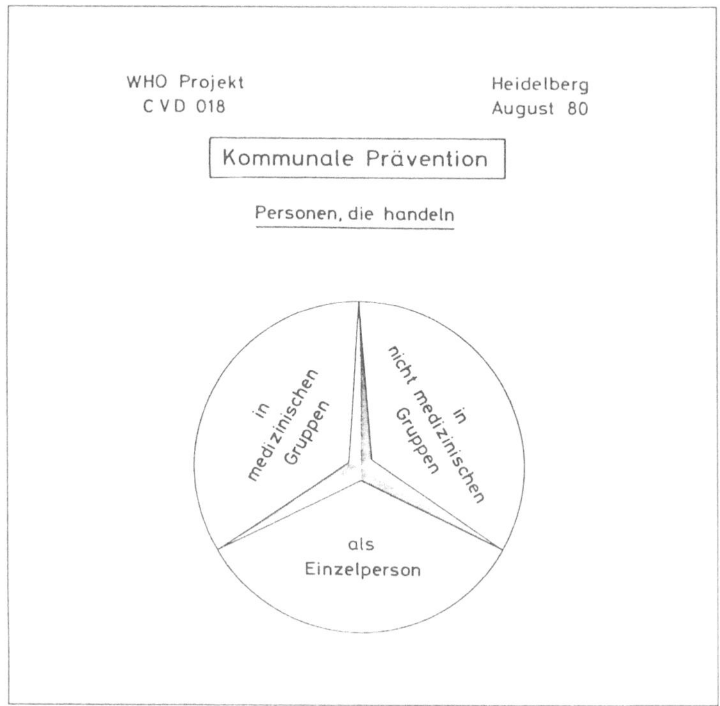

Abb. 13

Es gibt auch ein Kursangebot für Übergewichtige in einer Arztpraxis. Ein Internist hat seine Risikopatienten zusammengeholt, damit diese vom Metzgermeister erfahren, wie man billiges, fettarmes Fleisch einkauft und verarbeitet.
Im Wartezimmer finden auch die Raucherentwöhnungskurse statt. Sie sehen also, es gibt eine ganze Menge von Aktivitäten im Rahmen medizinisch charakterisierter Gruppen. Zu diesen gehören auch die sogenannten Selbsthilfegruppen, die Ihnen ja bekannt sind.
Nicht medizinisch definierte Gruppen werden in Schulen, Kindergär-

ten, Betrieben und Vereinen gebildet. Z.B. Schüler, die für Kinder des Kindergartens ein Märchen aufführen. Dieses Märchen befaßt sich mit Gesundheitsproblemen. Hier sind also die Schüler gebend tätig.

Im nächsten Beispiel sind Kleinkinder, also Kinder aus Kindergärten, nehmend aktiv: gebannt schauen sie auf das, was sich auf der Bühne abspielt.

Oder es haben sich Eltern, Schüler und Lehrer zusammengetan, um Anregungen zu geben zum Thema „Schulbrot". Schüler haben zusammen mit der „Arbeitsgemeinschaft für bürgernahe Gesundheitsvorsorge" in Wiesloch eine Aktion durchgeführt unter dem Motto „Blutdruckmessen ist kinderleicht". Dazu wurde auf dem Marktplatz von den Schülern Blutdruck bei den Erwachsenen und Kindern gemessen.

Es gibt zahlreiche Aktivitäten auch der „Arbeitsgemeinschaft Gesundheitsvorsorge" in Eberbach. In diesen Arbeitsgemeinschaften haben sich Vertreter von Schulen, Betrieben, Vereinen und sonstigen sozialen Gruppen des Wohnortes zusammengeschlossen, um übergreifende Belange gemeinsam wahrzunehmen.

Die freie Entfaltung der Bürger läßt sich in einem freien Spiel der Kräfte am ehesten sicherstellen. Dies ist dann gewährleistet, wenn

1. jede in der Intervention aktive Gruppe in autonomer Verantwortung jedem Bürger die Teilnahme an den Gruppenaktivitäten ermöglicht und wenn

WHO Projekt
CVD 018

Heidelberg
August 80

Kommunale Prävention

Strukturelemente zur freien Entfaltung der Bürger

Gewährleistung von

Öffentlichkeit

Kooperation

in Autonomie der Gruppen

durch Koordination der Arbeitsgemeinschaft

Abb. 14

2. jede Gruppe, wie oben in autonomer Verantwortung, versucht, in sinnvoller Weise mit den anderen Gruppen zu kooperieren (vgl. Abb. 14).

Beides, das Herstellen von Öffentlichkeit und die Zusammenarbeit, bedarf der Koordination am Wohnort. Diese Aufgabe übernimmt als neutrale Vermittlungsstelle die Arbeitsgemeinschaft für Gesundheitsvorsorge.

Das Modell wäre unvollständig, würde es nicht auch eine bundesweite Verbreitung ermöglichen. Hier sind bereits konkrete Ansätze im Gange. Es gibt bereits Landesarbeitsgemeinschaften und eine Bundesarbeitsgemeinschaft der ambulanten Koronargruppen. Ferner wurde bereits eine Landesarbeitsgemeinschaft für die ambulanten Risikogruppen gebildet. Die Arbeitsgemeinschaften für bürgernahe Gesundheitsvorsorge haben sich in Eberbach und Wiesloch ausgezeichnet bewährt. Auch hier denken wir an eine Verbreitung auf Landes- und Bundesebene. Anläßlich des Wiesbadener Internistenkongresses 1981 werden wir das Modell der kommunalen Prävention der Öffentlichkeit vorstellen. Über die Bürgermeister von Wiesloch und Eberbach bestehen Kontakte zu kommunalen Spitzenverbänden, über die Sprecher der örtlichen Ärzteschaft Verbindungen zu den ärztlichen Standesorganisationen. Erste Gemeinden haben ihr Interesse bekundet, das Modell oder einzelne Elemente der Intervention auf Gemeindebasis zu übernehmen. Ich danke Ihnen.

Diskussion

Laaser:

Herr Nüssel, ich habe zwei Fragen. Die erste bezieht sich auf den methodischen Komplex: Sie haben davon gesprochen, daß es das Ziel Ihrer Untersuchungen sei — wenn ich das richtig verstanden habe —, Risikofaktoren für chronische Krankheiten zu senken. Ich möchte Sie gern fragen, ist das als solches von Interesse? Ist damit nicht das uns eigentlich interessierende Ziel, die Senkung der durch Risikofaktoren bedingten Komplikationen — wenn Sie es so formulieren, wie Sie es meines Erachtens getan haben — aus dem Blickfeld gerückt? Und in Verbindung damit: wenn man die Folgen, sagen wir mal Krankheitsereignisse, messen will, sind dafür — soweit ich das überblicke — nicht die Gemeinden, in denen Ihre Intervention stattfindet, relativ klein?

Weiterhin: Wogegen wird diese Senkung der Risikofaktoren im Eberbach-Wiesloch-Projekt gemessen? Wir haben ja einen säkularen Trend, oder zumindest kann man ihn vermuten, der eine Senkung von Risikofaktoren über die Jahre hinweg bewirkt. Sie haben, glaube ich, als Kontrollstadt Neckargemünd. Reicht das aus, Differenzen zu Neckargemünd im Risikofaktorenverlauf zu bewerten und im Zusammenhang damit: Ist die Stichprobe, die man aus solchen Gemeinden zieht, um Werte für Risikofaktoren zu erheben, ist die Relation dieser Stichproben zur Gemeindegröße ausreichend? Muß da nicht eine Mindestrelation gewahrt bleiben? Sind die Gemeinden nicht für solche Aussagen zu klein? Das ist als Frage formuliert! Und wenn Sie erlauben, ein zweiter Fragenkomplex, auf den Sie dann vielleicht zusammenfassend eingehen können: Wie würden Sie Ihre ‚Interventionsphilosophie' — in Anführungsstrichen! — einordnen in die Terminologie, die Herr Lippert vorgegeben hat mit dem Begriffspaar „individuelle" und „allgemeine Intervention"? Handelt es sich beim Eberbach-Wiesloch-Projekt um eine individuelle Intervention, handelt es sich auch um allgemeine Aspekte? Vielleicht kann man es am Beispiel der Salzintervention exemplifizieren.

Nüssel:
Sie fragen, wollen wir nur die Risikofaktoren senken und beeinflussen oder wollen wir die durch die Risikofaktoren bedingten Krankheitsraten senken. Letzteres ist natürlich unser Ziel. Wir möchten die Infarktrate, die Schlaganfallsrate senken, wir möchten die vorzeitigen Leberschäden reduzieren usw. Nur, dafür sind die beiden Städte viel zu klein; zusammen ca. 35 000 Einwohner. Durch das Poolen der Daten mit anderen Interventionsstudien wird man zwar diesen Nachteil geringfügig, aber nicht entscheidend kompensieren können. Deshalb haben wir zunächst das Nahziel gewählt, die klassischen Risikofaktoren für Herz-Kreislauf-Krankheiten sowie andere Risikofaktoren, z. B. Leberwerte für die Leberleiden, zunächst einmal in den Griff zu kriegen, denn die können wir alle zwei Jahre messen. Dazu gehören nicht nur die klinisch manifesten Risikofaktoren, sondern auch die Verhaltensfaktoren. Da nehmen wir aber nur, was leichter meßbar ist, das Rauchen und das Gewicht mit hinein. Nun zu Ihrer Frage nach der Vergleichbarkeit des Effektes mit Neckargemünd. Wir dachten uns damit einigermaßen absichern zu können, daß wir einmal in der Stadt selbst im Grunde schon eine Kontrolle haben zwischen denen, die etwas tun und jenen, die nichts tun. Zum anderen haben wir zwischen beiden Städten Eberbach und Wiesloch Kontrollen und schließlich auch im Vergleich zu Neckargemünd, wo wir dann hoffen, den sogenannten säkularen Trend einigermaßen herauszubringen. Wir rechnen damit, daß ganz allgemein die Risikofaktoren etwas zurückgehen, und daß wir das dann an Neckargemünd sehen. Wir wollen im Grunde besser sein als in Neckargemünd.

Rahn:
Sie haben als Kontrolle Neckargemünd genommen, und Sie haben in einem ihrer Dias auch die Entfernung zwischen den einzelnen Städten angegeben. Nun könnte ich mir vorstellen — die Entfernungen sind relativ klein, in der Größenordnung von 10–15 km —, daß Sie mit Ihren Aktivitäten auch Ihre Kontrollstadt Neckargemünd beeinflussen. Wie wollen Sie das ausschließen?

Nüssel:
Wir können das gar nicht ausschließen und wollen es auch gar nicht. Wenn das eine gewisse Verbreitung über Eberbach/Wiesloch hinaus hat, sind wir

auch nicht traurig. Aber noch etwas zur Frage von Herrn Laaser und Herrn Lippert. Man muß ja sehen, daß wir in Eberbach/Wiesloch eine Prävention betreiben, die nicht die Medien benutzt. Wir denken, das geschieht zusätzlich hinreichend und möge auch noch weiter geschehen. Wir versuchen ja, in Eberbach/Wiesloch die örtlichen Ressourcen, Vereine, Betriebe, Schulen usw., zu benutzen. Es ist eine sehr auf das Lokale bezogene Prävention und witzigerweise, es zeigt sich immer wieder, wissen die Neckargemünder sehr wenig über das, was in Eberbach/Wiesloch läuft usw. Die Diffusion, an die Sie denken, ist bemerkenswert gering.

Anlauf:
Herr Nüssel, meinen Sie nicht, daß lokalpatriotische Gefühle, die da angesprochen werden, ganz entscheidend sind für den Erfolg und damit auch die Beispielhaftigkeit des ganzen Unternehmens begrenzt bleibt?

Nüssel:
Wir glauben, daß das, was Sie hier angesprochen haben, eine ganz wichtige Motivation für die Verbreitung dieses Modells ist. Wir sehen nämlich, daß jetzt schon bereits zahlreiche andere Bürgermeister anderer Städte auf die Eberbacher/Wieslocher Bürgermeister zukommen und sagen, wir lernen eigentlich von euch. Sie lernen, daß sich der Bürgermeister nicht nur zu profilieren hat mit Betonieren und Asphaltieren, sondern daß die Gesundheit ein wichtiges Feld der Profilierung ist. Wir haben gar nichts dagegen, daß auch andere Städte in diesen Wettbewerb eintreten, daß Bürgermeister sagen, wir wollen mit dafür sorgen, daß unsere Städte gesunder werden. Diesen Wettbewerb haben wir auch in kleinen Gruppen, in den Schulen, in den Vereinen, zwischen den Schulklassen, den Lehrern. Zweifellos kommen in diesen Gruppen auch Konkurrenzsituationen auf, die wir durchaus natürlich und sinnvoll finden.

Hofmann:
Herr Lippert sagte, Empfehlungen zur Intervention müssen von den Beteiligten akzeptiert werden. Bei Ihnen scheinen, das weiß ich aber nicht so genau, die Empfehlungen ja akzeptiert worden zu sein. Geschah das aufgrund der tollen Reklame oder Werbung, die Herr Jesdinsky angesprochen hat, oder aufgrund eines Wandels der Einstellungen in den Familien, in Freundeskreisen, im Fußballclub usw.? Ist das so eine Art Welle geworden? Was waren die Gründe für diese Akzeptanz? Haben Sie das aufoktroyiert oder haben Sie das mit solchen „Tricks“ wie Konkurrenz gegen die Nachbarstadt erreicht oder haben Sie zusätzlich noch ein Geheimnis?

Nüssel:
Zunächst müssen Sie davon ausgehen, daß wir im Grunde ein bis zwei Kollegen sind, die eigentlich sehr wenig nach Eberbach/Wiesloch fahren. Ich selbst fahre vielleicht nur alle vier Wochen nach Eberbach und Wiesloch. Eine andere Kollegin fährt zu zwei, drei Kursen mal hin, und dabei hat uns folgendes

außerordentlich überrascht: Wir haben diese Arbeitsgemeinschaften gegründet und zunächst die Bürgermeister und die Kommunen aktiviert. Anfangs tat sich eigentlich gar nichts und wir dachten, wir müßten uns einschalten. Dann plötzlich brach das Eis, und wir waren überwältigt. Heute werden wir überschwemmt mit Ideen und Aktivitäten auf diesem Gebiet, obwohl wir praktisch in Eberbach und Wiesloch extrem wenig unternehmen. Und jetzt in Wiesloch z. B., da ist das nachgezogen, da ist jetzt plötzlich genauso eine Welle losgegangen, und da passiert so viel. Wir können es kaum fassen. Wir haben Mühe, die wissenschaftliche Begleitung einigermaßen sicherzustellen.

Hofmann:
Was war Ihrer Meinung nach der eigentliche Zünder für den Beginn dieser Welle?

Nüssel:
Wir können das nicht sagen. Die Motivationen zu analysieren, das ist eminent schwierig.

Kruse:
Mich interessiert vor allem die Frage der Intervention; wie weit akzeptiert der Gesunde ein Präventivdenken bzw. wie verhält er sich, wenn er doch krank wird. Der Alkoholkranke z. B. weiß genau von seiner Krankheit, wird uns aber viele Tricks anbieten, daß wir seine Krankheit nicht entdecken. Für mich ist die Frage; wie ich die Gesundheitsvorsorge in die kurative Medizin einbeziehen kann. Es ist ja noch längst nicht gesagt, daß derjenige, der über die Risiken Bescheid weiß, darum auch besonders vernünftig lebt! Das beste Beispiel sind Raucher und Alkoholkranke, aber auch Ärzte, die über Risikofaktoren und Krankheitsfolgen doch eigentlich Bescheid wissen sollten!

Nüssel:
Wir hatten vorher wunderbare theoretische Konzepte und hatten die präventive und die kurative Medizin herrlich eingeteilt. Inzwischen ist es so, daß wir, — jedenfalls im praktischen Bereich — zwischen kurativer und präventiver Medizin, zwischen Gesunden und Kranken überhaupt nicht trennen können. Wir sehen in stark zunehmendem Maße, daß sehr wohl der Gesunde bereit ist, in die Praxis zu gehen, denn heute ist es ihm von der Krankenkasse nicht mehr verboten, zum Arzt zu gehen.

Intervention - Ökonomische Perspektiven

von I. Metze

1. Im Vergleich zu der Euphorie, mit der man Maßnahmen zur Krankheitsfrüherkennung noch in den sechziger Jahren gegenüberstand, ist gegenwärtig eine beträchtlich kritischere Einstellung zu beobachten. Die hohen Erwartungen, die man mit diesen Programmen verband, wurden gar nicht oder doch nur teilweise erfüllt. Weder die Morbidität noch die Mortalität konnten deutlich vermindert werden. Gleichzeitig stiegen die Ausgaben für Gesundheit weiter an. Der von den präventiven Maßnahmen erwartete kostensenkende Effekt blieb aus oder trat zumindest nicht deutlich genug in Erscheinung. So ist es schließlich auch nicht verwunderlich, wenn der Wert vieler Maßnahmen zunehmend in Frage gestellt wird und ökonomische Kriterien mehr Gewicht erlangen.

2. Ziel präventiver Maßnahmen ist eine Verbesserung des Gesundheitsstandes der Bevölkerung durch Früherkennung von medizinischen Risikofaktoren sowie deren Bekämpfung. Als Risikofaktoren bezeichnet man dabei alle physiologischen oder auch psychologischen Merkmale, deren Vorhandensein zu Erkrankungen, vorzeitiger Invalidisierung, vorzeitigem Tod oder allgemein zu einer Beeinträchtigung des individuellen Wohlbefindens in der Zukunft führen kann. Ob und inwieweit das durch eine Bekämpfung der jeweiligen Risikofaktoren angestrebte Ziel durch die gegenwärtig bestehenden Programme zur Gesundheitsvorsorge erreicht wird, ist zumindest strittig. Dies ist auf zwei Ursachen zurückzuführen.

Zum einen läßt sich die Erhöhung des Krankheitsrisikos durch Risikofaktoren nur statistisch nachweisen. Die errechneten Erkrankungswahrscheinlichkeiten sind oftmals wenig zuverlässig und berücksichtigen die Einflüsse anderer Faktoren auf das Krankheitsrisiko nur unvollständig. Aussagen über Zusammenhänge zwischen Ursache und Wirkung beruhen nur auf Vermutungen. So kann eine medikamentöse Behandlung von Risikofaktoren eine Erkrankung oftmals nicht verhindern, sondern lediglich hinausschieben oder in ihrer Stärke lindern. Gleichzeitig erhöht sich die Wahrscheinlichkeit des Auftretens anderer Erkrankungen. Die Bedeutung vorzeitiger Invalidität steigt an.

Zum anderen sind der Erfolg einer medizinischen Behandlung und damit die erzielte Verminderung des Krankheitsrisikos wesentlich davon abhängig, ob es gleichzeitig gelingt, die Ursachen für das Auftreten von Risikofaktoren zu erkennen und zu beseitigen. Das Auftreten von Risikofaktoren liegt nämlich nur zu einem ganz geringen Teil in biologisch bedingten Fehlreaktionen des Körpers begründet. Die wesentlichen Ursachen sind vielmehr individuelles Fehlverhalten — vor allem Bewegungsmangel und Ernährungsfehler — sowie eine Verschlechterung der allgemeinen Lebensbedingungen wie Streß am Arbeitsplatz und Umweltverschmutzung. Die Bekämpfung dieser Gesundheitsbelastungen entzieht sich einer unmittelbaren ärztlichen Einflußnahme weitgehend. Solange sich aber die Funktion der Ärzte darauf beschränkt, Symptome statt Ursachen zu bekämpfen, ist mit medizinischen Präventivmaßnahmen meist lediglich eine Kostensteigerung verbunden. Die erzielte Verbesserung des Gesundheitszustandes der Bevölkerung ist begrenzt.

3. Wenden wir uns nun dem ökonomischen Aspekt der Früherkennung zu. Jetzt gilt es zu prüfen, ob der zu erwartende Nutzen die beste Verwendungsart finanzieller Mittel darstellt. Die aus ökonomischer Sicht wesentliche Frage ist, wie sichergestellt werden kann, daß nur solche Maßnahmen ergriffen werden, mit denen unter Berücksichtigung der Kosten ein Nutzenzuwachs verbunden ist.

Die Antwort auf diese Frage wird entscheidend davon bestimmt, was als Nutzen angesehen wird, wie die Wahrscheinlichkeit des Eintretens eines Nutzens beurteilt wird und wie diese Nutzen bewertet werden. Damit kommt den Werturteilen der Entscheidungsträger eine wesentliche Rolle zu. Es kann somit auch nicht verwundern, wenn die Fragen nach der Vorteilhaftigkeit von Vorsorgemaßnahmen von den Versicherten, den Krankenkassen, den Ärzten und dem Staat unterschiedlich beantwortet werden. So dominiert bei den Patienten der individuelle Nutzen in Form einer Steigerung des Wohlbefindens und/oder der Lebenserwartung. Bei den Kassen dagegen ist die durch Verringerung der Morbidität erzielbare Kosten- bzw. Beitragssenkung relevant. Beim Staat schließlich ist die Wirkung auf das Wohl der Gesellschaft insgesamt entscheidend.

4. Betrachten wir zunächst den Staat und das von ihm angewendete Entscheidungsverfahren. Mit dem Ziel einer Steigerung der Rationalität der Entscheidungen bedient er sich bei der Entscheidungsfindung in zunehmendem Maße der Kosten-Nutzen-Analyse. Entscheidungskriterium ist dabei die Differenz zwischen den gesellschaftlichen Nutzen und Kosten einer Maßnahme. Durchgeführt wird diejenige Maßnahme, bei der die Differenz zwischen Nutzen und Kosten am größten ist. Hierbei stehen Maßnahmen zur Krankheitsfrüherkennung grundsätzlich in Konkurrenz zu Maßnahmen in anderen staatlichen Aufgabenbereichen. Vorsorgemaßnahmen werden also

nur dann durchgeführt, wenn der erwartete Nutzengewinn größer ist als in anderen Politikbereichen.
Bei Anwendung der Kosten-Nutzen-Analyse treten aber beträchtliche Probleme auf. Schon die Voraussetzung, daß sowohl Kosten als auch Nutzen faßbar (tangible) und einer bestimmten Vorsorgemaßnahme zurechenbar sind, ist häufig nicht erfüllt. Weiterhin entsteht in der Regel keine eindeutig nachweisbare Verhinderung von Erkrankungen, sondern lediglich eine schwer abschätzbare Verminderung des Krankheitsrisikos.
Eine weitere Schwierigkeit liegt in der Bewertung der anfallenden Nutzen. Hier versucht man sich mit der Anwendung des Konzeptes der Opportunitätskosten zu behelfen. Hiernach schätzt man den Nutzen aus einer verhinderten Erkrankung über die damit erzielte Verringerung der Arbeitsunfähigkeitszeiten. Der „Nutzwert" einer Maßnahme ergibt sich dann durch Multiplikation der eingetretenen Verringerung der Arbeitsunfähigkeit mit dem durchschnittlichen Lohnsatz. Wie problematisch diese Art der Bewertung ist, wird bei Vorsorgemaßnahmen deutlich, durch die vorwiegend Kinder, Hausfrauen und Rentner erfaßt werden. Hier versagt das Konzept der Opportunitätskosten. Dies gilt erst recht dann, wenn durch eine Maßnahme lediglich eine Verbesserung des individuellen Wohlbefindens erreicht wird. Hier sind objektive Nutzenbewertungen gänzlich unmöglich.
Da Nutzen und Kosten eines Projektes meist erst in Zukunft anfallen, entsteht zusätzlich das Problem der Abdiskontierung der Nutzen. Die Höhe der richtigen Diskontierungsrate ist jedoch strittig. Hier stehen der Marktzins, der Zins für die Staatsverschuldung und die social rate of discount — also die volkswirtschaftliche Wachstumsrate — alternativ zur Auswahl. Da die Vorteilhaftigkeit einer Maßnahme durch die Wahl des Diskontierungszinssatzes erheblich beeinflußt wird, verlieren die durch die Kosten-Nutzen-Analyse erzielten Ergebnisse weiter an Eindeutigkeit. Sie ist demnach kaum als ein verläßliches Instrument der Entscheidungsfindung zu bezeichnen, sondern bestenfalls eine Entscheidungshilfe. Zudem ist die Kosten-Nutzen-Analyse aufgrund der Manipulationsanfälligkeit in Mißkredit geraten. Durch die Auswahl der in die Analyse einbezogenen Nutzen- und Kostenfaktoren, die Bewertung der Nutzen sowie die Wahl des Zinssatzes ist es möglich, ihre Ergebnisse entscheidend zu beeinflussen. Sie hat deshalb oftmals lediglich eine Alibifunktion. Sie soll politisch gewünschte Ergebnisse wissenschaftlich bestätigen. Es wird das als vorteilhaft ausgewiesen, was der Politiker ohnehin zu tun gedenkt.

Die Kosten-Nutzen-Analyse als Instrument der Entscheidungsfindung zu kritisieren heißt aber gleichzeitig, die Frage nach der Alternative zu stellen. Hierbei ist zu beachten, daß es vornehmlich die Manipulierbarkeit der Ergebnisse der Kosten-Nutzen-Analyse ist, die zur Kritik Anlaß bietet. Der Mißbrauch der Kosten-Nutzen-Analyse ist aber durch eine Verbesserung der Organisation des Entscheidungsprozesses vermeidbar.

Rationale Entscheidungen setzen voraus, daß die Entscheidungskompetenz für die Durchführung einer Maßnahme bei demjenigen liegt, der die Verantwortung für die entstehenden Kosten tragen muß. Die Kosten wiederum sollten von demjenigen übernommen werden, bei dem die Nutzen anfallen. Nur wenn diese Regel beachtet wird, ist zu erwarten, daß keine Manipulation der Ergebnisse vorgenommen wird, da das Interesse der Entscheidungsträger an der Effizienz zur Entscheidung anstehender Maßnahmen erhalten bleibt. Erst die Kostenverantwortung zwingt den Entscheidungsträger, Kosten und Nutzen alternativer Verwendungsmöglichkeiten finanzieller Mittel sorgfältig gegeneinander abzuwägen.

5. Gegen diesen eigentlich selbstverständlichen Grundsatz wird gegenwärtig nur allzuoft verstoßen. So werden vom Gesetzgeber mit dem Ziel einer Verbesserung des Gesundheitsstandes der Bevölkerung eine Vielzahl von Maßnahmen veranlaßt, die von den Kassen zu finanzieren sind. Hierdurch werden die Kassen mehr und mehr zum Ausführungsorgan des Gesetzgebers. Dies bewirkt aber nicht nur einen Verlust an Autonomie bei den Kassen, sondern — und dies erscheint viel problematischer — eine Verminderung der Verantwortlichkeit sowohl der Politiker als auch der Kassenvertreter hinsichtlich der durch einzelne Maßnahmen entstehenden Kosten.

Indem es dem Gesetzgeber möglich ist, „Leistungen“ zu verordnen — Erweiterung des Leistungskatalogs um Maßnahmen der primären und sekundären Prävention —, er sich an den Kosten aber nicht oder bestenfalls zum Teil beteiligt, entsteht zusätzlich zu dem Autonomieverlust der Kassen die Gefahr einer Überallokation von Ressourcen im Gesundheitsbereich. Es werden mehr finanzielle Mittel eingesetzt, als ökonomisch vertretbar ist.

Da die für rationale Entscheidungen notwendige Kongruenz zwischen Entscheidungskompetenz und Finanzierungsverantwortung in weiten Bereichen des Gesundheitswesens fehlt — Leistungskatalog der GKV, Krankenhausbedarfsplan —, entsteht eine systemimmanente Tendenz zur Ausgabenausweitung. Maßnahmen werden somit oftmals auch dann durchgeführt, wenn ihr Kosten-Nutzen-Verhältnis ungünstig ist, bzw. der Nutzen aus einer Verwendung der Mittel in anderen Aufgabenbereichen, einschl. des Bereichs privater Aufgaben, höher zu veranschlagen wäre. Dies gilt vermutlich in besonderem Maße für Maßnahmen auf dem Gebiet der Prävention.

6. Aus dem Grundsatz, daß diejenigen über eine Maßnahme entscheiden sollten, bei denen die Nutzen der Maßnahme anfallen und diese Gruppe auch die Kosten tragen soll, folgt die Frage nach der Verteilung des Nutzens präventiver Gesundheitsmaßnahmen. Diese Nutzen können anfallen bei

1. den einzelnen Versicherten in Form einer gesteigerten Lebenserwartung und/oder der Verbesserung des allgemeinen Wohlbefindens durch Vermeidung von Erkrankungen,
2. der Versichertengemeinschaft und/oder den Anbietern von Gesundheitsleistungen, da die bei sinkenden Aufwendungen für kurative Leistungen entstehenden Einnahmeüberschüsse sowohl Beitragssenkungen als auch Preiserhöhungen der Anbieter ermöglichen,
3. der Gesellschaft allgemein in Form einer Verbesserung der gesundheitlichen Qualität des gegenwärtigen und künftigen Arbeitskräftepotentials.

Entsprechend der Verteilung der Nutzen kann die Kostenverantwortung für Vorsorgemaßnahmen grundsätzlich sowohl beim Individuum, bei den Kassen, den Anbietern von Gesundheitsleistungen als auch bei den Politikern liegen. Für die Finanzierung der Maßnahmen kommen deshalb das verfügbare Einkommen der privaten Haushalte, die Beitragseinnahmen der Krankenversicherungen sowie das Steueraufkommen in Betracht.

7. Den einzelnen Versicherten die Entscheidung über die Inanspruchnahme von Vorsorgeleistungen sowie die Verantwortung für die Kosten der Leistungen zu überlassen kommt grundsätzlich nur dann in Betracht, wenn hierdurch keine Nachteile für andere Personen entstehen. Dies ist jedoch dann nicht der Fall, wenn infolge eines Verzichts auf Prävention die von der Versichertengemeinschaft zu tragenden Kosten für kurative Leistungen ansteigen. Ist dies zu vermuten, so muß man versuchen, die durch einen Verzicht auf Prävention für die Versichertengemeinschaft entstehenden Kosten, sog. externe Effekte, zu internalisieren. Personen, bei denen Risikofaktoren auftreten, deren Ursache in einem individuellen Fehlverhalten begründet liegt, sollten grundsätzlich mit den durch ihr Verhalten für die Versichertengemeinschaft entstehenden Kosten belastet werden. Dies kann auf verschiedene Weise erreicht werden. So könnte man

1. Versicherte, deren Krankheitsrisiko infolge unvernünftiger Lebensweise überdurchschnittlich hoch ist, mit Beitragszuschlägen

belasten bzw. denjenigen, bei denen keine Risikofaktoren vorhanden sind, Beitragsnachlässe gewähren,

2. Güter, deren Nachfrage zum Auftreten von Risikofaktoren führt, mit Sonderabgaben belasten, die dann natürlich auch den Kassen zur Finanzierung der Aufwendungen für kurative Leistungen zur Verfügung stehen müßten (Alkoholsteuer zur Bekämpfung von Leberschäden oder für Entziehungskuren),
3. den Kassen die Möglichkeiten zu Regreßforderungen geben, wenn kurative Leistungen aufgrund von Risikofaktoren erforderlich werden, deren Ursache in einem individuellen Fehlverhalten liegt.

Durch diese Maßnahmen würde erreicht, daß die Kosten kurativer Leistungen, deren Notwendigkeit in einem individuellen Fehlverhalten begründet liegt, von denjenigen getragen werden, die infolge ihrer Lebensweise dafür verantwortlich sind. Gleichzeitig könnte erreicht werden, daß ein das Krankheitsrisiko erhöhendes individuelles Fehlverhalten korrigiert wird und die Betroffenen alles tun, um zu verhindern, daß das Risiko zum Schadensfall wird.

Die Einführung entsprechender Maßnahmen ist sicherlich nicht leicht durchzusetzen. Sie erscheint allerdings auch nicht unmöglich. Hierbei sei auf das Beispiel der Kfz-Versicherung verwiesen, die das Anlegen von Gurten dadurch zu fördern versucht, daß sie sich bei Unfallschäden, die infolge einer Verletzung der Gurtanlegepflicht entstanden sind, Regreßforderungen vorbehält. Entsprechende Regelungen wären im Prinzip auch für die GKV denkbar.

8. Sind die vorgeschlagenen Sonderbelastungen politisch oder praktisch nicht realisierbar und/oder wird die angestrebte Korrektur des individuellen Fehlverhaltens nicht erreicht, so haben die Kassen zu prüfen, ob die Aufnahme von Vorsorgeleistungen in den Leistungskatalog und damit eine rein medizinische Bekämpfung von Risikofaktoren für die Versichertengemeinschaft von Vorteil ist. Das Maß für die Effizienz von Vorsorgeleistungen sind hier Einsparungen an Ausgaben für kurative Leistungen. Lassen sich kurative Leistungen durch Vorsorgeleistungen substituieren und entsteht hierdurch eine Ausgabensenkung, so ist eine Effizienz der Maßnahmen sichergestellt.

Das hier für Maßnahmen auf dem Gebiet der Prävention vorgestellte Maß für die Effizienz ist insofern eindeutig, als Maßnahmen, die per Saldo zu einer Kostensteigerung führen, keine Nutzensteigerung bewirken können. Steigende Kosten sind hier, anders als im Bereich der kurativen Medizin, ein eindeutiger Beweis dafür, daß das angestrebte Ziel, eine Nutzensteigerung, nicht erreicht wurde. Die Krankenkas-

sen sollten also nur solche Maßnahmen durchführen, durch die nachweislich Kostensenkungen entstehen.
9. Grundsätzlich denkbar ist jedoch auch noch eine andere Lösung. So wäre es möglich, den Anbietern von Gesundheitsleistungen die Kostenverantwortung für Vorsorgemaßnahmen zu übertragen. Dies würde aber bedeuten, daß die hierdurch entstehenden Kostensenkungen sich auch zugunsten der Anbieter von Gesundheitsleistungen auswirken müßten. So könnte man im Bereich der ambulanten Versorgung es den Ärzten überlassen, Vorsorge zu betreiben, sofern die hierdurch entstehenden Einsparungen im Bereich kurativer Leistungen nicht zu einer Kürzung der Gesamtvergütung, sondern zu einer Erhöhung der Gebührensätze verwendet werden. Auch hierdurch wäre sichergestellt, daß nur solche Maßnahmen durchgeführt würden, die als effizient zu bezeichnen sind.
10. Betrachten wir zum Schluß noch die Rolle des Staates. Zunächst ist festzuhalten, daß effiziente Entscheidungen hier nur dann erwartet werden können, wenn die veranlaßten Leistungen auch aus Steuermitteln finanziert werden. Nur in diesen Fällen ist der Politiker gezwungen, den Nutzen der betreffenden Maßnahmen mit dem Nutzen zu vergleichen, der aus einer Verwendung der Mittel in anderen Politikbereichen resultieren würde. Dieses Abwägen ist eine der Grundvoraussetzungen rationaler Entscheidungen.
Mittel zur Bekämpfung von Risikofaktoren sind bei dieser Entscheidungsstruktur vom Staat allerdings kaum zu erwarten. Dies gilt allerdings nicht für die notwendige Grundlagenforschung auf dem Gebiet der Vorsorgemedizin. Welche Bedeutung dem medizinischen Bereich hier beigemessen wird, ist eine Frage der Forschungspolitik.

Diskussion

Schlierf:
Herr Metze, ich habe Ihre Ausführungen sehr interessant gefunden. Was mir immer unangenehm klingt, ist die Verwendung der Termini „Nutzen“ und „Kosten“, weil man dadurch impliziert, daß der Nutzen rein finanzieller Art ist. Wenn man sagen würde Nutzen und Schaden, dann impliziert der „Nutzen“, was Sie auch in Ihrem Referat getan haben, auch andere als finanzielle Dinge, weil man auch schon den Eindruck vermeiden muß, daß man den Nutzen nur in der Geldersparnis sieht. Man tut dies ja in der kurativen Medizin auch nicht. Aus der rein pekuniären Sicht wäre die nützlichste Maßnahme, die Patienten nicht zu behandeln, weil sie dann am wenigsten Kosten verursachen würden. Es ist auch schlecht zu sagen: „Ja, das sind nun Kranke“ und bei de-

nen machen wir selbstverständlich solche finanziellen Kosten-Nutzen-Analysen nicht mehr, aber bei den Gesunden müssen wir sie machen. Krank und gesund kann man nicht so gut trennen. Der latente Diabetiker: ist er krank, ist er gesund? Ja selbst der manifeste Diabetiker mit einem Blutzucker von 250 mg%, ist er krank, ist er gesund? Insofern wird also dieses Argument für die Festlegung auf rein finanzielle Aspekte des Nutzens auch nicht ziehen können.

Metze:
Ich möchte nur darauf aufmerksam machen, daß man bezüglich der Abgrenzung des Nutzens natürlich unendlich weit gehen kann. Hierdurch entsteht aber die Gefahr, daß das erwünschte Ergebnis manipuliert wird. Es liegt weder fest, welche Nutzenfaktoren in die Kosten-Nutzen-Analyse einzubeziehen sind, noch liegt fest, wie die Faktoren zu bewerten sind. Kosten-Nutzen-Analysen können Entscheidungen der Verantwortlichen deshalb auch nicht ersetzen. Sie sind bestenfalls als Entscheidungshilfe zu verwenden. Eine Maßnahme ist jedoch immer dann vorteilhaft, wenn hierdurch Kostensenkungen bei den Kassen entstehen. Dies ist ein ganz eindeutiges Kriterium für Effizienz.
Wenn außerdem noch eine Verbesserung des individuellen Wohlbefindens eintritt, nun, dann entsteht der zusätzliche Vorteil, daß die betreffende Maßnahme auch in Anspruch genommen wird. Die Problematik der Kosten-Nutzen-Analyse liegt in der Abgrenzung der einzubeziehenden Nutzendeterminanten, sowie in der Schwierigkeit ihrer Bewertung. Sie scheint wissenschaftlich, aber sie ist nicht wissenschaftlich.

Schwartz:
Der Kostenansatz scheint plausibel zu sein. Er ist jedoch insbesondere bei der Prävention chronischer Krankheiten aus vielfältigen Gründen nicht tragfähig. Wenn ich z. B. durch die Prävention vorrangig im Alter manifester, zum vorzeitigen Tode führender Erkrankungen — dazu gehören viele der hier angesprochenen Krankheiten — den Tod des Betroffenen hinausschiebe, dann wird eine erfolgreiche Prävention die Gesamtausgaben in der Krankenversicherung möglicherweise erhöhen, weil die Leute länger leben und länger medizinische Betreuung, und sei es aus ganz anderen Ursachen, verlangen. Denn wenn Menschen alt werden, dann sind sie ja nicht bis 80 Jahre vollkommen gesund. Vielmehr erhöht sich neben der sozialen Alterslast der Gesellschaft durch Renten und Pensionen auch die soziale Last der natürlichen Altersbeschwerden und Alterskrankheiten. Das können wir gar nicht verhindern. Deshalb ist es logisch unmöglich, den Beweis für einen monetären Kostenvorteil im Gesamtsystem GKV führen zu wollen. Deshalb glaube ich, daß wir ein anderes Bewertungsverfahren brauchen. Ich denke an Kosteneffektivitätsvergleiche. Dabei drücken wir die Effektivität in Kategorien aus, über die ein allgemeiner Konsens in der gegenwärtigen Gesellschaft besteht, z. B. durch krankheitsfreie oder behinderungsfreie Lebensjahre. Daran messe ich verschiedene denkbare therapeutische oder präventive Strategien, einschließlich

ihrer monetären Kosten. Ich kann dann z. B. berechnen, was kostet je alternativer Maßnahme ein gewonnenes krankheitsfreies Lebensjahr. Danach lassen sich Allokationsentscheidungen oder Prioritätsentscheidungen treffen.

Metze:
Im Grunde genommen ist das, was Sie vorschlagen, Herr Schwartz, aber eine eingeschränkte Kosten-Nutzen-Analyse.
Man spricht in diesem Falle von Kosten-Wirksamkeitsanalysen. Solche Untersuchungen kann man selbstverständlich machen. Man verzichtet hier aber doch lediglich auf eine Beurteilung der Nutzen. Der Nutzen wird eindimensional gesehen, so daß auf eine Bewertung verzichtet werden kann wie bei der Betrachtung krankheitsfreier Lebensjahre. Differenziert man jedoch zwischen krankheitsfreien, krankheitsarmen und behinderungsarmen Lebensjahren, so steht man wieder vor einem Bewertungsproblem. Die genannten Nutzendeterminanten einer Maßnahme müssen miteinander verglichen werden.
Weiterhin scheint es mir wichtig, nicht zu vergessen, daß der Erfolg von Maßnahmen sehr stark von dem Engagement derjenigen, die von diesen Maßnahmen betroffen sind, abhängt. Es gilt, dieses Engagement zu erreichen.
Dies kann dadurch geschehen, wie Herr Nüssel es am Beispiel Wiesloch gezeigt hat, daß man Städtewettbewerb macht. Das ist eine Möglichkeit. Es kann aber auch durch eine Verstärkung des Gesundheitsbewußtseins in der Weise geschehen, daß man den Leuten die Bedingungen für ein gesundes Leben so beibringt wie wir früher Latein gelernt haben. Die Menschen sind offensichtlich nicht mehr ausreichend in der Lage, für ihren eigenen Nutzen das Richtige zu tun. Sie haben es verlernt, auf ihre Gesundheit zu achten. Individuelles Fehlverhalten, das zum Auftreten von Risikofaktoren führt, ist zu einem wesentlichen Kostenfaktor geworden und belastet diejenigen, die sich gesundheitsbewußt verhalten, in einem nicht mehr vertretbaren Ausmaß. Um das Gesundheitsbewußtsein, das Interesse an der Erhaltung der eigenen Gesundheit zu steigern, ist es zumindest erforderlich, daß denjenigen, die sich falsch verhalten, die gesellschaftlichen Folgen ihres Fehlverhaltens vor Augen geführt werden. Es genügt hierbei aber wohl kaum zu sagen, wenn du dich soundso verhältst, dann führt das zu einer Belastung für die Gesellschaft. Da hiervon kein Erfolg zu erwarten ist, meine ich, müßten die Einzelnen in irgendeiner Weise an den Kosten beteiligt werden. Nur hierdurch würde den Betroffenen deutlich, daß es ihr eigenes Verhalten ist, das zum Auftreten von Risikofaktoren führt und daß diese Kosten durch eine Änderung des Verhaltens beeinflußt werden können.

Bock:
Sie denken an eine Bestrafung, z. B. durch erhöhte Beiträge?

Metze:
Bestrafung hört sich immer sehr hart an. Ich möchte lieber sagen, obwohl es das Gleiche ist, man sollte diejenigen belohnen, die sich gesundheitsbewußt

verhalten und die Gesellschaft nicht belasten. Es gilt zu verhindern, daß derjenige, der sich gesundheitsbewußt verhält, der nicht trinkt und nicht raucht, der Dumme ist, der alles zahlt.

Nüssel:
Ich frage mich, ob wir über das Thema Intervention unter dem Aspekt der ökonomischen Perspektiven schon reden können. Im allgemeinen ist es so, daß wir in der Wissenschaft zunächst einmal versuchen, das Objekt, mit welchem wir uns befassen, definitorisch in den Griff zu bekommen. Wir sind aber bei der Intervention in einer Situation, wo wir im Grunde nicht wissen, wovon wir reden. Und solange wir dies nur sehr fraktioniert, nur sektoriell wissen, solange, meine ich, ist es sehr fraglich, wieweit wir mit ökonomischen Perspektiven zu diesem Thema überhaupt zurecht kommen. Ich glaube, wir müssen zunächst einmal wesentlich mehr erfahren über den Begriff „Intervention", um dann auch wirklich wissenschaftlich befriedigende Ansätze zur Kosten-Nutzen-Analyse zu finden.

Metze:
Ich möchte in Frage stellen, ob es wissenschaftlich, dies bedeutet letztlich werturteilsfrei — überhaupt möglich ist, Kosten und Nutzen einer Maßnahme zu bestimmen. Wir wissen sicherlich zu wenig. Was uns vielleicht weiterhelfen könnte, wären Pilotstudien, so etwas, wie Sie machen. Zunächst gilt es erst einmal, wissenschaftlich zu untersuchen, wie wir Verhaltensweisen beeinflussen können. Dann gilt es zu überprüfen, ob es durch Vorsorgemaßnahmen tatsächlich gelingt, Ausgaben zu senken. Ich bin allerdings der Auffassung, daß in den letzten 10 oder 20 Jahren vielfach Maßnahmen ergriffen wurden, an die man diese Meßlatte nicht angelegt hat, sondern daß man Vorsorge einfach aus einer gewissen Euphorie heraus betrieben hat. Projekte wurden nicht im Hinblick auf den Kosteneinsparungseffekt analysiert. Und ich glaube, angesichts der im Augenblick besonders knappen Mittel, ist dieser Aspekt aber besonders wichtig. Dies braucht keinesfalls eine Verminderung der Aufwendungen für Vorsorge zu bedeuten. Was wir brauchen, sind aber Pilotprojekte, bei denen dem Kosteneffekt besondere Aufmerksamkeit geschenkt wird. Erst wenn Kostensenkungen nachweisbar sind, wird man andere Finanzträger überzeugen können, sich an den Kosten zu beteiligen.
Wenn man den Krankenkassen, der Rentenversicherung, der Unfallversicherung oder dem Steuerzahler die erzielbaren Mitteleinsparungen vor Augen führen kann, wird man die gewünschten Finanzmittel erhalten. Es ist angesichts der gegenwärtig knappen Gelder nicht mehr möglich, mehr Mittel zu fordern, nur weil Vorsorge eine schöne Sache ist.

Bock:
Herr Nüssel, können Sie schon etwas darüber sagen, ob eine Krankenkasse bei Ihnen etwas weniger ausgegeben hat?

Nüssel:
Also, wir können nur sagen, daß die Krankenkassen sich bisher noch nie beschwert haben.

Keil:
Da meine Vorredner schon angesprochen haben, was ich über die Begriffe Effektivität und Effizienz sagen wollte, kann ich mich kurz fassen. Nur einen Satz von A. L. COCHRANE möchte ich noch erwähnen. Er lautet: „Diejenigen Ökonomen, die glauben, daß alle medizinischen Therapien 100% effektiv sind, um dann ihre Kosten-Nutzen-Berechnungen zu beginnen, muß man leider enttäuschen.“ Und ich möchte hinzufügen: so wie vor der Therapie die Diagnose hinreichend geklärt sein muß, so muß vor Effizienzberechnungen zunächst einmal die Effektivität (Wirksamkeit) der medizinischen Maßnahme nachgewiesen sein. Es geht also darum, mit Mortalitäts- und Morbiditätsdaten und später auch mit Gesundheitsindikatoren nachzuweisen, daß eine bestimmte Vorgehensweise etwas bringt. Danach kann man mit Kosten-Nutzen-Rechnungen beginnen. Andernfalls zäumt man das Pferd wirklich von hinten auf.

Anlauf:
Vor zwei Jahren wurde eine Bedarfsanalyse für Forschungsprojekte in der Hypertonie angefordert und man überlegte sich, die Effizienz von Bonus-Malus-Systemen bei der Krankenversicherung von Risikoträgern zumindest zum Gegenstand einer wissenschaftlichen Untersuchung zu machen. Herr Pflanz stellte damals fest, daß dieses Thema passé sei und nicht realisierbar. Wir haben das nicht verstanden. Herr Fülgraff, was ist Ihre Ansicht zur politischen Realisierbarkeit eines solchen Modells?

Robra:
Herr PFLANZ war immer der Meinung, daß Kosten-Nutzen-Analysen als Instrument äußerst fragwürdig sind und für Ärzte außerhalb ihres Handlungsrahmens liegen. Wenn irgend etwas als effektiv nachgewiesen worden ist, sind Kosten-Nutzen-Fragen sekundär, weil man sie auch politisch gar nicht mehr in die Diskussion bringen kann. Umgekehrt, kann ich Effektivität nicht nachweisen, sind alle Spekulationen über Kosten und Nutzen völlig überflüssig.

Schmahl:
Ich möchte zu dem Referat von Herrn Metze erwähnen, daß in großen amerikanischen Industrieunternehmen solche „Belohnungs-Bestrafungs-Systeme“ in Verbindung mit gesundheitlichem Fehlverhalten z.T. bereits eingeführt worden sind.
Ich weiß z.B., daß in den Niederlassungen großer amerikanischer Firmen in Deutschland derartige Belohnungssysteme auf der Ebene ihrer Führungskräfte in z.T. sehr subtiler Weise verwirklicht worden sind. Es wird z..B. Angestellten, die ein sehr starkes Übergewicht haben, eindringlich klar gemacht,

daß sie den Ratschlägen der mit der Firma zusammenarbeitenden Ärzte folgen und ihr Übergewicht reduzieren sollten. Dann würden sich ihre Aussichten auf weitere Beförderungen oder gar einen Aufstieg ins Top-Management deutlich verbessern.

Metze:
Vielleicht darf ich da unmittelbar anknüpfen. Ich glaube, das sind Erfolg versprechende Ansätze. Das ist der Weg, auf dem man weitermachen sollte. Diese Firmen haben sich sicherlich sehr genaue Gedanken über den Nutzen einer Vorsorge sowie die Möglichkeiten einer Beeinflussung individuellen Fehlverhaltens gemacht. Letztlich sind sie es, die mit den Kosten belastet werden, wenn ein Arbeitnehmer ausfällt. Man sollte deshalb verstärkt versuchen, Unternehmen und Betriebskrankenkassen für die Finanzierung von Vorsorgemaßnahmen zu gewinnen. Ein Erfolg dieser Bemühungen setzt aber voraus, daß eine Kostensenkung, also ein Nutzen nachgewiesen werden kann.

Bock:
Herr Metze, Sie haben bei Ihren finanziellen Betrachtungen immer nur die kurativen Kosten den Ausgaben gegenübergestellt. Ist es prinzipiell möglich, z. B. auch den Ausfall an Produktivität zu berechnen, oder was jemand kostet, wenn er pensioniert ist und dann noch die Kosten der Altersmorbidität hinzukommen?

Metze:
Grundsätzlich ist es natürlich möglich, die Wirkung auf die Produktivität zu berechnen. Und dann noch folgendes: Wenn nachweisbar ist, daß als Folge von Vorsorgemaßnahmen die Kosten für Invalidität sinken, dann müßte man versuchen, von dem betreffenden Träger, also der Renten- bzw. Unfallversicherung, einen Finanzierungsbeitrag in Höhe der erzielten Kostensenkung zu erlangen. Man muß also versuchen, die jeweiligen Nutznießer an der Finanzierung dieser Maßnahmen zu beteiligen.

Bock:
Es ist eben nur so: Je wirksamer eine Prävention ist, um so älter werden die Leute. Dann entstehen neue zusätzliche kurative Kosten, ferner soziale Folgekosten, Pensionen, Renten, Versicherungen etc. und außerdem Steuerausfälle, alles Kosten, denen jetzt keine Leistungen mehr gegenüber stehen. Wenn sich herausstellen sollte, daß das Ganze eigentlich unwirtschaftlich ist, dann wären trotzdem mit solchen ökonomischen Argumenten Präventionsmaßnahmen nicht einfach abzulehnen.

Metze:
Um dies zu verhindern, sollte man sich bei der Effizienzbetrachtung auf Personen im erwerbsfähigen Alter beschränken. Sonst würden wir natürlich zu dem Ergebnis kommen, daß Prävention bei Alten überhaupt nicht mehr lohnt.

Bock:
Wenn man ausschließlich die finanzielle Kosten-Nutzen-Situation berücksichtigt, kommt man leicht zu inhumanen Entscheidungen. Trotzdem sollte man nicht in das andere Extrem verfallen und sagen, die Kosten spielen keine Rolle. Wesentlich ist, wie Herr Keil und Herr Robra sagten, daß die medizinische Effektivität eines Interventionsprogramms erwiesen ist, denn wenn das nicht der Fall ist, kann man sich alle Kosten-Nutzen-Überlegungen ersparen.

Metze:
Ich meine, man sollte alles in Erwägung ziehen. Wir haben viele Möglichkeiten, eine Entscheidung zu begründen. Die Kosten-Nutzen-Analyse ist dabei lediglich eine Entscheidungshilfe. Sie kann Werturteile nicht ersetzen, sondern bestenfalls sichtbar machen. Ich habe die Kosten-Nutzen-Analyse bzw. die Kosten-Wirksamkeits-Analyse nur deshalb so scharf kritisiert, um die Problematik ihrer Ergebnisse deutlich zu machen. Der Glaube an die Eindeutigkeit der Ergebnisse sollte etwas erschüttert werden.

Pflicht zur Gesundheit?

von H. Baier

1. These:

Die Risikofaktoren-Medizin schiebt die Ätiologie der körperlichen Krankheitsursachen schrittweise in das Feld der sozialen und seelischen Gesundheitsschädigungen. In ihrem Gefolge verwandelt sich die naturwissenschaftliche Medizin in medzinische Psycho- und Sozialpolitik. Deren leitender Zweck ist nicht mehr kurative Therapie der Einzelnen durch den Arzt, sondern sozialpräventive Intervention in die Klientele des Sozialstaats durch Gesundheitsexperten.

Das große Thema in der Industrie- und Freizeitzivilisation ist Prävention. Die Pathogenesen der somatischen Medizin, durchgreifend erforscht mit anatomischen, histologischen, physiologischen, biochemischen, biophysikalischen Methoden, werden weiter verschoben in Felder der psychischen und sozialen Krankheitsursachen. Hierfür bedarf es neuartiger Mittel, die — zum Beispiel in der Psychoanalyse, Tiefenpsychologie oder Psychosomatik — die kommunikative Einwirkung des Analytikers oder Psychotherapeuten und — zum Beispiel in der Sozialmedizin oder Sozialepidemiologie — die sozialstrukturelle Wirkungsanalyse und sozialpolitische Erfolgskontrolle des Gesundheitsexperten erfordern. Diese Ausweitung des modernen Medizinprogramms ist mit der Einführung der psychologischen und soziologischen Zusatzdisziplinen und -dimensionen in vollem Gang, wenn auch in Fakultäten, Klinik und Praxis noch ideologische Defensiven ausgefochten werden, zumal die gemeinten Medizinpsychologen und Psychotherapeuten, Medizinsoziologen und Sozialmediziner wie gesinnungsvolle Ideologen auftreten.
Wer aber seelische und soziale Noxen verläßlich entdeckt hat und bündig verallgemeinern kann, steht vor einer grundsätzlich neuartigen, von der naturwissenschaftlichen Medizin scharf unterscheidbaren Ätiologie von Krankheit. Handelt es sich bei bio-morphologischen und bio-pathologischen Krankheitsursachen um Pathogenesen nach dem Modell von Naturgesetzlichkeiten, also unbeeinflußbar durch freien Willen und bewußtes Handeln, so betreten wir mit der Psychoanalyse und der Psychosomatik, der Sozialmedizin und Sozialtherapie einen Bereich, in dem Erkrankung nicht als organische Störung eines biochemisch-biophysikalischen Gleichgewichts begrif-

fen wird, sondern als psychisches Fehlverhalten oder soziales Fehlhandeln. Die Kausalitäten, die Krankheiten bewirken, enden in körperlichen Defekten; sie beginnen jedoch bei individuellen und sozialen Verantwortlichkeiten. Krankheitsursachen werden wieder — für den Medizinhistoriker schließt sich ein Kreislauf zur Primitivmedizin — Krankheitsverschuldungen.

Die „Dämonen“ eines rächenden Übervaters treiben den Heranwachsenden in neurotische Triebblockaden und setzen sich im Erwachsenen als strafende Gläubiger einer durch Bewußtheit zwar aufzuhellenden, niemals aber mehr einzulösenden Dauerschuld fest. Oder die „bösen Geister“ einer verkehrten Welt zwingen eine Gesellschaft unter den Bann von Herrschaft und Ausbeutung, die ganze Bevölkerungen leiden und sterben lassen, von denen man sich nur durch den Exorzismus der Revolution, der totalen Umkehrung der Verhältnisse, befreien kann. Die Gesellschaft als „Krankmacher“ ist ein anderes Wort für die organisierte Schuld der Herrschenden und Ausbeuter am massenhaften Elend der Leidenden und Gebrechlichen.

Meine These mag in den Extremen einer medizinkritischen Psychoanalyse und einer medizinaggressiven Kapitalismuskritik formuliert sein, gemeinsam ist jedoch diesen alternativen, auf seelische und gesellschaftliche Konflikte ausgerichteten Psycho- und Sozialmedizinen, daß sie die Kausalitäten von manifesten körperlichen Krankheiten auf deren Verursachung durch seelische Fehlleistungen und durch soziale Fehlhandlungen von Einzelnen oder, zumeist, von Gruppen hinausverschieben. Konsequent gilt dann, daß es von geringerem Belang ist, aufgetretene Erkrankungen zu erkennen, zu behandeln und zu heilen. Geht man den eigentlich riskanten Pathogenesen nach, ist es jetzt wichtiger, die vorausliegenden seelischen und sozialen Schädigungen zu beheben.

Nicht die Heilung von Krankheit ist für eine solche Medizin von erster Priorität, sondern die Vermeidung von Schädigung der Gesundheit. Nicht die von Experten am Körperobjekt mit naturwissenschaftlichen Methoden vorgenommene Diagnostik und Therapeutik bleibt das Modell einer gewünschten Medizin, sondern die von Laien wahrgenommene, von „Gesundheitsorganisatoren“ günstigenfalls unterstützte Vorbeugung vor Gesundheitsschäden, ihr Selbstschutz vor den „wirklichen“ Schädigern, seelisch repräsentiert im neurotischen Ego, sozial präsentiert in Familie, Gesellschaft und Staat. Es ist der vielberedete Paradigmawechsel von der kurativen zur präventiven Medizin, der freilich — soziologisch betrachtet — ein Organisationswandel ist von der klinischen Expertenmedizin zum gesellschaftlich organisierten Gesundheitsschutz.

Die sich überraschend schnell verbreitende Lehre von den Risikofaktoren ist für einen solchen Paradigma- und Organisationswandel der präzise wissenschaftliche Ausdruck. Konzepte, Methoden, Resultate bewegen sich in einer Übergangszone von der kurativen zur präventiven Medizin. Die Forschungssprache der Risikofaktoren-Medizin ist noch ganz experimentell und klinisch; ihre Therapiesprache verrät dagegen bereits die Zwecksetzungen einer Gesundheitspolitik als Psycho- und Gesellschaftspolitik, — es ist die Sprache einer psychologischen Verhaltenstherapie und einer sozialmedizinischen Interventionsstrategie.

So erklärt sich auch der verwunderliche Befund, daß die Risikofaktoren zum Beispiel der Herz-Kreislauferkrankungen zwar mit der Biochemie der Blutfettwerte und der Blutzuckerwerte, mit der Pathophysiologie der Blutdruck- und der Blutgerinnungswerte beschrieben werden, ihre Gefäß- und Herzschädigungen in der klassischen Sprache der Pathologie und Histologie fixiert werden. Die Therapie jedoch — wie bei einem Sprung in unbekanntes Gelände — sehr unvermittelt überspringt zu direkten Verhaltensindoktrinationen oder zu indirekten Verhaltensmanipulationen durch kalkulierte Veränderung der Lebensumstände. Im Risikofaktorenbereich der Hochdruck-, Herz- und Kreislauferkrankungen mögen die Exempel eines konditionierten Ernährungsverhaltens durch massenmediale Gesundheitserziehung hier und dort einer regionalen Interventionsstrategie mit manipuliertem Nahrungsmittelangebot und gemanagter Nahrungsnachfrage — ich denke an ein vielgelobtes Präventionsmodell in der Nähe Heidelbergs — für unseren Zweck genügen.

Verdeckt wird oder vielleicht noch gar nicht bewußt ist bei den Risikofaktoren-Medizinern, daß es sich nicht um einen von der naturwissenschaftlichen Medizin noch unbewältigten Anwendungsmangel von experimenteller, epidemiologischer und klinischer Forschung in allgemein- und fachärztlicher Praxis handelt, sondern um einen Übergang der traditionellen Medizin in medizinische Psycho- und Sozialpolitik. Richtet sich jene auf den individuellen körperlichen und mitseelischen Krankheitszustand mit der Absicht der Wiedergenesung, der Rückführung in die arztfreie Normalität, so zielt diese auf kollektive Gesundheitslagen durch Vermeidung von Krankheitsrisiken, eine Daueraufgabe also für Gesundheitsexperten und Laien.

Die wissenschaftliche Voraussetzung der Risikofaktoren-Medizin ist also die Verschiebung der Ätiologie vom Somatischen ins Psychische und ins Soziale; ihre politische Konsequenz ist psychologische Indoktrination und sozialpolitische Intervention. Oder anders — polemisch formuliert — die Suche nach den Ursachen von Krankheit verschiebt und verschärft sich zur Suche nach unserer Mitschuld und nach gesellschaftlicher Verschuldung für den Verlust von Gesundheit. Die Risikofaktoren-Medizin ist der angekündigte Abschied von der naturwissenschaftlichen, von der kurativen Medizin; ihre Enquêten sind die — noch nicht recht erprobten — Mittel jeder Sozialprävention, ihr künftiger Zweck ist die soziale Steuerung der medizinischen Klientele des Sozialstaats.

2. These:

Die Anspruchs- und Leistungsdynamik des Sozialstaats entwickelt sich von der Erwartung der Industriepopulationen auf Gesundheits- und überhaupt Lebenssicherung durch die Obrigkeit zu einer sozialstaatlichen Schutzbürgschaft im Falle körperlicher, seelischer oder sozialer Notlagen, was wiederum zur öffentlichen Forderung einer schadensfreien Lebensführung im Dienst der Volksgesundheit führt. In einer Dialektik der sozialen Grundrechte kehrt sich das „Recht auf Gesundheit" um in eine „Pflicht zur Gesundheit".

Mit der Emanzipation der Unter- und Mittelschichten im Zuge der Demokratisierung und Industrialisierung der europäischen Gesellschaft im 19. und 20. Jahrhundert sind nicht nur die bürgerlichen Freiheitsrechte als Verfassungsrechte festgeschrieben worden, sondern haben in einer sehr konflikthaften Wirkungsgeschichte die sog. „sozialen Grundrechte" ihre Einrichtungen und Sicherungen gefunden. Neben dem „Recht auf Arbeit" und dem Koalitions- und Streikrecht handelt es sich für unseren Blickwinkel vor allem um das „Recht auf Gesundheit".

Es klingt schon an in den Peuplierungs- und Sanierungsprogrammen der „medizinischen Polizey" des kameralistischen Fürstenstaates, gärt in den Schriften und Flugblättern der radikalliberalen Mediziner der Revolutionszeit von 1848/49 und wird zur massenwirksamen Parole der aufsteigenden Sozialdemokratie vor und nach der Reichsgründung. Aber erst in der „Kaiserlichen Botschaft" vom November 1881 zur Einleitung der Sozialversicherungsgesetzgebung wird die soziale Sicherheit auch im Krankheitsfall ein durch die Obrigkeit bestätigter Anspruch. Es ist die Pflicht des Kaisers und des Reichstags, heißt es dort, „dem Vaterlande neue und dauernde Bürgschaften seines inneren Friedens und den Hülfsbedürftigen größere Sicherheit und Ergiebigkeit des Beistandes, auf den sie Anspruch haben, zu hinterlassen".

Ohne den raschen Fortschritt freilich der Naturwissenschaften, der für Jahrzehnte zum Motor des Aufstiegs der modernen Medizin wird, aber auch der sich rasch ausweitenden Fabrikation medizinischer Geräte und Krankenhauseinrichtungen, natürlich der chemischen und pharmazeutischen Industrie, dazu der kommunalen und ländlichen Sozialhygiene und einsetzenden Sozialverwaltung wäre die so zügige und dauerhafte Entfaltung eines „Systems der sozialen Gesundheitsversorgung" undenkbar gewesen. Die industrielle und wissenschaftliche Zivilisation ist der Boden, auf dem sich der Sozialstaat bis in unsere Tage immer höher aufbaut und die sein Schutzversprechen der sozialen und gesundheitlichen Lebenssicherung trägt.

Es gehört schon zu den Anfängen des Sozialstaats, daß neben seiner sozialen Ordnungsidee der Subsidiarität — „öffentliche Hilfe ist dort nötig, wo individuelle oder genossenschaftliche Selbsthilfe nicht möglich sind" — ein zweiter Leitbegriff auftaucht, nämlich Solidarität. Wer die Unterstützung der Allgemeinheit in den Krisenfällen seines Lebens in Anspruch nimmt, besagt dieser, hat sich erstens durch seine Beiträge zur Sozialversicherung in den Tagen ungeschmälerten Einkommens und ungehinderter Arbeitsleistung an den Soziallasten für Dritte zu beteiligen, und ist zweitens gehalten, durch seine eigene Lebensführung und Leistungsbereitschaft die Sozialkosten für sich selbst zu minimieren. Schon Rudolf Virchow, der große politische Reformer des deutschen Gesundheitswesens im Kaiserreich, wußte seit seinen jüngeren Tagen um diese Doppelseitigkeit des Solidaritätsprinzips. Bei der Proklamation einer „öffentlichen Gesundheitspflege" in der Wochenschrift „Die medicinische Reform" schreibt er im August 1848:

> „Was zunächst den Umfang der öffentlichen Gesundheitspflege betrifft, so hat also die Gesamtheit die Verpflichtung, dem Rechte der Einzelnen auf Existenz und zwar auf gesundheitsgemäße Existenz nachzukommen." Es muß dem Staat möglich sein, „dafür zu sorgen, daß jeder die Mittel, ohne welche sein Leben nicht bestehen kann, erlange und daß Niemandem die Möglichkeit der Existenz positiv entzogen oder negativ vorenthalten werden. Diese Möglichkeit ist das Recht der Einzelnen, die Pflicht der Gesamtheit, denn in einem solidarischen Verbande ist das Recht des einen ‚selbstredend' die Pflicht des anderen."

Solidarität wurde also schon im Ursprung des modernen Gesundheitswesens nicht zuerst als eine Art Zahlungsverpflichtung begriffen, sondern wesentlich als eine wechselseitige Verhaltensverpflichtung, freilich unter Staatsaufsicht. Nur konnte sie sich als Verhaltensform — im Unterschied gleichsam zu ihrer praktikableren „Geldform“ — nie recht entfalten, da ihre sozialorganisatorische Voraussetzung, nämlich die vorgesehene Kleinräumigkeit und Überschaubarkeit der gesetzlichen Krankenkassen — man denke an die Allgemeinen Ortskrankenkassen oder an die Betriebskrankenkassen oder erst recht an die Angestelltenersatzkassen — weder zu einem lebendigen Solidaritätsgefühl der Kassengenossen noch zu einer wirksamen Sozialkontrolle geführt haben. Die Gegentendenzen eines Flächengroßstaates, der Großindustrie, die berufsständisch artikulierten Sozialkonflikte zwischen Angestellten und Arbeitern haben solche Ansätze schon im Keim zerstört.

In den Jahrzehnten der Bundesrepublik waren noch weitere Faktoren wirksam, die jede Korrespondenz des Anspruchs auf Gesundheitsversorgung mit der Pflicht zu gesunder Lebensführung verhindert haben. Es ist erstens die, wie ich sie nenne „Industrialisierung des Gesundheitswesens“, die in Gestalt der Bettenfabriken der Großkrankenhäuser, der Apparatemedizin bis zu den Arztniederlassungen oder der Medikamentenschwemme die Illusion verbreitet hatte, Gesundheit für alle und jeden ist technisch machbar und ökonomisch zu erwirtschaften. Zweitens hat sich von der Normenperfektion der Sozialgesetzgebung bis zur Urteilspedanterie der Sozialrechtssprechung eine Verrechtlichung des sozialen Sicherungssystems eingeschliffen, die die Leistungs- und Versorgungsansprüche der Sozialversicherten immer mehr durchdifferenziert, von deren Solidarpflichten jedoch fast durchwegs abstrahiert hat. Schließlich sind drittens die Prozeßphänomene aufgetreten, gegen die Ivan Illich in scharfsinnigster Weise als „Medikalisierung der Gesellschaft“ polemisiert hat. Damit meint er Passivität der im „sozialen Netz“ gefesselten Sozialpatienten; ihre Entmündigung durch in alle Intimitäten und Privatheiten eindringenden Medizinexperten und Therapeuten; Auswucherungen einer Sozial- und Gesundheitsbürokratie, — und alles unter der Dunstglocke der Glücks- und Gesundheitsutopien des Sozialstaates.

Seit Mitte der 70er Jahre haben wir jedoch in Deutschland und überhaupt in den europäischen Ländern einen Kulissenwechsel, der zeigt, wie eng Wirtschaftsgesellschaft und Gesundheitswesen verflochten sind. Auf die Wahrnehmung nämlich, daß das Konjunkturtief nicht gegenzyklisch manipulierbar ist, sondern sich in einer ausgreifenden Strukturkrise der Industrieökonomie kontinuiert, folgt eine neuartige Sensibilität für die Kostenentwicklung der Sozial- und Gesundheitsleistungen. Die öffentliche Debatte über die sog. Kostenexplosion im Gesundheitswesen beginnt zu dem Zeitpunkt, zu dem klar wird, daß erstens künftig keine wachsende Wirtschaftsproduktivität mehr die Anspruchs- und Leistungsdynamik des sozialen Sicherungssystems unterfüttern wird und daß zweitens kaum Gegensteuerungen von Staats- oder Körperschafts- oder Versichertenseite vorhanden sind.

Es ist die Sternstunde von zwei, bis dahin eher randständigen Disziplinen: der Gesundheitsökonomie und der Präventivmedizin. Während die erste mit dem Methoden- und Theorienarsenal einer erprobten Wissenschaft Konzepte der Kosten- und Verteilungskalkulation des öffentlichen Gutes „Gesundheit" vorlegt, das gerade durch seine Verknappung, aber auch durch seine vollends industrieförmige Produktion rasch und strikt unter ökonomische Gesetzlichkeiten zu bringen ist, hat die medizinische Prävention einen wesentlich schwierigeren Anlauf. Soll ihre Voraussetzung stimmen, nämlich durch Vorbeugen von später teureren Krankheiten Kosten zu senken, so müssen Laien und natürlich auch Ärzte motiviert und engagiert werden, sich Vorbeugungen zu unterziehen. Es ist leichter, als Kranker gesund werden zu wollen denn als Gesunder nicht krank.

In den Erläuterungen zu meiner ersten These habe ich schon ausgeführt, warum Empirie und Theorie der Vorbeugemedizin — dargestellt in ihrem Kerngebiet der Risikofaktorenforschung — in einer Übergangszone zwischen experimenteller, epidemiologischer und klinischer Erforschung hier und gesundheitspolitischer und gesundheitserzieherischer Anwendung dort stecken geblieben sind. Für diese Blockaden gibt es aber sehr wohl nicht nur diese empirischen und theoretischen, sondern auch praktische und politische Gründe. Wenn das sozialstaatliche System der Gesundheitsversorgung auf dem Gesetzes-, Rechts-, Verwaltungs- und Kassenarztweg nur die Leistungsansprüche nach Umfang und Angemessenheit im Detail regelt, dagegen die Leistungsberechtigung mit den Globalformeln eines „Rechts auf Gesundheit" ungeprüft läßt, so führt dies schon zu zerstörerischen Steuerungsdefiziten, wie wir täglich hören, in der kurativen Krankenhaus- und Praxismedizin. Für die Präventivmedizin bedeutet eine solche Zerschneidung der Anspruchs- und Leistungsmechanik einen Start ohne Chance.

Während der Kranke in kurativer Behandlung unter der Unmittelbarkeit seines Leides oder seiner Gebrechlichkeit ansprechbar und lenkbar ist, bleibt der Gesunde als Objekt präventiver Observationen und Interventionen indolent im Wortsinne, — er hat in der Tat keine Schmerzen. Gesundheitspädagogisch noch so raffiniert angelegte Vorbeugungsprogramme der Bundes- oder Länderregierungen, der Gesetzlichen Krankenkassen, der Gesundheitsämter, der Kassenärzte laufen, zumindst soweit sie Primärprävention anzielen, ins Leere. Soweit es sich um Kampagnen der Sekundärprävention oder der Krankheitsfrüherkennung handelt, haben sie nur dann Erfolg, wenn entweder der Morbiditätsdruck — zum Beispiel bei den Krebserkrankungen — genügend stark ist oder wenn sie in Begleituntersuchungen mit technisch unkomplizierten Methoden — zum Beispiel bei der Diabetesfrüherkennung — vorgenommen werden können oder wenn sie mit Prämien verbunden werden — zum Beispiel bei der Schwangeren- und Mutterschaftsvorsorge. Fehlen solche Kriterien, fehlt auch die Akzeptanz von Vorsorgemaßnahmen.

Gerade für die Umsetzung der empirischen Risikofaktorenforschung in praktische Prävention, also in Akzeptanz bei den durch Lebensführung und Lebensalter, Eß- und Trinkgewohnheiten, alltägliches Zeitbudget jeweils spezifisch gefährdeten Personengruppen, zeigt sich, daß sogar die vordemonstrierte Spezifität der Noxen nicht unmittelbar zur Selbsteinsicht und Veränderung des Gesundheitsverhaltens führt. Und erst recht werden gesundheitserzieherische Appelle zum Dienst an der Volksgesundheit, zur Teilhabe an einem allgemeinen Gut erhöhter Lebenserwartung oder gesteigerter Leistungs- und Glücksfähigkeit ohne Resonanz bleiben. Für den Soziologen und Sozialhistoriker ist das kein überraschender Befund. Menschen ändern niemals ihr Verhalten, es sei denn durch institutionengestützte Sanktionen, durch verläßliche Belohnungen oder Bestrafungen. Und nachdem die bürgerliche Kultur der Ober- und Mittelschichten mit ihren sozial scharf kontrollierten, protestantisch oder katholisch oder jüdisch tradierten Gewissenszwängen zu Arbeitsamkeit und Sparsamkeit zugrundegangen ist, sind außenleitende Verhaltensimperative nötig. Noch Christoph Wilhelm Hufeland hat für seine Regeln zur „Kunst das menschliche Leben zu verlängern“ nichts als die freilich schon damals optimistische Voraussetzung eines lebenserfahrenen und selbstgebildeten Individuums, das öffentlichen Zwang nicht benötigt, um durch Gesundheit zu „Freiheit und Glückseligkeit“ zu gelangen. Auch Virchow spricht noch von der „sittlichen Pflicht der Einzelnen“ zu Arbeit, Bildung und Gesundheit, wenn der Staat ihm hierfür die Mittel an die Hand gibt.

Nach Jahrzehnten eines Wohlfahrtsstaates, der das „Recht auf Gesundheit“ zu einem Konsumanspruch auf soziale Dienstleistungen hat verkommen lassen, haben wir weder ein Gewissen noch Institutionen noch Sanktionen, die uns zur Selbst- oder wenigstens zur Fremdverantwortlichkeit in unserer Lebensführung anhalten. Unter den Zwängen der Verknappung und Verteuerung der Gesundheitsleistungen zeigt uns die Gesundheitsökonomie drastisch, daß dem

Anspruchsgut „Gesundheit" individueller oder kollektiver Leistungseinsatz entsprechen muß. Und die Präventivmedizin wird uns noch demonstrieren, daß ein „Recht auf Gesundheit" die „Pflicht zur Gesundheit" herausfordert.

3. These als Zusammenfassung:

Präventive Medizin ist heute öffentliche Gesundheitssicherung mit wissenschaftlichen Mitteln zur Abwehr von individuellen oder kollektiven Krankheitsrisiken. Ihr wirtschaftlicher Zweck ist Kostenminderung bei den Ausgaben für die kurative Medizin; ihr gesellschaftlicher ist Steigerung der Lebens-, Leistungs- und Glücksfähigkeit, damit der Wohlbefindlichkeit der Bevölkerung; ihr staatlicher ist die Gewähr des sozialen Friedens bei Verteilungsgerechtigkeit des knappen öffentlichen Gutes „Gesundheit".

Die Risikofaktorenforschung ist mit ihren experimentellen, epidemiologischen und klinischen Enquêten die wissenschaftliche Bedingung zuverlässiger und überprüfbarer Prävention. Angesichts der Verhaftung in der traditionellen Medizin und der Abhängigkeit von den Verteilungsregeln und -institutionen des sozialen Sicherungssystems gerät sie in einen bisher ungelösten szientifisch-theoretischen und praktisch-politischen Konflikt: Hier verfolgt sie mit naturwissenschaftlichen Methoden einen sozialmedizinischen und sozialpolitischen Zweck; deshalb versagt ihre eingespielte kurative Therapie vor den erforderten gesundheitspolitischen Interventionen. Dort gerät sie in den Widerspruch des Wohlfahrtsstaates, der Gesundheit als wohlfeiles Konsumgut anbietet, die Nachfrage jedoch nicht durch Nachteile bei ungesunder Lebensführung steuert; deshalb kann die Vorsorge-Medizin Erkrankungsrisiken erforschen, ihre Befunde aber nicht zur Verhaltenssteuerung der betroffenen Klientele umsetzen. Die Prävention stößt vordergründig an die Grenzen von individuellen Freiheitsrechten, hintergründig an kollektive Anspruchssicherungen ohne Gegenkontrolle.
Bestand und Entwicklung des Sozialstaats werden künftig davon bestimmt sein, ob es ihm mit einem Stop seiner Anspruchs- und Leistungsdynamik gelingen wird, Instituionen und Sanktionen zu schaffen, die das Gesundheitsverhalten in der Wirkungslinie von Präventionsprogrammen lernfest belohnen oder bestrafen. Wir werden beobachten können, ob sich also in der Geschichte des Sozialstaats die Dialektik aller sozialen Grundrechte als sozialer Grundpflichten

vollzieht, das „Recht auf Gesundheit" sich als öffentlich sanktionierte „Pflicht zur Gesundheit" enthüllt.

Diskussion

Metze:
Ich habe eigentlich zwei Punkte. Ich bin immer ausgesprochen mißtrauisch, wenn ich das Wort höre: „Grundrechte auf Gesundheit". Die Verwendung dieses Wortes bedeutet letztlich, daß die Ärzte die Verantwortung für die Gesundheit des Einzelnen tragen. Die Verantwortung des Individuums für seine Gesundheit tritt dabei völlig in den Hintergrund. Welche Bedeutung dem Verhalten des einzelnen beizumessen ist, zeigen die Ursachen für das Auftreten von Risikofaktoren. Aus dem „Recht auf Gesundheit" ergibt sich zwangsläufig ein Anspruch auf Leistungen unabhängig vom Verhalten des einzelnen. Dieses Anspruchsdenken ist letztlich eine Frage der Definition von Gesundheit durch die WHO. So definiert die WHO, wie Ihnen wahrscheinlich bekannt ist, Gesundheit als den Zustand vollkommenen, biologischen, sozialen und psychischen Wohlbefindens. Die Ärzteschaft ist damit aufgerufen, diese Position oder diese Situation herzustellen. Wenn es heißt, Grundrecht zur Gesundheit oder sogar Pflicht zur Gesundheit, dann gibt es automatisch jemanden, der verpflichtet ist, diese Gesundheit herzustellen. Gesundheit kann aber nicht allein von den Ärzten hergestellt werden. Es bedarf der Mitwirkung des Patienten. Das sehen wir insbesondere im Bereich der Vorsorge. Gerade das Thema, das hier besprochen wird, ist ein Bereich, wo der Arzt allein nicht effektiv tätig sein kann, sondern der Patient mitwirken muß. Insofern wird durch Verwendung dieses Gesundheitsbegriffes eine Entwicklung ausgelöst, die in die falsche Richtung geht. Ich meine damit, daß man versuchen muß, den Begriff „Gesundheit" oder überhaupt das Ziel des ärztlichen Tätigseins anders zu sehen. Und ich möchte sagen, daß es darum geht, den Patienten in die Lage zu versetzen, seine Krankheit zu bewältigen oder mit seiner Krankheit leben zu können. Dies zu erreichen, ist Aufgabe der Ärzte. Diese Aufgabe ist lange Zeit stark vernachlässigt worden. Es sollte im Rahmen einer Behandlung versucht werden, den Patienten zu aktivieren und mit in die Behandlung einzubeziehen. Wir leben in einer Zeit, wo auch die Patienten kritischer werden und auch erwarten, daß sie in die Behandlung einbezogen werden und ich meine, man sollte solche Entwicklungen stützen.
Ich habe noch einen zweiten Punkt, den ich kurz ansprechen möchte, der meine Ausführungen vielleicht etwas ergänzt. Wenn ich von Sanktionen und Belohnungen höre, dann bin ich auch ausgesprochen mißtrauisch. Das hört sich so nach Steuerung, nach Lenkung an. Ich möchte mich als Individuum aber nicht lenken und nicht steuern lassen. Ich möchte weder belohnt werden, noch bestraft werden. Es geht weniger um Belohnungen oder Bestrafungen, sondern vielmehr darum, dem einzelnen Individuum die gesellschaftlichen Bezüge seiner Akitvitäten, seiner Handlungen deutlich zu machen. Wer der Versichertengemeinschaft durch sein Verhalten Kosten verursacht, also die

Verantwortung für die bei anderen entstehenden Kosten trägt, der muß bezüglich dieser Kosten auch zur Verantwortung gezogen werden können. Es müßte erreicht werden, daß der Patient die Folgen seines Verhaltens erkennt und ihm bewußt wird, daß er allein die Verantwortung für seine Gesundheit trägt. Ob jemand seine Gesundheit schädigt oder nicht, sollte der freien Entscheidung des einzelnen überlassen bleiben. Dies bedeutet aber nicht, daß er nicht für Kosten, die er anderen verursacht, zur Verantwortung gezogen werden sollte. Sanktionen und Bestrafungen sind die falschen Termini für Maßnahmen, die erforderlich sind. Die Bezeichnungen sind falsch.

Bock:
Würden Sie die Bezeichnung „Schadenersatz“ für zweckmäßiger halten?

Metze:
Vielleicht ja. Es dreht sich um eine Bezeichnung, die dem Patienten deutlich macht, daß die Abgaben die Folge seines Verhaltens sind und durch eine Verhaltensänderung vermieden werden können.

Gries:
Ich glaube, die Psychologen werden jetzt auf die Barrikaden gehen und sagen, wenn man etwas erreichen will, dann doch nur durch positiveres reinforcement und nicht durch Bestrafungsaktionen. Also dieser Weg mit Bestrafung ist doch sicher falsch, man muß es anders herum machen.

Bock:
Ob diese Meinung der Psychologen immer zutrifft, darüber kann man streiten. Die alltägliche Erfahrung spricht eigentlich dafür, daß Bestrafungsmechanismen durchaus wirksam sein können. Wenn man unter Belohnung schon den Wegfall oder das Ausbleiben einer Bestrafung versteht, ist es ja dann dasselbe.

Baier:
Die Skepsis gegenüber dem Terminus „Grundrecht auf Gesundheit“ verstehe ich sehr gut. Überhaupt bringen diese sozialen Grundrechte ja Gesellschaft und Wirtschaft in große Schwierigkeiten. So wie die politischen Rechte in der „Declaration de droit de l'homme, 1792“ erklärt worden sind und die Geschichte maßgeblich beeinflußt haben, so ist das Grundrecht auf Gesundheit in einer sagen wir wenig revolutionären Akte, aber immerhin in der Gründungsakte der Weltgesundheitsorganisation erklärt worden. Deutschland, in solchen Dingen durchaus nicht zurück, hat über den Sicherstellungsauftrag der Reichsversicherungsordnung das jetzt mittelbar schon längst als ein Anrecht der sozialversicherten Patienten erklärt. Die Reichsversicherungsordnung ist auch schon längst geändert worden, was Herr Robra gestern ja auch zitiert hat. Ich glaube, man sollte nicht mehr diskutieren, ist das wünschenswert oder nicht wünschenswert, sondern es ist ein Thema der sozial-politischgeschichtlichen Entwicklung unserer Gesellschaften selbst. Es gibt wenig Ver-

fassungen, in denen ein solches Recht auf Gesundheit verankert ist. Die sozialistischen Länder in ihren Verfassungen, DDR und Sowjetunion, sind hier manifester. Das heißt aber nicht, daß die westlichen Länder nicht indirekt, wie etwa bei uns über die Reichsversicherungsordnung, ein solches Recht auf Gesundheit schon längst anerkannt haben.
Nun, Belohnung — Bestrafung! Ich ziehe die deutliche Sprache der Psychologen, der Soziologen in diesem Punkt vor. Wie man das dann in der öffentlichen Sprache diskutiert, das ist eine ganz andere Frage. Ich bin sicher, daß ein Gesundheitsminister oder ein Staatssekretär in einem Ministerium eine solche Sprache überhaupt nicht sprechen kann, oder er „fliegt" noch schneller aus dem Amt als Herr Wolters. Herr Fülgraff hat ja heute schon eine solche Sprachregelung hinsichtlich kollektiver Intervention zu erkennen gegeben. Die Wissenschaft kann aber deutliche Begriffe verwenden.
Nun zu Ihnen, Herr Gries, die Lernpsychologie arbeitet, was doch jeder Mediziner, der mit Ratten arbeitet, weiß, eben nicht mit positivem reinforcement, sondern mit negativem, d. h. mit elektrischen Reizen etwa. Das sieht in der Gesellschaft anders aus. Aber ohne Bestrafung ist menschliches Verhalten überhaupt nicht zu steuern. Es ist das wirksamste Mittel.

Bock:
Sonst brauchten wir kein Strafgesetzbuch.

Nüssel:
Herr Baier, wie Sie wissen, gehen wir davon aus, daß die Interventionsmaßnahmen von der Bevölkerung selbst gestaltet werden sollen. In Eberbach und Wiesloch hat sich ganz klar gezeigt, daß wir nichts erreichen mit den Begriffen Diät, Erziehung und Pflicht. Wenn Sie den Leuten damit kommen, ist der Ofen aus. Was die Leute wollen, ist Spaß und Hobby und man kann durchaus das ganze Thema Gesundheit in diesem Sinne gestalten. Ich glaube, daß wir in Eberbach und Wiesloch mit diesen Begriffen weiterkommen.

Baier:
Ich habe dieses Eberbach-Wiesloch-Modell zusammen mit den Massenmedien genannt, weil hier sozusagen konkomitante Unterhaltungseffekte erzeugt werden. Das scheint dann also richtig eingeordnet zu sein. Inwieweit das wirksam ist für unsere Population im System der sozialen Sicherung, bezweifle ich sehr, aber ich kenne mich da zu wenig aus.

Jesdinsky:
Zwei Bemerkungen von Herrn Baier haben mich etwas gestört. Die eine war, die Vermehrung der Ärzte sei doch eine von politischer Seite aktiv betriebene Aktion gewesen, oder habe ich Sie falsch verstanden? Die andere Bemerkung betrifft den „Disziplinierungsmechanismus": Die öffentliche Kritik an den Ärzten seitens der Regierungsstellen sei ein Instrument der Steuerung gewesen, um durch Diffamierung der Ärzte deren Position zu schwächen. Ich habe beides bisher nie so gesehen und wollte Sie bitten, das näher zu begründen.

Ich möchte nur kurz andeuten, wie ich das sehe. Der Zustrom in den Arztberuf wurde gesteuert von den Erwartungen der hohen Verdienstmöglichkeiten in diesem Beruf. In unserer Gesellschaft kann ja jeder werden, was er will. Vom methodischen Gesichtspunkt ist hier das Räuber-Beute-Modell von VOLTERRA, das schon vor 100 Jahren aufgestellt wurde, anwendbar. Dieses Modell führt zu Oszillationen: Die Verdienstmöglichkeiten führen zunächst zu einer Vermehrung der Ärzte, diese zu einer Verminderung der Verdienstmöglichkeiten, was wieder zu einer Verringerung des Zustroms zum Arztberuf führt usw. Und die andere Sache, da gibt es das Buch von ILLICH z. B. oder das Buch von CARLTON „Das Ende der Medizin", was mir noch etwas radikaler zu sein scheint. Das ist aber eine Kritik, die in der internationalen wissenschaftlichen Diskussion begann. Eine Aktion der Bundesregierung kann ich darin nicht erblicken.

Baier:
Jetzt hier eindeutig Zusammenhänge zu behaupten, das fällt sehr schwer. Denn die Denunzierung der Ärzte wie auch der Versuch, über Kostendämpfung die niedergelassenen Ärzte, Sie sagten zu disziplinieren, ist mir schon ein zu hartes Wort, aber es trifft natürlich den Tatbestand. Diese Maßnahmen waren nicht so eindeutig verbunden mit der Auflage, Prävention zu treiben, sondern beinhalteten zuerst andere Absichten, die viel unmittelbarer waren — etwa das Monopol der Kassenärzte, der Ärzte überhaupt zu brechen — als andere Gesundheitsberufe zu etablieren, usw. Es ist ein solch verwickeltes Gebiet und da hüte ich mich, so schlankweg Schuld und Unschuld zu verteilen. Aber was wichtig für die Zukunft sein könnte, ist, daß man über solche negativen Sanktionen die Ärzteschaft zu präventiven Maßnahmen anhält, indem man künftig z. B. Regresse einführt bei bestimmten Zunahmen von Krankheiten in der Klientel einer Kassenärzteschaft. Ich kann mir durchaus vorstellen, daß das kommt, weil es mit unserem System ohne weiteres vereinbar wäre. Nur, was haben sich die Leute alles vorgestellt, wenn sie über das Argument Kostendämpfung Einfluß auf die Zahl und Qualität der Kassenärzte nehmen? Was können wir mit einem Gedankeninstrument uns vorstellen, welche Steuerungsmittel vertragen sich mit diesem System?

Passarge:
Ich wollte erinnern, daß wir seit dem vorigen Jahrhundert eine Dichotomie im medizinischen Konzept haben, und zwar einerseits das, was wir hier sehr ausführlich besprochen haben. Das könnte man als „Kreuzzughaltung" umreißen, z. B. Elimination von Cholera, Pocken usw. Jetzt heißt es „task force", „fight cancer", Hypertonie usw. Hier wird eine Erwartungshaltung der Ärzte und der Patienten geprägt, die zweifellos wichtig ist. Ich möchte aber daran erinnern, daß andererseits eine Patientengruppe mit angeborenen und erblich bedingten Erkrankungen existiert. Mir scheint es wichtig, daran zu erinnern, daß dies eine durchaus wichtige Gruppe ist, die immerhin, wie die WHO sagt, 4% der Neugeborenenpopulation betrifft. Sie wird nicht alsbald durch Erkennung von Risikofaktoren verkleinert werden. Man muß vermeiden, daß dazu

verleitet wird, von dem Konzept auszugehen, es bestehe ein Recht oder gar die Pflicht für ein gesundes Kind. Hier wäre es gerade wichtig, die awareness, sowohl der Ärzte als auch der Ratsuchenden darauf hinzusteuern, daß es für viele Bereiche nicht möglich ist, präventiv wirksam zu werden. Wir müssen erkennen, daß es Probleme gibt, die nicht vermeidbar sind, die nicht aus schuldhaftem Verhalten der Eltern entstehen. Wir sehen sehr deutlich einen Trend in den letzten Jahrzehnten: Wenn ein Kind mit einer angeborenen Fehlbildung geboren wird, setzt ein fieberhaftes Suchen nach Kausalzusammenhängen ein. Es sind dann Tabletten, es ist dann irgend etwas, es wird gesucht. Die Patienten, die Ratsuchenden sind sehr schwer davon zu überzeugen, daß es häufig kaum möglich ist, Einzelursachen festzustellen. Ich möchte auf diese Dichotomie noch hinweisen, weil das doch hier nicht vergessen werden sollte.

Baier:
Ja, ich glaube, das ist sehr wichtig. Und die Frage ist, ob es sich nicht im Grunde um eine Illusion handelt, daß wir alle Krankheiten als durch Menschenwerk künftig verursachte Krankheiten auffassen. Das ist eine Frage, die der Mediziner sich schon stellen muß und vielleicht auch in die öffentliche Debatte einbringen müßte.

Metze:
Ich habe noch zwei Punkte. Ich muß noch einmal auf das Grundrecht Gesundheit zurückkommen, weil die Beantwortung meiner Frage durch Herrn Baier nicht ganz befriedigt. Er hat das Grundrecht auf Gesundheit mit dem Grundrecht auf Freiheit verglichen. Grundrecht auf Freiheit heißt aber, daß niemand das Recht hat, meine Freiheit zu beeinträchtigen. Grundrecht Gesundheit heißt demnach lediglich, daß niemand anders meine Gesundheit beeinträchtigen soll. Das bedeutet noch längst nicht, daß ich nicht selbst verantwortlich bin für meine Gesundheit. Es darf nur niemand anders auf meine Gesundheit einwirken. Nur dann ist dieses Grundrecht verletzt. Alles andere ist meine Verantwortung.
Nun noch ein weiterer Punkt, zu dem ich aufgrund Ihres Einwurfs „Gesundheit muß Spaß bringen" angeregt wurde. Es geht doch darum, daß wir den Wert des Krankseins für den Einzelnen abbauen. Krank sein ist im Augenblick etwas ganz Schönes. Wenn ich krank bin, erfahre ich Zuwendung, ich kriege Medikamente, ich bin interessant, es kümmert sich jemand um mich. Es ist doch schön, krank zu sein. Worum es geht, hat Herr Nüssel schon betont. Es muß dem Patienten klar gemacht werden, „gesund sein ist schöner als krank sein". Das haben viele Leute vergessen. Aber das ist doch die Folge unseres Systems, das seine Aufgabe allein in einer Versorgung mit Leistungen sieht. Irgendwo ist da der Wurm drin. Die Leute sind doch nicht von allein dazu gekommen, daß krank sein so schön ist. Wir haben es so schön gemacht.

Keil:
Ich wollte nur drei Sätze dazu sagen. Irgendwie finde ich es traurig, hier schon

mit den Strategien von Belohnung und Bestrafung zu arbeiten, wenn man andere Strategien noch gar nicht ausprobiert hat. Ich denke dabei an die Strategie von Information, Motivation, Erinnerung und Aufbau einer Organisation zur Erinnerung von Patienten und Ärzten. Ich komme also wieder auf das schon so oft erwähnte nationale Bluthochdruckprogramm der Amerikaner zurück. Die „Philosophie" dieses Programms besteht darin, die Menschen zu informieren und zu motivieren, sich um ihre Gesundheit und besonders um ihren Blutdruck zu kümmern. Inzwischen gibt es genügend Daten und zwar nicht nur Mortalitätsdaten, die zeigen, daß dieses Programm erfolgreich ist. Die alte Regel, daß nur ⅛ aller Hypertoniker adäquat behandelt wird, gilt für die USA längst nicht mehr. In manchen Gebieten hat sich die Situation dramatisch gewandelt während der letzten 10 Jahre. Ich beziehe mich hier also nicht nur auf Mortalitätsdaten, sondern auf Daten aus Health Surveys und Querschnittsstudien z. B. in Chicago.

Was Belohnungs- und Bestrafungsstrategien bei Programmen anbelangt, so möchte ich einen Vergleich mit einer epidemiologischen Feldstudie ziehen. Bei einer epidemiologischen Feldstudie wird man immer eine hohe Beteiligungsrate anstreben, möglichst 100%, damit die Ergebnisse der Studie auch aussagekräftig sind. Dies Streben nach hoher Beteiligung der ausgewählten Personen darf aber nie dazu führen, daß man die Leute praktisch zur Teilnahme an der Studie zwingt. Das wäre das Ende epidemiologischer Forschung und Präventivmedizin.

Den Leuten mit dem moralischen Zeigefinger zu kommen, hat man im 19. Jahrhundert versucht. Damals ging es um die Infektionskrankheiten. Bei den chronischen Krankheiten, wo es so sehr auf Information, Motivation und Selbstverantwortung ankommt, klappt dies nicht.

Bock:

Dazu ist aber zu sagen, daß es durchaus Beispiele gibt, bei denen eine Strafandrohung hervorragend wirkt, etwa beim Alkohol im Straßenverkehr. Es ist eben nur die Frage, wie fühlbar eine Strafe für den einzelnen ist. Ich bin sicher, daß wir alle davon überzeugt sind, daß das Verbot von Alkohol am Steuer richtig und nützlich ist, aber ich bin ebenso sicher, daß nicht wenige von uns trotz dieser Überzeugung sich gelegentlich einmal nach etwas Alkohol ans Steuer setzen würden. Aber der Verlust des Führerscheins ist eine so gravierende Strafe, daß wir alle davor zurückschrecken.

Ob der in den USA beobachtete Rückgang von Morbidität und Mortalität wirklich mit dem Programm zusammenhängt, insgesamt oder mit einzelnen Teilen davon, ist meines Wissens eine sehr umstrittene Frage.

Keil:

Ich stimme Ihnen zu, global kann man das bezogen auf die Sterblichkeit nicht sagen. Aber es gibt, wie schon erwähnt, über die Mortalitätsziffern hinaus weitere Indikatoren, die auf einen Erfolg bestimmter Programme (z. B. Milwaukee, Savannah) hindeuten. Ich habe schon auf die Veränderung des Behandlungsgrades amerikanischer Hypertoniker hingewiesen. Im übrigen haben wir es natürlich fast immer mit „circumstantial evidence" zu tun, d.h. wir machen Beobachtungsstudien und werden fast nie zu einem allerletzten Schluß kommen. Ein Motto der Präventivmedizin lautet: „to draw the right conclusions from insufficient evidence".

Baier:
Ich möchte noch etwas sagen, zu Herrn Keil und zu Herrn Metze. Ich spreche mich ja gar nicht gegen solche informativen und persuasiven Techniken aus, um Gottes Willen! Ich habe auch ausdrücklich in einem Punkt ausgeführt, daß das — direkt oder indirekt — Lenkungen sind, die mit positiven Sanktionen arbeiten, indem man z.B. Hochdruckgefährdeten vorführt, welche Folgen ihre Lebensführung für den späteren Gesundheitszustand haben wird und daß man hier mit allen Mitteln, auch mit den Mitteln der Massenmedien, arbeiten sollte. Gerade die Massenmedien haben hier eine sehr wichtige Funktion, ich denke da z.B. an die Sendung von Mohl im Zweiten Deutschen Fernsehen, der ja auch von ärztlicher Seite hoch anerkannt ist. Solche Techniken wollte ich in keinem Falle ausschließen, man sollte diese Instrumentarien noch mehr ausschöpfen als bisher. Wir müssen eben daran denken, daß wir die Haftung für gesundheitsgefährdende Lebensführung vergesellschaftet haben. Bezüglich des Sozialbudgets oder der Kostendämpfung darf man nicht übersehen, daß man über solche Techniken die Menschen nicht zu einer anderen Lebensführung bringt, wenn man sie nicht auch mit negativen Sanktionen besetzt, d.h. sie für Mißachtung bestimmter Empfehlungen usw. bestraft. Ich meine, die positiven Sanktionen alleine genügen nicht und wir werden sehen, ob man in der Bundesrepublik zu solch negativem Reinforcement von Gesundheitsverhalten kommen wird. Zum zweiten, Individualrecht — soziales Recht. Das Recht auf Gesundheit ist kein Individualrecht in dem Sinne, wie es im Liberalismus des 19. Jahrhunderts begriffen wurde, nämlich als die Ermöglichung von Spontaneität, von Eigeninitiative. Die Beachtung eines einzigen Grundrechts bedeutet nicht, das ist natürlich utilitaristisch gedacht, daß ich meine Freiheit zum Schaden anderer benutzen darf.
Demgegenüber unterscheiden sich die sozialen Rechte in einem sehr wichtigen Punkt, wie man das z.B. im 19. Jahrhundert beim Recht auf Arbeit durchexerziert hat. So ist der gewährte Arbeitsplatz eine Vorleistung der Gesellschaft, wofür die Arbeitsleistung nachgeleistet werden muß und dadurch ergibt sich die Dialektik, daß das Recht auf Arbeit im Grunde eine Pflicht zur Arbeit wird. Die Sowjetunion hat diese These beispielhaft durchgeführt, indem sie sehr frühzeitig erklärt hat, das Recht auf Arbeit heißt Pflicht zur Arbeit und wer nicht arbeitet, bekommt weniger zu essen. Der Unterschied zu den westlichen Systemen ist, daß wir nicht direkte, sondern indirekte Nötigungen bevorzugen. Auch beim Gesundheitsverhalten werden wir keine direkten Bestrafungen haben, sondern indirekte Lenkungen. Die Pointe meines Vortrags war, daß wir ein System haben, in dem die indirekte Lenkung nicht über den Laien oder den Klienten abläuft, sondern mittelbar über bestimmte Gesundheitsberufe — z.B. Ärzte oder andere Gesundheitsberufe —, die die Menschen zu einem gesünderen Leben führen sollen. Eine Selbstbeteiligung

des Klienten wäre ja eine Kostenbelastung — eine Bestrafung, die man sich überlegen kann. Insofern ergibt sich die Dialektik, daß das soziale Recht auf Gesundheit jetzt eine Pflicht zur Gesundheit wird und diejenigen, die verpflichten, sind die Gesundheitsberufe selbst. Es gibt immerhin demoskopische Befunde, die deutlich zeigen, daß heute schon der Laie, erst recht der Patient, der aus dem strategischen Vorfeld als Patient in das System der Medizin eingetreten ist, seine Lebensführung abgegeben hat an ein System, und zwar an das medizinische Versorgungssystem. Jetzt kommt es darauf an, Einrichtungen zu gründen, die die Lebensführung der Gesunden, d. h. der Laien, die in diesem strategischen Vorfeld tätig sind, zu steuern. Und unser System geht eben nicht daran, die Gesunden, die Laien selbst dazu zu motivieren, etwas über Massenmedien, sondern wieder über Experten, über bestimmte Berufe. Das ist der Weg, der meines Erachtens schon längst vorgezeichnet ist. Es ist nur fraglich, Herr Robra hat das ja gestern vorgeschlagen, und ich stehe dem mit Sympathie gegenüber, ob das die Kassenärzte sein werden; oder ob die Bundesrepublik nicht den Weg geht, neue Gesundheitsberufe, neue Führer zu gesünderem Leben aufzubauen, weil die Ärzte sich aus der Bindung an die kurative Medizin solchen neuen Aufgaben versperren. Insofern hat die Dialektik — soziales Recht auf Gesundheit, umgeschlagen in Pflicht zur Gesundheit — bei uns ganz bestimmte Steuerungsaufgaben ausgelöst. Das ist das Thema m. E. heute der Gesundheitspolitik und das läßt sich mit den Freiheitsrechten einfach nicht vergleichen. Das sind andere Rechte.

Metze:
Ich werde zu meinem Statement aufgrund Ihres Beitrages, Herr Keil, herausgefordert. Und zwar sagten Sie: „Mit Zwang zur Teilnahme an Vorsorgeuntersuchungen geht es nicht." Das sollten wir in der Tat nicht machen! Wir befinden uns aber auf einem Wege, der unmittelbar dorthin führt. Aus England kennen wir die sog. „health-visitors". Es gibt ein Gutachten der Gesellschaft für sozialen Fortschritt, in dem so etwas auch für Deutschland vorgeschlagen wird. Es wurde vorhin in der Diskussion gesagt, die Krankenkassen sollten Leute einstellen, die nicht Mediziner sein müßten. Was tun die denn? Sollen diese Leute etwa kontrollieren, ob der Patient einen Therapievorschlag, ich möchte hier das Wort „Vorschlag" besonders betonen, auch wirklich befolgt; sich also gesundheitsgerecht verhält? In dem aufgeführten Gutachten wird den Kassen vorgeschlagen, Gesundheitsberater einzustellen. Nun, aus der Beratung folgt, daß sie in die Häuser gehen müssen und gucken, ob die Patienten auch wirklich alles so tun, wie es gesagt worden ist, ob sie alles machen, damit sie auch ja gesund bleiben, weil die Gesellschaft das ja fordert und zum Schluß haben wir dann die Vergesellschaftung des Menschen. Jeder muß das tun, was der Arzt sagt. Zurückkommend auf das Thema des Vortrags von Herrn Baier möchte ich dem Recht auf Gesundheit das Recht auf Krankheit gegenüberstellen. Ich möchte das Recht beanspruchen, so viel krank zu sein, wie ich möchte, und statt des Rechts auf Arbeit möchte ich das Recht haben, nicht zu arbeiten. Ich möchte aus dem Recht zur Arbeit keine Pflicht zur Arbeit gemacht wissen. Und an die Stelle des Rechts auf Gesundheit, das zur Pflicht

zur Gesundheit führen kann, möchte ich ein Recht auf Krankheit gestellt sehen.

Hofmann:
Herr Metze, der Beitrag von Herrn Baier sollte ursprünglich heißen „Recht auf Risiko". Wie stehen Sie zu dieser Formulierung?

Metze:
Ich möchte dazu sagen, es muß dem Einzelnen die Chance gegeben werden, seine Lebensrisiken, und dazu gehört auch das Risiko der Krankheit, selbst zu bewältigen.

Baier:
Erstens, Recht auf Risiko halte ich nicht für sachlich richtig, weil der Staat, der Sozialstaat und das System der sozialen Sicherung keine private Lebensversicherung ist. Das ist ein großer Unterschied. Wir bewegen uns im öffentlichen Bereich. Solidargemeinschaft heißt ja eben sehr viel mehr als nur eine Versicherungsnummer neben anderen zu tragen.
Zweitens möchte ich noch etwas zum Begriff der Patienten-Compliance sagen. Ich möchte nur daran erinnern, daß Compliance die Übersetzung des Max WEBER'schen Begriffs von Fügsamkeit ist. So haben die amerikanischen Soziologen Fügsamkeit übersetzt, und dann ging der Begriff — vielleicht über den Weg der Medizinsoziologie — in die Sozialmedizin und in die Medizin über. Und die Tatsache, daß über Patientenverhalten heute schon in der Kategorie von Compliance gesprochen wird, was als Fremdwort die Ärzte nicht beunruhigt, aber als Tatsache ja eigentlich beunruhigen müßte, zeigt, wie weit wir bereits schon gediehen sind.
Nun zum dritten Punkt, dem Recht auf Krankheit. Ich stimme übrigens Ihnen, Herr Metze, in einer persönlichen Wertung, ja sogar Lebensführung, sehr zu. Das ist nicht das Problem. Ich möchte ein historisches Beispiel bringen. Als die medizinische Polizei in Preußen, zum Teil übrigens auch in der Kurpfalz wie auch in Österreich, durchgesetzt werden sollte, hat sich kompensatorisch bei den Oberschichten ein Krankheitstypus entwickelt, der für die Medizin wie für die Literatur wichtig geworden ist, die Melancholie. Die Melancholie ist die Luxuskrankheit der Oberschichten gewesen, die sich dem Zugriff des absoluten Staates damit entzogen haben. Die Oberschichten und Obermittelschichten heute haben auch schon längst eine Luxuskrankheit, die sie sich freilich, das ist gefährlich, bezahlen lassen möchten über das soziale Leistungssystem, nämlich die Neurosen. Und das Recht auf Krankheit heißt, daß bestimmte Schichten einer Bevölkerung die Möglichkeit haben, einer solchen öffentlich aufoktroyierten Gesundheit zu entkommen. Das Recht auf Krankheit ist also selbst ein sozialgeschichtliches Phänomen, nur, das muß man als Soziologe sagen, alle können sich das eben nicht erlauben.

Bock:
Denn irgend jemand muß das ja am Schluß bezahlen.

Schlußdiskussion

Bock:
Die Umfrage hat ergeben, daß von den meisten von Ihnen für die Schlußdiskussion das Thema „Intervention auf Bevölkerungsebene" gewünscht wird. Ich schlage vor, daß wir dieses Thema in zwei Fragenkomplexe unterteilen:
1. Welche Kriterien müssen erfüllt sein, um ein Programm auf Bevölkerungsebene in Gang zu setzen?
2. Welche von den derzeit diskutierten Programmen wären aufgrund dieser Kriterien zu rechtfertigen?

Ich bitte um Ihre Meinung zur ersten Frage.

Schwartz:
Im Prinzip sind sehr ähnliche Kriterien notwendig, wie sie bereits für Screening-Programme zur Entdeckung von Frühstadien von Krankheiten entwickelt worden sind. Man kann dort sehr viel lernen. Vielleicht ist es für eine nächste Tagung möglich, das methodisch verfeinert zu diskutieren. Zumindest ist es so, daß wir mehr als bisher sowohl für die Bewertung von Entdeckungsmethoden als auch für die Bewertung von Interventionsmethoden nicht nur anerkannte medizinische Bewertungskriterien brauchen, wie etwa bei den Entdekkungsmethoden Sensitivität und Spezifität, ferner Kenntnisse über die Wahrscheinlichkeit bestimmter Ereignisse, z. B. die Wahrscheinlichkeit, einen Risikoträger in einer bestimmten Population zu entdecken — ich erinnere an Modellüberlegungen von Herrn Jesdinsky —, sondern wir haben auch diese Ereignisse zu gewichten, das heißt, entscheidungstheoretische Überlegungen einzuführen. Solche Überlegungen müssen sich an den monetären, sozialen und humanen Kosten der erwarteten Effekte der Entscheidungs- bzw. Handlungsalternativen orientieren. Für komplexe entscheidungstheoretische Überlegungen in einem Gesundheitswesen, dessen Ressourcenbegrenzung immer deutlicher hervortritt, ist es offensichtlich notwendig, insbesondere auch monetäre Kostenbewertungen durchzuführen. Jede verwirklichte präventive Maßnahme entzieht heute zugleich die Mittel einer möglichen anderen präventiven Maßnahme oder einem medizinischen Behandlungsprogramm. Kosten- und outcome-Vergleiche sind dabei nicht im Sinne von Kosten-Nutzen-Analysen als umfassende oder gar als alleinige Entscheidungshilfen, aber zur vergleichenden Bewertung anstehender alternativer Maßnahmen nützlich.

Bock:
Herr Schwartz, Sie haben viele wichtige Gesichtspunkte aufgeführt. Mir hat besonders gefallen, daß Sie Kosten-Nutzen-Rechnungen nicht als absolutes Kriterium ansehen, sondern vor allem hilfreich zur vergleichenden Bewertung verschiedener Programme, wenn bei begrenzten Ressourcen Allokationsentscheidungen getroffen werden müssen. Die Kostenrechnung ist aber eigentlich erst der zweite Schritt. Was muß dem vorausgehen? Ich erinnere an die Tabelle von Herrn Epstein über die Kriterien zur Identifizierung eines Risikofaktors.

Unsere Diskussion hat sich daran entzündet, ob der Beweis für die kausale Bedeutung eines Risikofaktors dadurch erbracht werden muß, daß man in einem Modellversuch, in einer begrenzten Interventionsstudie, nachweist, daß die Elimination des Risikofaktors das Risiko vermindert.
Das war für mich das experimentum crucis. Herr Epstein hatte das etwas relativiert.

Nüssel:
Man bevorzugt ja zur Zeit umfassendere Programme mit einer größeren flächendeckenden Auswirkung. Sollten solche Programme kommen, ja oder nein? Und wie sollen die aussehen? Welche Kriterien? Wir reden ja hier von der Intervention, obwohl wir nicht wissen, worüber wir reden, wenn wir das Wort Intervention in den Mund nehmen. Das ist Punkt eins. Zweitens, die Medizin ist bisher eine Erfahrungswissenschaft gewesen, die sich gewissermaßen am Patienten, der vor ihm stand, orientiert und dann vom Patienten her die Medizin entwickelt hat. Dabei spielt auch die Empathie eine Rolle. Man hat diese Form der Entwicklung klinischer Wissenschaft eigentlich immer praktiziert und ist damit sehr gut zu Rande gekommen. Nun haben wir zwei Dinge, die in dieser klinischen Medizin in letzteren Jahren vielleicht zu kurz gekommen sind: Einerseits wird der präventive Aspekt zu wenig betrachtet, und andererseits wird zu wenig die Population als Ganzes vom klinisch Denkenden gesehen.

Bock:
Herr Nüssel, darf ich auf meine Frage zurückkommen: Was sind die Kriterien, um ein Programm in Gang zu bringen? Es ist ja keineswegs so, daß wir nicht wissen, was mit Intervention gemeint ist. Das muß man selbstverständlich von Fall zu Fall definieren. Wenn wir mit einer definierten Intervention den Risikofaktor partiell oder ganz eliminieren und dann prüfen, ob das Risiko abnimmt: Halten Sie das für eine conditio sine qua non für die Einführung eines flächendeckenden Programms oder nicht?

Nüssel:
Ich glaube, diese Frage ist zu eng gestellt. Wir kommen einfach nicht weiter, wenn wir den Begriff der Intervention nicht weiter, mehr interdisziplinärer, fassen. Ich finde es einfach nicht gut, wenn man jetzt große Programme entwickelt, die so einseitig auf bestimmte Risikofaktoren abgehoben werden. Ich muß mich wiederholen, ich glaube, daß die Zeit noch nicht reif ist für solche größeren Programme, die m. E. mehr vom ganzheitlichen Gedanken der Medizin gesteuert werden müssen. Aber bevor dies umgesetzt wird in große Programme, müssen viele kleine Schritte mit vielen verschiedenen Arbeitshypothesen an vielen Orten zunächst einmal praktiziert werden, und erst dann kann man auf die großflächigeren Programme kommen. Und bis wir die Kriterien genauer kennen, lautet mein Vorschlag:
Auch die Kliniker sollen sich wesentlich stärker nicht nur der Prävention, sondern auch der Population zuwenden, damit wir erst einmal die Populationen

vom medizinischen, ganzheitlichen Aspekt kennenlernen. Ich finde, die Frage, die Sie stellen, ist insofern gefährlich, weil sie mir zu früh kommt.

Bock:
Meinen Sie das auch, Herr Epstein?

Epstein:
Ich glaube, worum es sich dreht in diesem Stadium, sind Modellprogramme. Das ist wissenschaftliche Forschung, epidemiologische Grundlagenforschung auf der Bevölkerungsebene, über die wir sprechen. Herr Bock, haben Sie nicht gesagt, daß die ganze deutsche oder schweizerische Bevölkerung jetzt mobilisiert werden sollte?

Bock:
Ich meine die begrenzte und gezielte Interventionsstudie zur Eliminierung irgendeines Risikofaktors, vielleicht auch gezielt von zwei oder drei Faktoren, als Voraussetzung für eine bevölkerungsweite oder flächendeckende Intervention. Ich hätte Zweifel, ob zumindest jetzt schon ein Programm zweckmäßig wäre, das, wie gesagt wurde, umfassend ist, das sich auf den ganzen Menschen bezieht. Darüber könnte man meines Erachtens reden, wenn solche Studien wie die von Herrn Nüssel abgeschlossen sind.

Gries:
Ja, ein Teil ist jetzt schon wieder etwas relativiert. Es wurde von flächendeckenden Programmen gesprochen, und ich habe diesen flächendeckenden Programmen gegenüber im derzeitigen Augenblick eine große Reserve, weil ich keine Intervention kenne, die für die gesamte Bevölkerung notwendig oder vielleicht auch nur nützlich ist. Das kann man ganz besonders deutlich sehen an Medikamenten. Medikamente, die zur Elimination eines anerkannten Risikos führen, müssen in einer noch gesunden Bevölkerung keineswegs von prophylaktischem Wert sein, im Gegenteil, sie können unter Umständen Schäden auslösen. Die Zeit ist m. E. — und da haben Sie durch Ihre zweite Bemerkung meine eigentlich vorweggenommen —, die Zeit ist m. E. nicht reif für flächendeckende therapeutische Intervention, sondern sie ist reif für gezielte wissenschaftliche Explorationen einer Interventionsmöglichkeit.

Schlierf:
Herr Bock, ich möchte doch versuchen, auf Ihre Frage direkt einzugehen. Sie fragten nach Entscheidungskriterien, an denen wir messen sollten, ob wir die verschiedenen geplanten Interventionsmaßnahmen durchführen oder nicht. Nun, da gibt es also die eine Position. Ich nenne sie jetzt die rein wissenschaftliche, die z. B. sagt, es muß durch eine Interventionsstudie gesichert sein, daß die spezielle Maßnahme die Gesamtmortalität vermindert. Sie können anführen das Beispiel Ihrer Disziplin, die Hochdrucktherapie durch Medikamente. Nun muß man hier zwei Dinge sehen. Erstens — was ist „gesichert"? Gesichert heißt: Dafür besteht ein sehr hoher Grad an Wahrscheinlichkeit. Wir

sind übereingekommen, ab einem p von soundso viel von Sicherheit zu sprechen. Das zweite ist, daß wir also eine Erkrankung, die Hochdruckkrankheit, haben mit einer recht hohen Mortalität, die mit Medikamenten sehr gut zu behandeln ist, so daß der Nachweis der Mortalitätsminderung leichter möglich ist. Der zweite Standpunkt ist wie folgt: Ist für die Krankheit oder für die Ausschaltung des Risikofaktors prinzipiell nachgewiesen, daß seine Beeinflussung zur Verbesserung der Lebenserwartung führt, dann akzeptiere ich auch andere Maßnahmen, die nicht unmittelbar getestet worden sind, also beispielsweise bei der Hochdruckbehandlung die Salzbeschränkung. Dann begeben Sie sich von dem selbstgewählten hohen Niveau an Wissenschaftlichkeit eine Stufe tiefer, weil es natürlich sein kann, daß z.B. die Kosten-Nutzen-Rechnung dieser Kochsalzbeschränkung sehr viel ungünstiger aussieht und es eine völlig unsinnige zusätzliche Maßnahme ist. Es ist ja auch möglich, daß die Kochsalzbeschränkung schädlich ist. Ich hatte mit einem Herrn aus Israel die allgemeinen Empfehlungen zur Salzbeschränkung für die Bevölkerung diskutiert, und er sagte, in einem heißen Land ist es unter Umständen recht gefährlich, so etwas durchzuführen. Dann muß ich noch die dritte Möglichkeit anfügen, daß man ein etwas weniger hohes Wahrscheinlichkeitsniveau beim Wirksamkeitsnachweis akzeptiert. Wenn das Wahrscheinlichkeitsniveau des Nutzens nicht so hoch ist, dann müßten auch die Maßnahmen, die einzusetzen sind, sehr billig sein, und sicher müßten sie unschädlich sein.
Es gibt eine Sondernummer des American Journal of Clinical Nutrition, wo Wirksamkeitsnachweise für diätetische Maßnahmen auf einer Skala von 1—100 rangieren. Man kann sich hier heraussuchen, welches „Niveau" man noch akzeptiert. Nun würde ich also als Postulat in den Raum stellen, daß auf einer Ebene der allgemeinen Intervention Maßnahmen, die unschädlich sind, deren Unschädlichkeit entweder dadurch bewiesen ist, daß sie in anderen Populationen sowieso üblich sind oder in unserer Population irgendwann einmal üblich waren, daß solche Maßnahmen bei einem sehr viel geringeren Niveau der wissenschaftlichen Absicherung ihrer Wirksamkeit eingesetzt werden könnten.

Bock:
Das wäre eine Möglichkeit, um Prioritäten zu setzen zwischen verschiedenen Programmen, würde aber die einzelne Maßnahme als solche hinsichtlich Effizienz oder Praktikabilität noch nicht bewerten. Man könnte aber sagen, in der von Ihnen gezeigten Skala sind die Maßnahmen mit über 60 Punkten überhaupt nur diejenigen, über die man reden müßte.

Epstein:
Nur eine Sekunde, um diese sehr gute Fragestellung, wenn ich sagen darf, von Herrn Schlierf, zu erweitern, und das kommt, glaube ich, auch auf das zurück, was Herr Gries sagte. Ich glaube, man sollte die Frage weiter einteilen in Risikoträger oder die ganze Bevölkerung. Das ist die Frage. Ich glaube, viele Mediziner wären vollkommen zufrieden, gewisse Empfehlungen auf Risikoträger anzuwenden, aber nicht auf die ganze Bevölkerung. Und ich glaube, das

ist eine sehr wichtige Frage. Und wenn wir diese Frage hier nicht beantworten auf irgendeine Weise, glaube ich, wird man sagen, daß wir unserer Pflicht nicht nachgekommen sind.

Schlierf:
Ich glaube, man kann das nicht einseitig sehen. Wenn man beispielsweise nicht akzeptiert, daß eine Änderung des Fettverzehrs mit der Herzinfarktprophylaxe zu tun hat, dann dürfte man auch nicht die Alkoholkarenz zur Prophylaxe der Leberzirrhose empfehlen, weil es keine prospektive Studie gibt, die nachweist, daß man dadurch die Leberzirrhose vermindern kann. Es gibt viele Gründe dafür, daß solche Studien noch nicht vorhanden sind. Diese Gründe sind ganz unterschiedlicher Art. Immer aber sollte man dann mit selbem Maße messen.

Bock:
Die Frage: Risikopopulation oder Gesamtpopulation? ist eigentlich schon eine zweite, die nach der ersten Frage kommt: Ist eine Präventionsmaßnahme überhaupt von der Wirksamkeit her begründet? Denn wenn das nicht der Fall ist, brauchen wir sie auch nicht auf die Risikopopulation anzuwenden.

Baier:
Ich möchte am Begriff Risikofaktor noch einmal ansetzen und fragen, ob hier nicht zwei Schritte schon als Begriff zusammengefaßt werden: Einmal die Erfassung von Risikoindikatoren sowie auch die Entscheidung zur Intervention, nachdem mit wissenschaftlichen soliden Mitteln diese Risikofaktoren erfaßt worden sind. Ich selbst neige mehr der Unterscheidung von Hans Schäfer zu, der trennt zwischen Risikoindikatoren, und im zweiten Schritt dem Heraussuchen von Determinatoren aus diesen Indikatoren. Man verfügt dann über Determinatoren, bei denen eine Kausalität durch zumindest einen Wahrscheinlichkeitsgrad nachgewiesen ist, die dann die Intervention rechtfertigen. Wenn man das im Begriff Risikofaktor zusammenzieht, hat man sich einen Entscheidungsschritt erspart, an dem ja nicht nur Mediziner, sondern auch Gesundheitspolitiker, Gesundheitsökonomen, Medizinsoziologen und auch Sozialmediziner beteiligt sind. Ich empfinde ein großes Unbehagen, daß man die Kausalität methodisch im Grunde mit dem Ausdruck Risikofaktor nicht klärt. Und nun noch ein Wort zu den soziokulturellen Risikofaktoren, die gestern ja nicht diskutiert worden sind. Es wurden nur einmal ethnische Faktoren erwähnt und die Überernährung als soziokultureller Risikofaktor im Zusammenhang mit spezifischen Eßgewohnheiten. Warum? Ich überlegte mir, wollen die Mediziner überhaupt nichts mehr von Sozialstrukturen usw. hören. Das kann ja wohl nicht sein. Der Grund ist, daß man an diesen soziokulturellen Risikofaktoren sehr viel schwerer mit sozialpolitischen Programmen ansetzen kann. Als Beispiel für sozialschicht- und ethnisch-spezifische Risikofaktoren nenne ich die von Frau Blohmke erwähnte Hypertonie bei Frauen der Unterschicht und auch bei speziellen Negerstämmen. Wenn man gleichzeitig mit dem Ausdruck Risikofaktor immer auch schon die Entscheidung zu

einem Interventionsprogramm mitzieht, dann läßt man natürlich, ich möchte fast sagen aus taktischen Gründen, diese soziokulturellen Variablen weg.

Epstein:
Herr Baier, ich habe vorher, auf die Frage von Herrn Passarge, auf die Wichtigkeit von verhaltensbedingten, in Wechselwirkung mit genetischen Faktoren hingewiesen. Mein Argument zu SCHÄFER ist nicht, daß psychosoziale Faktoren unwichtig sind, ganz im Gegenteil. Mein Argument ist, daß ich sie nicht hierarchisch sehe. In bezug auf Risikofaktoren und Risikoindikatoren darf ich sagen, daß im letzten Buch von SCHÄFER „Plädoyer für eine neue Medizin" das Wort Risikoindikatoren nicht mehr vorkommt. Das möchte ich nur sagen, sonst ist jetzt mein Magazin leer. Ich habe alles verschossen.

Bock:
Manche von uns und auch ich halten die Unterscheidung zwischen Risikoindikator und Risikofaktor nach wie vor für zweckmäßig, weil damit klargemacht werden kann, ob zwischen irgendeinem biologischen Parameter und einem Risiko nur eine statistische Korrelation besteht oder ob dieser Parameter eine Ursache oder Teilursache für ein Risiko ist, d. h. ein „Faktor" im eigentlichen Wortsinn. Ob man für den Nachweis der Ursächlichkeit einen begrenzten und gezielten Interventionsversuch fordert oder sich mit einer mehr oder weniger hohen Wahrscheinlichkeit aufgrund anderer Daten begnügt, darüber kann man geteilter Meinung sein. Ich glaube, daß ein vorausgehender Interventionsversuch nicht nur den letzten Beweis für die Ursächlichkeit bringen, sondern außerdem noch praktische Erfahrungen für die Methoden und das zweckmäßigste Vorgehen bei einer späteren bevölkerungsweiten Intervention geben könnte. Jedenfalls ist der Beweis oder mindestens die hohe Wahrscheinlichkeit einer ursächlichen Beziehung zwischen Risikofaktor und Risiko Voraussetzung dafür, daß man überhaupt über die weiteren Schritte nachdenkt, z. B. Intervention bei der Gesamtbevölkerung oder bei einer Risikogruppe, Kosten etc.

Lippert:
Ich halte die Erarbeitung von Kriterien zur Beurteilung, ob Empfehlungen abgegeben werden sollen oder nicht, für sehr wichtig. Eine Vorbedingung wurde eben schon genannt: Die Beziehung zwischen dem Risikomerkmal und dem Krankheitsprozeß, der verhütet werden soll, muß mit einer annehmbaren Wahrscheinlichkeit hergestellt werden können. Ich glaube, eine kausale Beziehung ist nicht so einfach nachweisbar. — Wir müssen darüber hinaus auch geprüfte Möglichkeiten haben, das Risikomerkmal in der Bevölkerung tatsächlich beeinflussen zu können. Und schließlich ist ein Konsens unter Ärzten und Wissenschaftlern wichtig: Wenn ein Teil der wisenschaftlichen Öffentlichkeit eine Empfehlung annimmt, ein anderer diese aber ablehnt, dann ist ein Erfolg nicht zu erwarten. Da wir geprüfte Programme, aus denen Empfehlungen abgeleitet werden können, bisher nicht haben, ist es meiner Meinung nach nicht gerechtfertigt, der Bevölkerung zum jetzigen Zeitpunkt ein allge-

meines Interventionsprogramm zu empfehlen. Daraus folgt, daß wir in kleineren Interventionsstudien zunächst nachweisbar prüfen müssen, ob das, was wir erreichen wollen, tatsächlich auch erreicht werden kann.

Bock:
Das betrifft schon das zweite Thema: Welche Programme können wir heute empfehlen?

Keil:
In Ergänzung zu Herrn Schwartz und Herrn Lippert. Ich meine, wir brauchen ja nicht alles wieder neu zu erfinden. Es gibt die 10 Kriterien von J. M. G. Wilson und G. Jungner für Früherkennungsuntersuchungen (WHO-Public Health Paper No. 34, 1968). Im WHO-Public Health Paper No. 45 (1971) wird ebenfalls zu „Mass Health Examinations" Stellung genommen. Weiterhin wurden von W. W. Holland und D. Sackett Kriterien für Früherkennungsuntersuchungen mit nachfolgender Behandlung ausgearbeitet. Aus dem Jahre 1974 stammt eine Stellungnahme des Europa-Rates mit dem Titel „Screening as a Tool of Preventive Medicine". Von deutscher Seite hat Pflanz an diesem Bericht mitgearbeitet. Aus allerneuester Zeit (1979) stammen die Kriterien und Empfehlungen für periodische Gesundheitsuntersuchungen (periodic health examination) der Kanadischen Arbeitsgruppe (Canadian Task Force on Periodic Health Examinations).
Ich glaube, es ist unsere Aufgabe, uns mit all diesen Kriterienkatalogen und Empfehlungen auseinanderzusetzen und zu einem Konsens der Experten zu kommen, welche Präventivmaßnahmen in der Bundesrepublik empfehlenswert sind und welche nicht. Es geht nicht darum, irgend etwas sklavisch nachzumachen, was andere uns vorgemacht haben. Aber wir sollten nicht so tun, als wären wir ganz allein mit diesen Fragen beschäftigt. Ein Gremium von Fachleuten müßte also bald die verschiedenen Krankheiten (z. B. Hypertonie, Diabetes) und Risikofaktorenkonstellationen durchgehen und zu einer Entscheidung kommen, ob Screening mit nachfolgender Intervention angezeigt ist oder nicht. Aus meiner Sicht sind im Moment Interventionsprogramme auf Bevölkerungsebene „nur" für die Hypertonie und das Zigarettenrauchen angezeigt. Bei allen anderen Risikofaktoren ist eine Entscheidung viel schwerer. Es muß auch noch einmal betont werden, daß es sich hierbei nicht um Wahrscheinlichkeiten handelt, sondern um Entscheidungen von Experten, die meist auf den Ergebnissen epidemiologischer Studien beruhen.
Wir müssen also möglichst bald wenigstens für die Hypertonie zu einem Konsens kommen. Leider schaffen wir das heute nicht mehr.

Metze:
Es sollte in dieser letzten Stunde um die Frage gehen: Wie geht es weiter? Sie haben schon mit Kriterien angefangen, und ich kann unmittelbar dort fortsetzen. Zunächst gilt es noch, die Voraussetzungen für eine zukunftsorientierte, die Effizienz der Maßnahmen berücksichtigende Weiterentwicklung des Gesundheitssektors zu erkennen. Dabei möchte ich auf folgendes hinweisen.

Wichtig ist vor allem, daß die Weiterentwicklung über sog. trial and error-Prozesse folgt. Maßnahmen, die getroffen werden, müssen reversibel sein. Fehler dürfen nicht auf die Gesamtbevölkerung ausgedehnt werden. Des weiteren bedarf es einer eindeutigen Zuordnung der Kostenverantwortung.
Der Zweck von Pilotstudien, die aus öffentlichen Mitteln finanziert werden, ist auf den Nachweis von Kostensenkungen zu beschränken. Mit Pilotstudien sollte also lediglich versucht werden, die Krankenkassen, die Renten- und Unfallversicherungsträger oder auch die Unternehmer von der Vorteilhaftigkeit der jeweiligen Vorsorgemaßnahme zu überzeugen. Über eine Einführung sollten aber die jeweiligen Kostenträger in eigener Verantwortung entscheiden. Nur auf diese Weise wäre sichergestellt, daß nur effiziente Maßnahmen verwirklicht werden.

Schmahl:
Es ist wichtig, bei der Diskussion von Interventionsprogrammen begrifflich auseinanderzuhalten, ob wir Interventionsstudien mit rein wissenschaftlicher Fragestellung diskutieren oder ob es sich um „Mischformen" handelt, bei denen zwar eine wissenschaftliche Fragestellung bearbeitet, aber zugleich auch das Ziel verfolgt wird, für eine bestimmte Bevölkerungsgruppe etwas gesundheitspolitisch Positives zu leisten, den Gesundheitszustand zu verbessern. Eine Interventionsstudie mit ausschließlich wissenschaftlicher Fragestellung und Zielsetzung ist z.B. der „Multiple Risk Factor Intervention Trial" (MRFIT-Programm) in den USA.

Nüssel:
Ich möchte empfehlen, Interventionsstudien, ganz bewußt sage ich dies, auf Gesamtpopulationen zu richten und nicht nur auf Risikopopulationen, also Risikoträgerpopulationen, und zwar aus folgendem Grund: Bei den Nachfolgebeobachtungen in Eberbach-Wiesloch hat sich gezeigt, daß aus der Gruppe, die bei der ersten Untersuchung noch unauffällig war, ein erheblicher Anteil von Patienten in die Risikogruppe hineingewachsen war. Wem sollten wir uns also in Zukunft zuwenden? Womöglich überhaupt nicht mehr den Risikoträgern, sondern nur den Gesunden, um sie gesund zu erhalten. Das könnte vielleicht leichter sein. Mit anderen Worten aber, ich glaube, die Studien sollten eben beide Populationen, Risikolose wie Risikoträger, in einem umfassen.

Bock:
Wird dem zugestimmt?

Schlierf:
Es hängt von der Maßnahme ab, ob Sie die gesamte Population erfassen wollen. Sie würden die effektive Hochdruckbehandlung mit Medikamenten ja sicher nicht der gesamten Population zumuten, aber Sie würden vielleicht sehr viel weniger effektive Maßnahmen der Lebensführung, wie Sie es ja tun, natürlich der gesamten Population zumuten.

Bock:
Es hängt auch ab von der Größe der Risikopopulation. Wenn sie klein ist, und Sie können sie eindeutig definieren, dann ist eigentlich nicht einzusehen, warum man bei der Gesamtpopulation intervenieren soll. Geht aus Ihren Beobachtungen nicht hervor, Herr Nüssel, daß Sie die Risikopopulation nicht genau definieren konnten?

Nüssel:
Wir hatten zunächst einmal eine Anzahl Nichtraucher, die zu Rauchern wurden, oder Normalgewichtige, die übergewichtig wurden.

Bock:
Sie haben mit der Primärprävention schon bei den Nichtrauchern angefangen?

Nüssel:
Nein, eben nicht! Wir haben uns mit großen Programmen nur den Rauchern zugewandt und ließen die Nichtraucher außen vor. Das war natürlich auch eine Frage von Zeit und Mittel. Dann haben wir lernen müssen, daß aus Nichtrauchern plötzlich Raucher wurden und im besonderen Maße aus Normalgewichtigen Übergewichtige wurden.

Bock:
Als Konsequenz aus diesen Beobachtungen sind Sie dazu übergegangen, eine Primärprävention des Rauchens zu betreiben?

Nüssel:
Ja, das ist genau richtig.

Schwartz:
Herr Keil und ich haben die Bemerkung gemacht, daß die von Ihnen erbetenen Kriterien entwickelt worden sind für Screening-Programme, allerdings ist an diesem Tisch bezweifelt worden, ob es dasselbe sei. Ich glaube, wenn wir unsere Betrachtungen auf kausal verstandene Risikofaktoren oder Risikodeterminatoren beschränken, dann ist es deswegen dasselbe, weil sie auf der pathogenetischen Entwicklungslinie einer Krankheit einfach ein bißchen früher eintreten als „Krankheitsfrühstadien" und manchmal eine geringere Wahrscheinlichkeit haben, zusammen mit anderen Teilursachen tatsächlich eine Krankheit zu bewirken. Wenn beispielsweise für eine Zervixdysplasie die Rückbildungswahrscheinlichkeit in einem sehr frühen Stadium 70 oder 80% beträgt, ist die Wahrscheinlichkeitsverbindung zwischen dieser frühen morphologischen Veränderung und einem tatsächlichen Krankheitsereignis prinzipiell gleich vage zu sehen wie zwischen bestimmten kausalen Risikofaktoren und tatsächlicher Krankheit. Dementsprechend gelten die entwickelten Kriterien, die die WHO für Screening-Programme aufgestellt hat. Das zweite: Interventionsversuche. Gesagt wurde: Am besten seien randomisierte Studien.

Das hat auch sehr große Nachteile, und es ist deshalb nicht sehr vernünftig, so furchtbar darauf herumzureiten. Warum? Weil sie meist historisch sind, dann wenn sie abgeschlossen sind. Ich erinnere an die Screening-Studie von SHAPIRO, STRACKS u. a. in New York zu der Frage Brustkrebs-screening.
Als man sie fertig hatte, waren die radiologischen Entdeckungsmethoden zur Früherkennung schon wieder so verändert, daß die Leute gesagt haben, das Ergebnis stimme ja jetzt unter den neuen gewandelten Bedingungen gar nicht mehr.
Und man müßte eigentlich, so stand es jetzt kürzlich im New England Journal of Medicine (HENDERSON JC, CANELLOS GP: N. Engl. J. Med. 302 (1980) 17—30, 78—90), die Beobachtungszeit dieser Studien auf über 20 Jahre ausdehnen, um wirklich beurteilen zu können, ob die ganz frühen Veränderungen tatsächlich für die Langzeitüberlebensrate eine Bedeutung gehabt haben. Das zeigt, daß wir es uns für viele der hier anstehenden Probleme bei chronischen Erkrankungen gar nicht leisten können, solche Studien zu machen. Die Schlußfolgerung, die ich immer wieder mit bewußter Betonung hier in die Diskussion werfe, ist die Forderung nach adaptierbaren Rechenmodellen. Wir können nämlich Teilerkenntnisse aus solchen Langzeitstudien nur dann adaptieren auf neue Verhältnisse, z. B. neue Entdeckungsmethoden, wenn wir es lernen, die Wahrscheinlichkeiten, die im alten Modell maßgebend waren, zu beschreiben, und durch das Einsetzen neuer veränderter Wahrscheinlichkeiten die Schlußfolgerung aus dem alten Versuch auf neue Verhältnisse adaptieren. Nur so kann der enorm hohe Aufwand für vergleichende Langzeitstudien in vertretbaren Grenzen gehalten werden.

Bock:
Ich möchte jetzt noch einmal auf unsere zweite Frage zurückkommen: Welche Interventionsprogramme bei Risikofaktoren würden Sie heute auf Bevölkerungsebene, d. h. für die ganze Bundesrepublik, für gerechtfertigt halten, welche nicht? Wie steht es mit dem Diabetes, Herr Gries?

Gries:
Ich habe mich schon festgelegt. Ich halte Intervention auf Bevölkerungsebene nicht für gerechtfertigt, sondern nur bei durch Risiko-screening erkannten Subgruppen.

Bock:
Wie steht es mit den Fettstoffwechselstörungen schlechthin, Herr Schlierf? Würden Sie meinen, daß eine bevölkerungsweite Intervention gerechtfertigt wäre?

Schlierf:
Ich würde sagen, es sind Intervention und Empfehlungen auch noch zwei Dinge. Die „mildeste" Form ist die Empfehlung. Ich würde nach dem derzeitigen Kenntnisstand, ähnlich wie es die beiden verantwortlichen Ministerien in den USA gemacht haben, Empfehlungen zur Veränderung der Lebensweise

geben, weil diese unschädlich und mit sehr großer Wahrscheinlichkeit nützlich sind.

Bock:
Oder nicht befolgt werden.

Schlierf:
Es wird vieles nicht befolgt. Die es befolgen wollen, die können es befolgen.

Bock:
Also nur ein Angebot machen, aber nicht massiv intervenieren.

Schlierf:
Ja, aber ich würde dann versuchen, dieses Angebot so zu machen, daß es akzeptiert werden kann, daß es also nicht als dauernd in Konflikt stehendes Phänomen diskutiert wird, sondern als relativ sicheres Angebot, weil es sonst keinerlei Chance hat, realisiert zu werden. Sonst brauchte man es gar nicht zu machen, wenn man gleich wieder Kontroversen einflickt.

Bock:
Das klang eben so, als ob mit der Empfehlung eines Programms die Diskussion darüber beendet werden soll; das ist aber wohl nicht gemeint.

Schlierf:
Nein, das habe ich nicht gemeint. Ich meine nicht die wissenschaftliche Diskussion. Wenn die Diskussion auf verschiedenen Gebieten aber so unqualifiziert weitergeht, wie derzeit in verschiedenen Medien, so z. B. zum Übergewicht oder zu Fettstoffwechselstörungen, dann können wir uns im Moment die Empfehlungen sparen, weil es für den üblichen Laien nicht möglich ist, das zu akzeptieren.

Losse:
Für den Hochdruck würde ich meinen, daß bei Risikogruppen Pilotstudien erforderlich sind, wie sie z. T. ja auch schon durchgeführt werden, und zwar vor allen Dingen bei Kindern aus Familien mit Hochdruckbelastung. Man sollte die Wirkung einer Kochsalz- und Gewichtsreduktion auf die Blutdruckentwicklung bei diesen Kindern prüfen. Ich weiß, daß mehrere Studien bereits im Gange sind.

Bock:
Würden Sie ähnlich wie in den amerikanischen „dietary goals" eine Kochsalzeinschränkung auf 5 g/Tag für die Gesamtbevölkerung empfehlen?

Losse:
Nein, ich würde etwas anderes empfehlen. Ich würde eine Deklarationspflicht für den Natriumgehalt in Nahrungsmitteln empfehlen. Wir haben gesehen,

daß, seit wir vor etwa 2 Jahren erstmals eine Liste des Natriumgehaltes der Mineralwässer veröffentlicht haben, eine Flut von Anfragen bezüglich des Na-Gehaltes verschiedener Nahrungsmittel folgte. Das Interesse ist also vorhanden. Ich meine, wenn man eine Deklaration hätte und in den Medien darauf hinweisen würde, daß der Kochsalzgehalt der Nahrungsmittel und Getränke beachtet werden sollte, man schon viel erreicht hätte. Das Kochsalzbewußtsein muß geweckt werden.

Bock:
Das wäre ein Interventionsschritt, der sich auch auf die industrielle Nahrungsmittelfertigung bezieht und damit letztlich die gesamte Bevölkerung betrifft.

Losse:
Nein, damit würde ich nicht sagen, daß jeder die Na-Aufnahme reduzieren sollte, sondern ich mache nur bewußt, wieviel Natrium in den Nahrungsmitteln enthalten ist. Empfehlungen würde ich nur für bestimmte Risikogruppen aussprechen. Für diese wäre es dann leichter, sich nach den Empfehlungen zu richten, da sie den Na-Gehalt der Nahrungsmittel kennen. Zusalzen kann jeder!

Gries:
Ich bitte um Entschuldigung, daß ich mich noch einmal melden muß. Ich habe genau auf Ihre Frage zu antworten versucht. Durch die nachfolgende Diskussion sind jetzt jedoch Empfehlungen hereingekommen und Bewußtseinswekkungen. Wenn es sich um diese Kategorien handelt und nicht mehr um Intervention, die ja auch Kontrolle verlangt, dann habe ich natürlich zum Diabetes einiges zu sagen.

Bock:
Ja, aber ich glaube, es war richtig, daß Sie sich auf die erste Frage beschränkt haben. Wenn wir Herrn Losse richtig interpretieren, dann hat auch er keine generelle Kochsalzrestriktion für die Bevölkerung, sondern nur für die Risikopopulation empfohlen, wie immer man die auch zu erfassen versucht. Ist das richtig, Herr Losse?

Losse:
Ja.

Schlierf:
Wenn Sie die Bewußtseinsweckung für den Salzgehalt empfehlen, damit dann die Risikopersonen ihren Salzverzehr einschränken können, setzen Sie natürlich voraus, daß die Risikopersonen identifiziert werden, d.h. regelmäßige Blutdruckmessung, die die Population erfaßt. Ich wollte das hier nur noch einmal festgehalten haben. Dieses Vorgehen setzt voraus, daß man die Risikoträger identifiziert, eine allgemeine Empfehlung setzt das nicht voraus.

Bock:
Meine Damen und Herren, wir müssen aus Zeitgründen dieses Gespräch leider beenden. Ich danke Ihnen allen für Ihre wichtigen Beiträge und die interessante Diskussion. Mancher wird vielleicht enttäuscht nach Hause gehen, weil er keine neue Methode, keine neuen Ergebnisse mitnehmen kann und weil in manchen Fragen auch kein Konsensus, womöglich in Form von Empfehlungen, erreicht werden konnte. All dies war aber nicht das Ziel dieses Symposions. Hier sollte angeregt werden, über die Grundlagen einer inzwischen nicht mehr neuen Form der Medizin, der Risikofaktoren-Medizin, nachzudenken, die vielfach schon praktiziert wird, in die Geld investiert wird und die auch vielfältige gesundheitspolitische Konsequenzen mit sich bringen kann. Mancher wird sagen, was soll eine solche Diskussion, sollte man nicht einfach pragmatisch handeln? Nun, wir Kliniker sind ja aus der Not heraus notorische Pragmatiker, einfach, weil wir zum Handeln gezwungen sind, um zu helfen. Aber auch für uns ist es nützlich, von Zeit zu Zeit darüber nachzudenken, ob das, was wir eigentlich tun oder lassen, sinnvoll und richtig ist, und derartige Reflexionen über das eigene Handeln sind sicher genauso wichtig für die Epidemiologen und alle diejenigen Kollegen, die sich in verdienstvoller Weise um präventiv-medizinische Fragen bemühen. Und es ist gerade die kontroverse Diskussion, die zum Nachdenken anregt und von der jede Wissenschaft lebt.
Ehe wir auseinandergehen, möchte ich noch unseren technischen Helfern im Hintergrund, den Sekretärinnen, ferner Herrn Dr. Hofmann und Frau Spantig ganz herzlich für ihre Arbeit danken, vor allem aber auch für die großzügige Unterstützung der Firma Beiersdorf, die dieses Treffen ermöglicht hat.

Losse:
Meine Damen und Herren, ich glaube in Ihrer aller Namen zu sprechen, wenn ich Herrn Kollegen Bock dafür danke, daß es ihm wiederum gelungen ist, ein hochaktuelles Thema für dieses Hugenpoeter Gespräch auszuwählen. Wir gehen eigentlich mit mehr Fragen als Ergebnissen nach Hause, und ich meine, das entspricht ja auch der Intention von Herrn Bock. Den Förderern dieses Symposiums danken wir für die vorzügliche Organisation und die großzügige Gastfreundschaft.

SACHVERZEICHNIS

A

Adipositas 28, 49, 51 ff., 124, 138 ff., 183, 187 ff.
Ärzteschaft, negative Sanktionen 220
Alkoholkonsum 53
Arteriosklerose 30 f., 39, 48 f., 74 ff.
- Befunde, morphologische 74 ff.
- Koronararterien 79 ff.
- Prädilektionsstellen 77 ff., 84
- Prävention 81 f., 84
Arzneimittelinteraktion 54

B

Blutdruck, Gelegenheitsblutdruck 117 f., 120
Blutdruckmessung 114 ff.
- Selbstmessung 121 f., 186
Bluthochdruck, siehe Hypertonie

C

Cholesterin 185
- Bestimmung 126 f.
- Screening 129 ff., 148 f.
Cholesterinwert, Senkung 38
Clofibrat 130, 132
Compliance 154, 159 f., 166 f., 225

D

Diabetes mellitus 47, 133, 140
- Erfassung 133 ff.
- genetische Aspekte 105 f., 133
- Komplikationen 45, 48, 134 ff.
- Lebenserwartung 45 f.
- makroangiopathisches Risiko, Erkennung 135 f.
- meßtechnische Fragen 133 ff.
- mikroangiopathisches Risiko, Erkennung 134 f., 142
- Prädiabetiker, Erkennung 133 f.
- subklinischer, Erkennung 136 f.
- Intervention 136 f., 140
- Typen 47 f., 133
Dietary Goals 8 f.
Diuretika 31, 33, 44

E

Epidemiologie 18, 86 ff., 143
Erbgang, monogener 99 f.
Ernährungsberatung 163

F

Fehlverhalten, individuelles 199 f., 203
- soziales 208 f.
Fettstoffwechselstörungen 36 ff.
- genetische Aspekte 105, 108 f.
- meßtechnische Fragen 124 ff.
- Verteilungsmuster 105, 108 ff.
Framingham-Studie 14, 36, 48 f., 87, 90 f., 93
Früherkennungsprogramme 147 ff., 155

G

Genetische Beratung 162
Gesamtcholesterin 86 ff., 125 ff.
Gesundheit, Pflicht zur 208 ff.
- Recht auf 211, 214 f., 217 f., 221, 223 f.
- WHO-Definition 217
Gesundheitsberater 224
Gesundheitsbewußtsein 179, 203
Gesundheitsökonomie 214 ff.
Gesundheitsverhalten 172 f., 175, 178 f.
- Motivation 222 f.
Sanktionen 215 f., 218, 222 ff.
Gesundheitswesen, Kostenexplosion 213 f.
Glukosetoleranz 133 ff., 136 ff.

H

HDFP-Studie 35, 56 f., 59
HDL 39, 42 f., 88 ff., 125, 184
Hypercholesterinämie 36 ff., 41, 124 f.
Hyperglykämie 49 ff., 134 f.
Hyperlipidämie 124
Hypertonie 53 ff.
- Definition 34 f.
- Diagnose 34 f., 118
- genetische Aspekte 102 ff.
- Intervention 107 f., 130 f.
- Komplikationen, kardiovaskuläre 31
- Lebenserwartung 54 f.
- leichte 34 f., 54 f.
- - Interventionsstudien 55 ff.
- Linksherzhypertrophie 122 f.
- maligne 53 f., 58
- meßtechnische Fragen 114 ff.
- Mortalität 31
- pathophysiologische Kriterien 60 ff.
- Prävention 175 ff.
- primäre, begünstigende Faktoren 26 ff.
- sekundäre, begünstigende Faktoren 29 ff.
- Todesursachen 30 f.
- Überwachungssystem 152
- WHO-Definition 34
Hypertriglyzeridämie 39, 125 ff.

I

Index, atherogener 89
Intervention 165, 230
- allgemeine 171 f., 179, 192, 229
- Bevölkerungsebene 226 ff., 231 ff.
- Bonus-Malus-Systeme 205
- Definition 170 f.
- individuelle 158 ff., 192
- - Arzt-Patienten-Verhältnis 160 f., 164 f.
- - Gruppengespräche 160 f., 163 f.
- institutionelle 171

- kollektive 170
- Kosten-Nutzen-Analyse 196, 202 ff., 226
- Kostenverantwortung 199 ff.
- multifaktorielle 177
- Ökonomie 195 ff., 204
- personale 171, 179
- Rolle des Arztes 166, 168, 201
- Rolle des Nichtarztes 162 f.
- Wirksamkeitsnachweis 174, 228 f.

Interventionsmodell Eberbach-Wiesloch 180 ff., 219
Interventionsstudien 15, 38 f., 41, 55 ff., 144, 234 f.

K

Katecholamine 63 ff., 70
Kochsalzreduktion 28, 30, 53, 62 ff., 174 ff., 229, 236 f.
Koronare Herzkrankheit 36 ff., 49, 126, 130
Koronargruppen 188, 191
Korotkowgeräusch 114 ff., 122
Krankheit, Ätiologieverschiebung 208 f., 210
- Definition 16 f., 72 ff., 83
- Recht auf 224 f.

L

LDL 39, 42, 88 ff., 125, 128 f.
Lipoproteine 39, 41

M

Makroangiopathie 48 f., 50 f., 134 f.
Mikroangiopathie 48, 50, 134
MODY 47 f., 106, 133
MRFIT-Studie 41, 44

O

Öffentlichkeitsarbeit 190 f., 223
Ovulationshemmer 56

P

Patienteninformation 160 ff.
Prävention 153, 195, 208, 214
- Arzthonorar 167
- Definition 170
- kommunale 180, 185 ff.
- ökonomische Aspekte 9
- primäre 7, 170, 215
- Selbstbeteiligung 167
- sekundäre 7, 215

R

Regressionsmodelle 111 f.
Risiko, Definition 73, 83
- relatives 111

Risikofaktor, Definition 15, 17 f., 24, 73, 99, 195, 230 f.
- Diabetes mellitus 45 ff., 50 f., 133 ff.
- Fettstoffwechselstörungen 36 ff., 124 ff.
- Hypertonie 26 ff., 30 ff.
- negativer 21, 39 f., 89

Risikofaktoren, Forschung 216
- genetisch bedingte 99 ff.
- Identifizierung 53 ff., 60 ff., 72 ff., 86 ff., 99 ff., 111 ff.
- Kausalität 12 f., 16, 20 ff.
- Patientenaufklärung 15
- Profile 96, 98
- psycho-soziale 92
- soziokulturelle 230 f.
- Tests, Treffsicherheit 12
- Ursache-Wirkung-Beziehung, Krankheitsrisiko 13 f.

Risikofaktorenkonzept, kardiovaskuläres 7, 172
Risikofaktoren-Medizin 210
- Definition 11
- Rolle des Allgemeinarztes 8, 14
- Rolle des Nichtarztes 8
- Rolle des Staates 8

Risikofunktionen 144, 155 f.
Risikoindikator 13, 15 f., 19 ff., 24, 230 f.
Risikoträger 7, 158
- Definition 144
- Erfassung, Organisationsmodelle 143 ff.
- - Diabetes mellitus 133 ff.
- - Fettstoffwechselstörungen 124 ff.
- - Hypertonie 114 ff.
- - Rolle des Allgemeinarztes 158 f., 160 ff.
- - Rolle des Kassenarztes 146, 148, 154, 156
- - Rolle des Nichtarztes 162 f.
- - Ziele 143
- Erkennung 62 ff., 109
- Interventionsschwelle 155

S

Screening 145, 153, 226
- Blutglucose 133 ff.
- genetisches 100
- incidental 146, 151 f.
- selektives 145
- Teilnahmequoten 153, 166

Sozialmedizin 208 ff.
Sozialstaat 211 f., 214, 216
- Solidaritätsprinzip 212 f.
- Subsidiaritätsprinzip 212

Statistik, Anwendbarkeit 112 f.
Stenosen, arterielle 116 f.
Systeme, regulatorische 63 ff.

U

Übergewicht, siehe Adipositas
Überwachungsmethoden 146 f., 157

V

Variation, genetische 99 f.
Vererbung, polygene 100
Verhaltensänderung, siehe Gesundheitsverhalten

W

Whitehall-Studie 134, 138, 141